Data-centric
AI入門

Introduction to
Data-centric
AI

監修
片岡裕雄
Hirokatsu Kataoka

執筆
宮澤一之
Kazuyuki Miyazawa

齋藤邦章
Kuniaki Saito

清野 舜
Shun Kiyono

小林滉河
Koga Kobayashi

河原塚健人
Kento Kawaharazuka

鈴木達哉
Tatsuya Suzuki

技術評論社

[ご注意]

本書に記載された内容は，情報の提供のみを目的としています。したがって，本書を用いた運用は，必ずお客様自身の責任と判断によって行ってください。これらの情報の運用の結果について，技術評論社および著者はいかなる責任も負いません。

本書記載の情報は，2024年11月時点のものを掲載していますので，ご利用時には，変更されている場合もあります。

また，ソフトウェアに関する記述は，特に断わりのないかぎり，2024年11月現在での最新バージョンをもとにしています。ソフトウェアはバージョンアップされる場合があり，本書での説明とは機能内容や画面図などが異なってしまうこともあり得ます。本書ご購入の前に，必ずバージョン番号をご確認ください。

以上の注意事項をご承諾いただいた上で，本書をご利用願います。これらの注意事項をお読みいただかずに，お問い合わせいただいても，技術評論社および著者は対処しかねます。あらかじめ，ご承知おきください。

本文中に記載されている会社名，製品名等は，一般に，関係各社／団体の商標または登録商標です。

本文中では ®，©，™ などのマークは特に明記していません。

まえがき

　実は人工知能（Artificial Intelligence; AI）分野において、その研究開発のメインパートはデータに移行しつつある。2024 年現在、ニューラルネットワークは深層学習（Deep Learning）と呼称される時代となり、すでに 10 年以上を数えている。この流れの中において、やはり Transformer[1] の提案とその基盤モデルへの適応と隆盛ぶりは学術界のみならず、社会現象になるほどの劇的な勢いであった。ChatGPT は一般レベルで世界的に用いられ、大規模言語モデル（Large Language Model; LLM）を一躍有名にした立役者であり、その後視覚や聴覚のモダリティと LLM を対応付けようとする研究、ロボットや自動運転など現実世界までアプローチしようと試みた技術開発が登場している。

　この流れの中で、ベースとなるモデル自体の改善案は提示されているものの、頻繁に用いられる構造はほぼ 2017 年提案時点の Transformer であり、モデル側の提案合戦はある程度落ち着いてきているように見える。また、深層学習は用意されたデータセットから、与えられたタスクを効果的に解決すべく最適な特徴表現を獲得するという性質がある。ベースとなるモデルは Transformer でほぼ固定、できあがる AI モデルは整備されるデータの質に左右されて性能が変わることから、必然的に AI の研究および開発における戦いの中心はデータとなっている、というわけである。AI 分野の大家である Andrew Ng 氏が Data-centric AI（DCAI）を提唱したこともその状況を的確に言い表しているといえよう。しかも、言語や画像に限らず、あらゆるモダリティ・学術分野において基盤モデルが研究開発され、現実世界にまで影響を与えようという報告が続々と挙げられている。

　ここで、AI 関連書籍においてモデルや学習戦略に着目する書籍は数多くあれども、データのみにフォーカスした書籍は稀有である。本書では、そのような観点からモデルよりはデータ側に着目している。そのうえで、普段よく目にする言語や画像のみならず、ロボットや自動運転など実世界に用いられる AI の背後に、データを AI モデル学習に利用するためにいかなる技が用いられているかを取り上げる。本書により Data-centric な AI への理解度がさらに高まること、DCAI の観点における AI モデルの研究および開発への入門となれば幸いである。

2024 年 11 月 片岡裕雄

参考文献

[1]　Ashish Vaswani et al. "Attention is all you need". In: Advances in neural information processing systems 30 (2017).

iv 目次

目次

まえがき … iii

第1章 Data-centric AI の概要 … 1

1.1 Data-centric AI とは … 1
1.1.1 Model-centric AI と Data-centric AI … 2
1.1.2 ラベルの一貫性 … 4
1.1.3 データセットのサイズとデータの品質の関係 … 5
1.1.4 MLOps の役割 … 6
1.1.5 ビッグデータからグッドデータへ … 7
1.1.6 まとめ … 8

1.2 データセットのサイズとモデルの性能の関係 … 9

1.3 データの品質の重要性 … 13
1.3.1 AI システムにおける品質特性 … 13
1.3.2 データの品質が与える影響 … 18

1.4 おわりに … 25

第2章 画像データ … 27

2.1 画像認識における Data-centric AI とは … 27

2.2 画像認識モデルの基礎知識 … 28
2.2.1 代表的な画像認識タスクとデータセット … 28
2.2.2 CNN … 31
2.2.3 ViT … 34
2.2.4 モデルの評価方法 … 37
2.2.5 モデルとデータのスケール … 39

2.3 データを拡張、生成する技術 … 41
2.3.1 データ拡張とその恩恵 … 41
2.3.2 人工的にデータを生成する技術 … 50

2.4 不完全なアノテーションからの学習 … 56

2.4.1 自己教師学習 … 57
2.4.2 半教師付き学習 … 64
2.4.3 モデルベースでのアノテーションデータのクリーニング方法 … 68

2.5 画像と言語ペアの関係性を学習した基盤モデル … 70

2.5.1 CLIP … 71
2.5.2 BLIP … 78
2.5.3 Data-centric な VL データの評価とデータの安全性 … 80

2.6 能動学習 … 83

2.6.1 予測の不確かさに基づく考え方 … 84
2.6.2 多様性に基づく考え方 … 86
2.6.3 予測の不確かさとデータの多様性両方に基づく考え方 … 87

2.7 おわりに … 89

第3章 テキストデータの収集と構築 … 96

3.1 言語モデルの事前学習 … 96
3.2 事前学習データの収集 … 98

3.2.1 必要な事前学習データの規模 … 99
3.2.2 データの収集戦略 … 101
3.2.3 HTML からの本文抽出 … 103

3.3 ノイズ除去のためのフィルタリング … 106

3.3.1 なぜフィルタリングが必要か … 106
3.3.2 ルールに基づくフィルタリング … 108
3.3.3 機械学習を用いたフィルタリング … 112

3.4 データからの重複除去 … 114

3.4.1 なぜ重複除去が必要か … 116
3.4.2 URL を用いた重複排除 … 117
3.4.3 MinHash … 118

3.5 テキストデータ収集の限界 … 121

3.5.1 複数エポックの利用 … 122
3.5.2 データセットの多言語化 … 122

vi 目次

3.5.3 品質の高いデータの利用 … 124

3.6 おわりに … 125

第4章 LLMのファインチューニングデータ … 131

4.1 ファインチューニングとは … 132

4.1.1 ファインチューニングの概要 … 132

4.2 Instruction Data … 134

4.2.1 よい Instruction Data とは … 135

4.2.2 既存のデータを活用したデータセット作成 … 138

4.2.3 人手によるデータセット作成 … 140

4.2.4 LLM によるデータセット作成 … 143

4.3 Preference Data … 147

4.3.1 Preference Data の作成方法 … 149

4.3.2 データセット … 151

4.4 ファインチューニングモデルの評価 … 154

4.4.1 評価方法 … 154

4.4.2 定量的な指標による評価 … 155

4.4.3 人間や LLM による評価 … 156

4.4.4 評価時の注意点 … 157

4.5 日本語における LLM のファインチューニング … 158

4.5.1 日本語ファインチューニングモデルの構築 … 159

4.5.2 日本語評価データセット … 160

4.6 おわりに … 161

第5章 ロボットデータ … 167

5.1 はじめに … 167

5.2 RT シリーズの概要 … 169

5.2.1 RT-1 … 169

5.2.2 RT-2 … 174

5.2.3 RT-X … 176

5.2.4 その他 … 178

5.3 多様なロボット … 181

5.3.1 単腕ロボット … 182

5.3.2 双腕ロボット … 184

5.3.3 台車型ロボット … 185

5.3.4 脚型ロボット … 186

5.3.5 その他のロボット … 186

5.4 ロボットにおけるデータ収集 … 188

5.4.1 ユニラテラルなオンライン遠隔教示 … 189

5.4.2 バイラテラルなオンライン遠隔教示 … 192

5.4.3 オフライン教示 … 195

5.5 データセット … 197

5.5.1 QT-Opt … 198

5.5.2 RoboNet … 198

5.5.3 BridgeData V2 … 199

5.5.4 BC-Z … 200

5.5.5 Interactive Language … 201

5.5.6 DROID … 201

5.5.7 その他 … 202

5.6 データ拡張 … 203

5.6.1 画像データ拡張 … 203

5.6.2 言語データ拡張 … 206

5.7 おわりに … 207

第6章 Data-centric AI の実践例 … 212

6.1 テスラ … 212

6.2 メタ … 218

6.3 チューリング … 224

6.4 LINEヤフー … 228

6.5 GO … 233

6.6 コンペティションとベンチマーク … 238

6.6.1 Data-centric AI Competition … 238
6.6.2 DataComp … 240
6.6.3 DataPerf … 241
6.6.4 Kaggle … 243

6.7 Data-centric AI 実践のためのサービス … 247
6.7.1 Snorkel AI … 247
6.7.2 Cleanlab … 250

6.8 おわりに … 251

索引 … 253
監修者・著者プロフィール … 262

第1章　Data-centric AIの概要

1.1　Data-centric AIとは

　Data-centric AI（Artificial Intelligence）という用語が世の中に広まる契機となったのは、世界的なAI研究者の一人であるAndrew Ng氏（以下、Ng氏）が2021年3月に行ったオンライン講演「A Chat with Andrew on MLOps: From Model-centric to Data-centric AI」*1です。この講演以降、Ng氏は著名な国際学会におけるワークショップ*2やコンペティション*3の開催などの活動を通して、Data-centric AIムーブメントを作り出していきます。Ng氏によれば、Data-centric AIは次のように定義されます[2]。

> Data-centric AI is the discipline of systematically engineering the data needed to successfully build an AI system.

> Data-centric AIとは、AIシステムの構築を成功させるために体系的にデータを設計・開発する分野である（筆者訳）。

　Data-centric AIを直訳すればデータ中心のAIとなりますが、AI開発に携わったことがある方ならば、開発工数のかなりの部分をデータに関することに割く必要があるというのは身をもって実感されているかと思います。したがって、いまさらData-centric AIなどとうたわずとも、すでにデータ中心のAI開発をしていると感じられるかもしれません。しかし、着目すべきは、上述の"systematically engineering"という部分です。学術的に非常に長い歴史を持ち、体系化が進んでいる機械学習のアルゴリズム、つまりモデルに関する技術に比べ、データに関する技術は、経験や勘など開発者個人のスキルや暗黙知に依存することが多いのが実情です。こうした状況に対し、Data-centric AIでは、データの設計や開発、改善のための体系立てられた工学的なアプローチを確立し、属人性を減らし再現性を高めることを目指します。Data-centric AIが扱う技術には、例えば以下のようなものが含まれます。

- データ収集やアノテーションを効率化する
- データを定量的に評価する
- 評価結果に基づき、データにおける課題（量や質の不足など）を発見する

---

*1　https://www.youtube.com/live/06-AZXmwHjo?si=6YsTvCUzv7CrRfX-
*2　https://datacentricai.org/neurips21/
*3　https://https-deeplearning-ai.github.io/data-centric-comp/

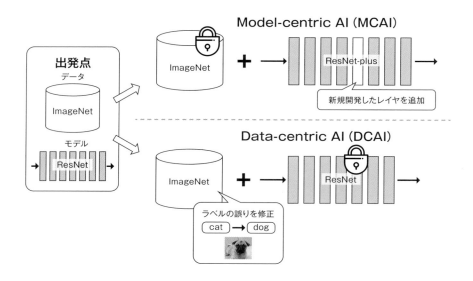

図 1.1 | 画像分類における Model-centric AI (MCAI) と Data-centric AI (DCAI) の例

- 発見した課題を解決する
- データの改善に必要な指標を運用時にモニタリングする

以降では、Ng 氏の講演「A Chat with Andrew on MLOps: From Model-centric to Data-centric AI」で語られた内容をもとに、筆者の補足や意見も含めて Data-centric AI について述べていきます。

1.1.1　Model-centric AI と Data-centric AI

AI システムは、ごく単純化すれば機械学習モデルとデータの組み合わせです。過去数十年にわたり、AI に関するさまざまな技術分野における標準的なデータセットをベンチマークとして世界中でモデルの改善が繰り返され、AI 技術は飛躍的な進歩を遂げました。このようにデータを固定してモデルを改善するアプローチを Model-centric AI と呼びます。一方、Data-centric AI では、逆にモデルを固定してデータを改善します。以降、本書では、前者を MCAI、後者を DCAI と呼ぶこととします。画像分類において、著名なデータセットである ImageNet[3] と広く使われているモデルである ResNet[4] を出発点として、MCAI と DCAI のそれぞれのアプローチで分類精度を改善する簡単な例を**図 1.1** に示します。

AI 開発と言えば、長らく MCAI のことを指すのが常でしたが、固定されたデータセットにおける性能改善を目指して繰り返しモデルを変更していくことは、そのデー

表 1.1 | ベースラインモデルの性能改善における MCAI と DCAI の比較（括弧内はベースラインとの差）。Ng 氏の講演より引用。

	鉄欠陥検出	太陽光パネル検査	表面検査
ベースライン	76.2 %	75.68 %	85.05 %
MCAI	76.2 % (+0)	75.72 % (+0.04)	85.05 % (+0)
DCAI	93.1 % (+16.9)	78.74 % (+3.06)	85.45 % (+0.4)

タセットへの過度な依存を引き起こし、データセットが抱える問題への過学習により実応用において見かけほどの性能改善が得られないという問題が指摘されるようになってきました[5]。また、AI 開発においてモデルにばかり着目し、データを軽視することによって、データに由来する問題が下流タスクに悪影響を及ぼし、時間とともに技術的負債と化すデータカスケードと呼ばれる現象も報告されています[6]。このように、Ng 氏による一連の活動に先行、並行する形で、AI 開発においてモデルだけでなくデータにも十分に注意を払うべきという声がさまざまな方面からあがっており、DCAI の重要性が広く認識されつつあります。

　講演の中で Ng 氏は、鉄製品の欠陥検出、太陽光パネルの検査、表面検査の 3 種類のタスクで、MCAI と DCAI の両アプローチを比較しています。この比較では、元々あったデータセットとモデルをベースラインとし、データを固定してモデルを改善する MCAI チームと、モデルを固定してデータを改善する DCAI チームがそれぞれ性能改善に取り組み、ベースラインからどれだけ改善したかを調査しています。結果は**表 1.1** の通りで、これらの例においては DCAI チームの方が大きく性能を改善することができています。この理由としては、すでに世界中で緻密な改善が何度も繰り返されてきたモデルに対し、自分たちでゼロから用意したデータの方が改善の余地が大きく、その改善がシステムの最終的な性能に与える影響も大きいことなどが考えられます。

　なお、DCAI の重要性や効果の大きさについて述べましたが、今後は AI 開発のアプローチが MCAI から DCAI に置き換わり、いずれ MCAI が不要になるというわけではありません。例えば、解きたいタスクの難度やデータ量に対して明らかにキャパシティが足りない小さな（パラメータ数が少ない）モデルを使っていれば、データの改善だけでは不十分で、より大きな（パラメータ数が多い）モデルへの変更が必須となります。また、画像分類や音声認識といったメジャーなタスクであればデファクトとなるようなモデルが存在しますが、実応用では多種多様なタスクを扱う必要があり、スクラッチでのモデル開発が必要になるケースも少なくありません。つまり、MCAI と DCAI は二者択一ではなく、タスクの性質やプロジェクトのフェーズに応じて両者をうまく使い分けたり組み合わせたりする必要があるということです。そのためには、これまで属人性が大きかった DCAI についても、MCAI と同様に技術の蓄積と体系化を進めていくことが重要です。

1.1.2 ラベルの一貫性

DCAI において、Ng 氏が重視しているのがデータの品質、特にラベルの一貫性です。ラベルとは、現在最も広く用いられている機械学習手法である教師あり学習における教師情報であり、人間や機械が各データにラベルを付与する作業のことをアノテーションと呼びます。では、例えば音声認識モデルの学習データを用意するためのアノテーションにおいて、「エーキョウノテンキハ」という音声を聞いてそれを文字に起こす場合、次のどれが正しいでしょうか。

- えー、今日の天気は
- えー…今日の天気は
- 今日の天気は

実際には上記のいずれでもかまわないのですが、問題となるのは、ラベルを付与する作業を行うアノテータによって上記三つのどれを選ぶかが一貫しない場合です。一貫性のないラベルは学習時にノイズとなり、モデルは本来のデータのパターンに加えてノイズにも無理やりフィットしようとするため、誤った（汎化性のない）学習につながります。

物体検出[*4]の場合はどうでしょうか。画像中のイグアナを検出するモデルを開発したい場合、アノテーションルールが「イグアナを四角で囲む」だけだったとすると、アノテータによって例えば**図 1.2** のようなばらつきが発生する可能性があります。これらのいずれもアノテーションルールには違反していませんが、一貫性のないラベルが付与されることになります。

これまで、上記のようなデータにおける問題は、エンジニア個人のスキル、あるいは偶然によって発見・解決されてきました。しかし、DCAI において目指すべきは、属人的なスキルや運に頼らない体系的なアプローチによってそれらを扱えるようにすることです。ラベルの一貫性に関する問題へのアプローチであれば、例えば以下のようなものが考えられるでしょう。

1. 同一のデータに対して、複数のアノテータによりラベルを付与する
2. アノテータ間でのラベルの一貫性を定量的に評価する
3. ラベルの一貫性が低いデータを調査し、アノテーションルールを見直す
4. データ全体で一貫性が十分に高くなるまで 1. ～ 3. を繰り返す

[*4] 画像を入力とし、そこに写っている特定の物体の種類と位置を出力するタスクです。一般的に、物体の位置は物体を囲む最小の矩形（バウンディングボックス）で表現されます。

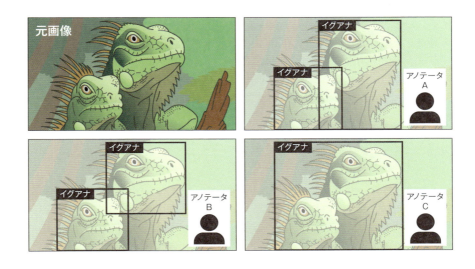

図 1.2 | アノテータによるラベルのばらつき

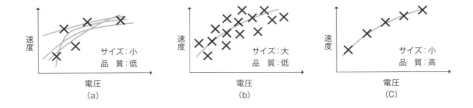

図 1.3 | データセットのサイズとデータの品質

1.1.3　データセットのサイズとデータの品質の関係

　AI システムの開発において、数億人もユーザーがいるようなサービスであれば大規模なデータセットを構築することも可能ですが、医療や農業、製造業などでは、データ数が数百から 1 万程度といった小さなデータセットしか構築できないことがよくあります。このような場合、データの品質がより重要となります。

　例として電圧からモータの速度を予測することを考えてみます。**図 1.3** (a) のように、サイズが小さく、かつ測定値にノイズが含まれており品質が低いデータセットの場合、正確な予測を実現する関数をデータから推定することは困難です。そこで、同図 (b) のようにデータセットのサイズを大きくすると、データ品質が低くともデータ

に関数をフィッティングする際にノイズが相殺されて正確な予測ができるようになります。しかし、同図 (c) のように小さなデータセットサイズのままであっても、データの品質を高めることができれば同様に正確な予測が可能となります。

イグアナ検出の例に戻ってより具体的に考えます。いま、500 枚のイグアナの画像とラベルがあり、そのうち 12 ％のラベルにノイズが含まれているとします。このとき、Ng 氏によれば、シャノンの情報理論から次の二つの対策が同等の効果を持つことが導けます。

- 12 ％のノイジーなサンプルを見つけ、それらのラベルを修正する
- データセットのサイズを 2 倍の 1,000 枚にする

二つの対策のうち、データセットのサイズを 2 倍にするならば、新たにイグアナの画像を 500 枚用意し、それらをアノテータに渡してラベルを付与してもらう必要があります。一方、データの品質を上げるならば、全体の 12 ％、つまり 60 枚の画像に対してラベルを修正すれば済みます。このように、特に小さなデータセットにおいては、データの品質に関する問題を発見、解決する方が、データセットのサイズを大きくするよりも容易なことが多いです。

さらに、Ng 氏が経験した実際のプロジェクトにおける例では、物体検出において、ラベル（ここではバウンディングボックスを指す）の一貫性を高めてデータの品質を改善したところ、検出精度が約 10 ポイント向上しました。比較のため、データの品質を変えずにデータセットのサイズを段階的に大きくしていったところ、同等の精度向上を得るためには約 3 倍の大きさのデータセットが必要でした。

ここまで、小さなサイズのデータセットにおける品質の重要性を述べてきましたが、実際には大きなサイズのデータセットにおいても同様のことが言えます。例えば検索エンジンを運用している場合、大量のクエリをデータセットとして持っていたとしても、その中には滅多に現れない非常に珍しいクエリがわずかに含まれているはずです。他にも、自動運転では道路上で起こる稀なイベント、電子商取引では何百万個もの製品の中でほとんど売れない製品など、実世界の問題にはこうした「ロングテール」がつきものです。非常に大規模なデータセットであったとしても、ロングテールであればテールについてはわずかなデータしか含まれておらず、システムがそうしたデータを扱う必要があるならば、結局はこれまで述べてきたようなデータの品質に関する議論が同様に当てはまることになります。

1.1.4 MLOps の役割

MLOps は、AI システムの開発からデプロイ、運用までを体系的に行うことを目指した新しい分野です。AI システム開発のライフサイクルは概ね**図 1.4** のようになり、従来のソフトウェア開発が左から右へ一方通行に進むのに対し、右から左へ戻るフィー

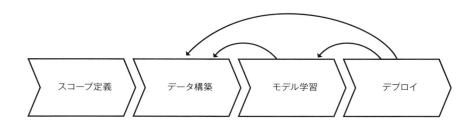

図1.4 | AIシステム開発のライフサイクル

ドバックが存在することが特徴です。モデルがデプロイされて運用が始まったあとでも、データの改善やモデルの再学習が必要になることがあります。

　DCAIの観点において、MLOpsに取り組むチームの最も重要な役割は、AIシステム開発のライフサイクルのすべてにおいて高品質なデータを保証することです。MLOpsチームは、**図1.4**に示すライフサイクルのうち、主にデータ構築、モデル学習、デプロイに関わりますが、それぞれで例えば以下のような問いに答えられる必要があります。

データ構築　どのように一貫性のあるデータを定義し、収集するか
モデル学習　どのようにデータに処理を施せば効率的にモデルの性能を改善できるか
デプロイ　どのようにコンセプトドリフト[5]やデータドリフト[6]を検知して適切な
　　　　　データをより前のステージにフィードバックするか

　DCAIにおいては、一度データセットを構築して終わりにするのではなく、その品質を改善するプロセスをAIシステム開発のライフサイクルの中に組み込み、継続的に品質を高めていくことが求められます。これをMLOpsの一環と捉え、体系的に行うことで、開発対象に過度に依存せずに常にDCAIが実践できるような開発フローを確立していくことが今後重要になっていくと考えられます。

1.1.5　ビッグデータからグッドデータへ

　ここまでAIが発展した要因の一つに、膨大な量のデータ、つまりビッグデータをAIの学習に使えるようになったことがあります。インターネットを経由してデータを収集できるIT企業はビッグデータとの相性が良く、早期からAI活用が進みましたが、

---

[5] 予測対象となる目的変数の意味や性質が時間とともに変化する現象を指します。これにより、モデルの学習時のデータと現在のデータとの関係が変わり、モデルの予測精度が低下します。
[6] モデルの学習に使用したデータの分布が、本番環境でのデータの分布と異なる現象を指します。これにより、モデルが学習で獲得した予測パターンが本番環境に当てはまらなくなり、予測精度が低下します。

008　第 1 章　Data-centric AI の概要

AI がさまざまな産業に広がっていくにつれ、ビッグデータを扱うことが難しく大規模なデータセットを構築できない、という声がよく聞かれるようになってきました。しかし、量を追求したビッグデータから、質を追求した**グッドデータ**の構築へとマインドセットを変えることで、データ量の制約を緩和して AI 活用の幅をこれまで以上に広げることが可能となります。グッドデータは、例えば以下のような特徴を持ちます。

- 一貫性があり、ラベルの定義に曖昧さがない
- 重要なケースをカバーしている
- 運用時に得られたデータから適切なフィードバックがある
- サイズが適切である

　上記の他、ドメインによって異なる特徴も求められます。例えばヘルスケアの場合、データにおける患者のプライバシーを尊重、確保することは非常に重要です。また、社会的なインパクトが大きいサービスでは、データのバイアスや公平性に細心の注意を払う必要があります。グッドデータは、これらのドメイン固有の問題も解決できなければなりません。MLOps チームの支援により、ドメインに特化した適切なアプローチでグッドデータが確保できれば、データ量が少ない場合だけでなく大量のデータが扱える場合も含め、より多くの問題で AI を効果的に機能させることができるようになります。

1.1.6　まとめ

　講演の最後で Ng 氏は、DCAI における重要な点を以下のようにまとめています。

- AI システムの開発において、モデルについては多くの素晴らしいオープンソースが活用できますが、データについてはそのプロジェクトに特化していることがほとんどであるため、公開されているものだけで事足りることは稀です。したがって、まずは開発ライフサイクルのすべてにおいて高品質なデータを保証するための MLOps を整備し、そこにモデルを組み合わせていくことによって、AI システムの効果と開発効率をともに高めることができます。
- AI システムは、データを写す鏡です。多くのプロジェクトでは、MCAI が主体となりがちですが、ここまで述べてきたように DCAI も非常に重要です。エラー分析などを体系的に行い、モデルの性能を改善するためにデータをどのように変更すべきかを見極めることが必要です。
- 今後の AI 開発における最も重要なフロンティアの一つは、DCAI を効率的、体系的なプロセスで実現するための MLOps ツールでしょう。データに関する問題の発見や解決を個々のエンジニアのスキルに任せるのではなく、そのための体系的なフレームワークを全員が使いこなすことが重要です。

加えて、著者のこれまでの経験から言えば、特に DCAI の実践に際しては、まずは自分たちの AI 開発プロジェクトでデータに関してどのような課題があるかを洗い出し、その影響の大きさなどに応じて決めた優先度にしたがって解決に取り組むべきです。明確な課題感のないところに無理やり DCAI を導入しようとしても、中途半端な状態で終わってしまったり、十分な導入効果が得られなかったりすることが多いです。著者の失敗談として、ほとんど事前調査を行わずになんとなく効果があるだろうと期待して AI による自動アノテーションを導入し、AI がミスした箇所だけをアノテータに修正してもらうようにしたところ、これまでゼロからアノテーションすることに習熟してきたアノテータにとっては、AI のミスを修正する作業の方がかえって手間になってしまうということがありました*7。

　課題の解決においては、先人に学ぶという姿勢も非常に重要です。DCAI という言葉自体は新しいものですが、長い歴史を持つ学術分野や、これまでにさまざまな組織が実施してきた創意工夫の中に DCAI と深く関連するものが数多く存在します。そうした先人の知識や経験を吸収することで、自分たちの課題解決のための引き出しを増やすとともに、車輪の再発明を避けることができます。本書もその一助となれば幸いです。

1.2　データセットのサイズとモデルの性能の関係

　前節では、Ng 氏による DCAI の概要と重要性を説いた講演の内容を主に紹介しました。講演の主眼はデータセットの品質を体系的に高めることに置かれていましたが、現在 AI と言えばほとんどのケースで深層学習のことを指している以上、品質を保ちつつも可能な限りデータセットのサイズを大きくすることは、AI システムの開発成功に向けてデータの観点からまず最初に検討すべきことの一つです。そこで本節では、深層学習モデル、つまりニューラルネットワークの性能と、学習に使われるデータセットのサイズとの関係性を調査した研究を紹介し、データセットのサイズの重要性を具体的に見ていきます。

　ニューラルネットワークの性能は、データセットのサイズまたはモデルのパラメータ数とべき乗則の関係にあることが広く知られています[7],[8],[9],[10],[11],[12],[13],[14]。これをニューラルネットワークのスケーリング則（neural scaling law）と呼びます。その定式化にはいくつかのパターンがありますが、本書の興味であるデータに関して、そのサイズとモデル性能との関係を簡潔に記述すると次式のようになります。

$$\epsilon(m) \sim \alpha m^{\beta} \tag{1.1}$$

＊7　もちろん、これは一時的なもので、AI のミスを修正する作業に慣れていけば、いずれは自動アノテーションの効果が十分に高くなった可能性もあります。

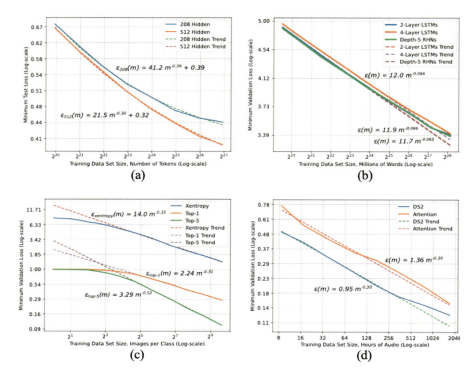

図 1.5 | さまざまなタスクに見られるスケーリング則：(a) 機械翻訳、(b) 言語モデリング、(c) 画像分類、(d) 音声認識。Hestness らの論文[7] より引用。

ここで、ϵ はモデルの汎化誤差、m は学習データセットにおけるサンプル数、α は定数であり、データセットのサイズを大きくするにつれてモデル性能がどれだけ早く改善していくかを負のスケーリング指数 β が左右します。

Hestness らは、機械翻訳、言語モデリング、画像分類、音声認識といったさまざまなタスクのいずれにおいても、上述したスケーリング則が見られることを実験的に示しました[7]。その結果を**図 1.5** に引用します。同図のグラフはいずれも横軸がデータセットのサイズ、縦軸がそのタスクにおけるモデルの性能であり、両軸ともに対数スケールで示しています。グラフ中の実線が実測、波線が式 1.1 を当てはめた結果です。また、グラフ中に複数の実線と波線のペアがあるのは、モデルのサイズ（パラメータ数）を変えた複数の実験を行っているためです。これらの結果を見ると、いずれのタスクにおいても式 1.1 がよく当てはまり、データセットサイズの拡大に対するモデル性能の改善がほぼ直線に乗っていることが分かります。性能改善のスピードに相当するスケーリング指数 β はタスクにより異なるものの、概ね -0.07 から -0.35 の範囲

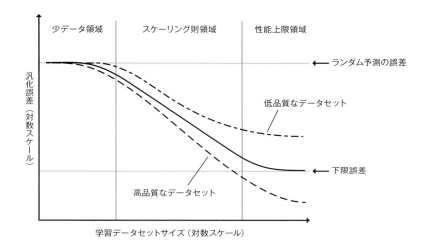

図 1.6 | データセットサイズとモデル性能との関係。Hestness らの論文[7] を元に筆者作成。

をとります。なお、同図 (a) に示す機械翻訳の場合は、式 1.1 に定数 γ を加えた形となっています。この γ は、データセットのサイズに対してモデルのサイズが十分でなく、それ以上データセットサイズを大きくしても性能が改善しない、つまり、モデルのキャパシティを使い果たしてしまい、アンダーフィットが発生している領域を表現するために導入されています。また、同図 (c) に示す画像分類の場合は、逆にデータセットのサイズが小さい場合にモデルの性能が改善しない領域が見られます。この理由として、データセットのサイズが小さすぎるために、モデルが単に学習データを記憶してしまい汎化性のある知識を獲得できていない、つまり過学習が発生していることが挙げられます。

　ここまでの結果を一般化して、データセットサイズに関するスケーリング則を模式的に示すと **図 1.6** のようになります。図中の実線が示すようにデータセットのサイズが小さい状態から大きくなるにつれて、少データ領域、スケーリング則領域、性能上限領域、と三つの領域を遷移します。最初の少データ領域は、データセットのサイズが小さすぎるためにモデルがうまく学習できない領域であり、モデルの性能はランダムな予測と同程度になります。そして、スケーリング則領域では、式 1.1 によるスケーリング則が成り立ち、データセットのサイズを大きくするほどモデルの性能が改善します。最後に、性能上限領域では、モデルの性能が飽和し、それ以上データセットのサイズを大きくしても性能が改善しません。この性能上限、つまり誤差の下限は、モデルによる予測誤差の理論的な下限であるベイズ誤差[15],[16] に加え、データセットにおけるラベルの誤りなど複数の要因の組み合わせにより決まります。

012 　第 1 章　Data-centric AI の概要

　実際の AI 開発では、最初から大規模なデータセットが手に入ることは稀であり、データセットのサイズは徐々に大きくなっていくことがほとんどです。したがって、その過程で何回かモデルの学習と性能評価を行い、データセットのサイズが大きくなるにつれてモデル性能がどのように変化するかを調べることで、現在のデータセットの規模感が図 1.6 に示した三つの領域のどこに当たるか知ることができます。なお、少データ領域と性能上限領域はデータセットのサイズを大きくしてもモデル性能が変化しないという共通の特徴を持つため区別しづらいかもしれません。しかし、一般的に利用されている深層学習モデルならば大きなキャパシティを持つことがほとんどであるため、開発の初期段階から性能上限領域に入っていることは考えにくいでしょう。先述した Hestness らによる複数の実験でも、性能上限領域が確認できるケースは多くありません。評価の結果、スケーリング則領域にあることが分かったならば、式 1.1 をフィッティングすることで、あとどのくらいデータを追加すれば目標性能に達するかをある程度見積もることができます[8]。もしその追加量が開発予算やスケジュールに照らして許容できるならば、そのままデータセットのサイズを大きくしていくことが目標達成に向けた最も堅実なアプローチであると言えます。また、少データ領域にいる場合も、やはりスケーリング則領域に到達するまでデータを追加していく必要があります。

　ここまで、スケーリング則の観点からデータセットのサイズがモデル性能に与える影響を見てきましたが、もしデータの品質が低かった場合、どのようなことが起こるでしょうか。図 1.6 に示した三つの領域で考えると、まず少データ領域では、Ng 氏の講演における図 1.3 からも分かるように、この領域を抜け出すまでに追加しなければならないデータの量が高品質なデータの場合に比べて多くなると考えられます。次にスケーリング則領域では、データを追加することによるモデルの性能改善のスピードが鈍化し、ある一定の性能改善を得るまでに追加しなければならないデータの量が増えます。最後に性能上限領域では、モデルの性能を評価するためのデータセットにもノイズが含まれているであろうことを考えると、性能の上限は実際よりも低くなり、また、性能上限への到達も早くなるでしょう。逆に言えば、データの品質を改善することで、少データ領域の幅を小さくし、スケーリング則領域における性能改善のスピードを上げ、性能上限を引き上げるとともにそこに到達するのを遅らせてスケーリング則の恩恵を最大限に享受することができるようになります。図 1.6 の波線のグラフは、データの品質の違いによるこれらの変化を模式的に示したものです。

---

[8] 実際の AI 開発では式 1.1 のような振る舞いにならないことも多いため、あくまでも目安程度に使うのがよいかと思います。

1.3 データの品質の重要性

DCAI では、体系的なアプローチによってデータの品質を継続的に高めていくことが最も重要な活動の一つとなります。AI システムの開発において考えるべきデータの品質にはさまざまな観点がありますが、本節では、AI 開発のための既存のガイドラインを引用して一般的なデータ品質の考え方を説明します。さらに、主にデータの品質に着目して行われた学術的な研究を紹介することでデータの品質の重要性に関する理解を深めます。

1.3.1 AI システムにおける品質特性

産業技術総合研究所が中心となってまとめた「機械学習品質マネジメントガイドライン」[17] には、機械学習を利用した AI システムのライフサイクル全体にわたる品質マネジメントに関して、AI システムのサービス提供で求められる品質要求を充足するために必要な取り組みや検査項目が体系的に整理されています。本ガイドラインでは、AI システムのデータ品質について、二つの分野を定義し、それぞれで以下の七つの特性軸を抽出しています。それぞれの考え方を模式的に示すと**図 1.7** のようになります。

分野 A： 品質構造・データセットの設計

    A-0： 問題構造の事前分析の十分性

    A-1： 問題領域分析の十分性

    A-2： データ設計の十分性

分野 B： データセットの品質

    B-1： データセットの被覆性

    B-2： データセットの均一性

    B-3： データの妥当性

    B-4： 外部品質ごとのデータセットの妥当性

■分野 A：品質構造・データセットの設計　分野 A は、最終的に得られるデータの品質を確保するために、実際にデータを収集してデータセットを構築し始める前に検討すべき特性軸です。それぞれの軸で求められる内容について説明します。まず、データそのものについて考える前の事前準備として、対象のシステムに関する問題の要因や構造について分析する必要があります（A-0：問題構造の事前分析の十分性）。例えば、システムの安全性について考える場合は、どのような状況でどのように使われるかといった外部要因の影響を考慮する必要があります。また、主にシステムを使って

意思決定を行うような場合に配慮しなければならない公平性については、例えば人種や性別による不公平の原因となる社会状況やその背景構造の理解、それらの時代的な移り変わりを踏まえることが必要となります。

次に、システムに入力される実際のデータの性質を分析します。この分析結果は、想定されるすべての利用状況を被覆している必要があります（A-1：問題領域分析の十分性）。ここでは、あとの段階でのデータ整理や必要データの有無の確認に使えるよう、データの範囲を複数の部分に切り分けることが目標となります。システムの利用状況に関わる独立した複数の条件を分類／整理し、特定の利用状況をそれらの組み合わせとして把握するような方法が考えられます。ここで、もし実際には起こり得ないような組み合わせが見つかった場合は、この段階で除外します。

最後に、システムが対応すべきさまざまな状況のそれぞれに対して、必要なデータを収集して整理するための枠組みの設計を行う必要があります（A-2：データ設計の十分性）。最も単純には、すでに特定した「状況の組み合わせ」のすべてに対して十分なデータを確保することを考えればよいですが、一般には状況の組み合わせは膨大な数となることが少なくありません。そこで、いくつかの状況の組み合わせを統合しつつ、特に重要性が高い領域では細かい状況の組み合わせにも漏れなく対応するなどといった設計が必要になります。

■**分野B：データセットの品質** 分野Bは、実際に構築されたデータセットに対する品質の特性軸です。まず、データ設計で決定された「対応すべき状況の組み合わせ」のそれぞれに対して、抜け漏れがなく十分な量のデータが与えられているかを考えます（B-1：データセットの被覆性）。学習データについて言えば、特定の状況におけるデータが少ないことによる学習不足や、逆にデータが多すぎることによるモデルの性能の偏りを避けることが目的になります。検証データでは、ある状況のデータが不足していれば、その状況のモデルの振る舞いに対する検証結果は信頼できないものとなります。

一方で、各状況のデータが、入力データにおける実際の発生頻度に応じて抽出されているかを考えることも必要です（B-2：データセットの均一性）。**図1.8**は、被覆性と均一性の概念を模式的に示したものです。被覆性と均一性は、システムに求められているものに応じて、いずれかを優先したりバランスをとって両立させたりすることが必要になります。例えば、自動運転システムにおいては、発生頻度がどれだけ低い状況であっても、その状況に適切に対応できなかった場合の危険が大きいならば、その状況のデータを十分に集めなければなりません。このとき、均一性を確保するためには他のあらゆる状況のデータも増やす必要がありますが、全体のデータ量が膨大となり現実的ではありません。したがってこのような場合は、均一性よりも被覆性を重視することとなります。逆に均一性を重視するケースとしては、小売店の売上予測シ

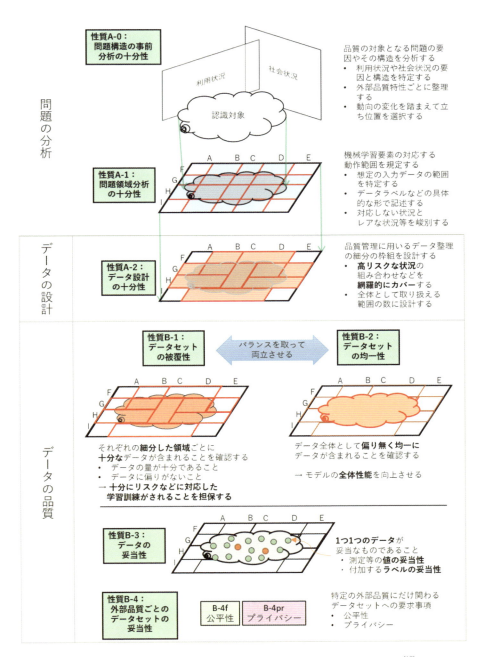

図 1.7 | AI システムにおけるデータの品質特性。機械学習品質マネジメントガイドライン[17] より引用。

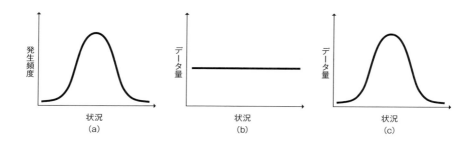

図 1.8 | データセットの被覆性と均一性：(a) 入力データの実際の分布、(b) 被覆性が高いデータセットの分布、(c) 均一性が高いデータセットの分布。

ステムなどが考えられます。一般にシステム全体の性能は、均一性が高いデータセットで学習した方が高くなるため、例えば 1 年間の平均的な予測精度を高めたいような場合に、ある特定の稀な状況を強く学習してしまうことで全体的な性能が下がることは望ましくないでしょう。

ここまで見てきたようなデータセット全体の分布だけではなく、当然ながらデータセットを構成する一つ一つのデータがシステムの目的に照らして妥当であることも重要です（B-3：データの妥当性）。妥当性には、単に値が正確であるだけでなく、外れ値のような本来除外されるべきデータではないこと（一貫性）、不適切な改変などがなされていないこと（信憑性）、十分に新しいこと（最新性）などが含まれます。また、教師あり学習においては、モデルに入力されるデータの妥当性である「データ選択妥当性」と、そのデータに付与されたラベルの妥当性である「ラベリングの適切性」の二つの観点から考える必要があります。データの妥当性を高めるための具体的な取り組みとして、本ガイドラインで述べられているものを紹介します。

アノテーションポリシーの統一・精査：例えば画像へのアノテーションでは、ラベルを付与すべき物体のサイズや距離、重なり合う物体の遮蔽状態の扱いなどをシステムの目的に照らして明確化し、こうした観点をアノテータ間で統一しておく必要があります。もしアノテータ間で付与したラベルにブレがあれば、モデルの性能低下や不正確な性能評価につながります。特にアノテーションのやり直しはコストが高いため、PoC（Proof of Concept, 概念実証）のなるべく早い段階で十分な検討を行ってアノテーションポリシーを詳細に定義し、かつそれを文章として記録しておくことが重要です。

データセットの整合性チェック・再チェック：システム構築の効率化のため、既存のデータセットを流用することが考えられますが、データの妥当性は要件との整合性において評価されるものであるため、機能要件や使用状況が変われば妥当性の再評価が

必要となります。また、データセット構築を外注する場合は、あらかじめ検討しておいた観点に沿った受け入れ検査を行う必要があります。

ロングテールの扱いと、計測ミス・外れ値の判断：あるデータが他のデータの傾向から外れている場合、これをシステムが扱うべきロングテールの一部と考えて対象に含めるか、あるいは計測ミスや外れ値として除外するかは、問題の性質や個別のデータの内容、また被覆性と均一性の優先度の違いなどによって変わります。データ選択やアノテーションのブレを防ぐため、こうした判断についても明確なポリシーを決めておく必要があります。

データ汚染への対応（セキュリティ・信憑性）：データに対する意図的な誤りや偏り、また悪意のある改変などのデータ汚染は、一旦データセットに混入すると自動的な検知が困難です。データ汚染の混入を避けるためには、一般的な情報セキュリティ対策やデータ取得環境の物理的なセキュリティ対策など、プロセスの観点から手立てを講じる必要があります。また、プライバシー保護、営業機密保護などを要するデータや、法規制、契約などに違反するデータの意図しない混入にも注意を払う必要があります。

最新性：モデルの性能が時間の経過にともなって低下していく場合、最新のデータでモデルを再学習することが効果的です。しかし、最新性に対する要求は、許容できるデータセットのサイズと対立することがあり、特に稀な状況への対応が必要な場合において、網羅性との間でトレードオフが生じることがあります。したがって、最新性についてのポリシーを事前に検討しておくか、PoC などにおいて妥当な要求水準を洗い出しておく必要があります。

　本ガイドラインでは、AI システムの外部品質[*9]として、リスク回避性、AI パフォーマンス、公平性、プライバシーを挙げており、これらを確保するためにはそれぞれに対応するデータの品質を高める必要があります（B-4：外部品質ごとのデータセットの妥当性）。例えば公平性の確保のためには、データ収集の段階からバイアスを極力発生させないようにすること、収集したデータに対して要配慮属性間で特徴量が類似するように編集を行う Disparate Impact Remover[18] などの前処理を適用することなどが考えられます。また、プライバシーについては、GDPR（General Data Protection Regulation, 一般データ保護規則）などの関連する規制法を遵守することはもちろん、プライバシー漏洩の脅威性を下げるために、データ分布の調整によってモデルが想定外に学習データを記憶することを防ぐといったアプローチ[19] なども必要になる場合があります。

＊9　ソフトウェアシステムの品質は外部品質と内部品質に大別されます。外部品質はシステムを実際に利用するユーザーが直接感じる品質であり、内部品質はシステムの内部構造や設計に関連する品質です。

図 1.9 | 公開データセットにおけるラベル誤りの例。Northcutt らの論文[20] より引用。

1.3.2　データの品質が与える影響

　前項では、AI システムのデータ品質を考える際に考慮すべき特性軸について紹介しました。ここからは、それらの特性軸のいずれかに課題がある場合、つまりデータの品質が低い場合に、どのような影響があるのかを学術的な研究を引用しながらみていきます。

■**ラベルの誤りが与える影響**　Northcutt らは、コンピュータビジョン分野で広く使われている 10 種類の公開データセットについて、特に評価用のデータセットに含まれるラベルの誤りとその影響について調査しました[20]。この調査では、ラベルが誤っている可能性が高いデータを機械的に抽出し、それらを人間がチェックすることで実際に誤ったラベルを持つデータを特定しています。その結果、平均で 3.3 %、最も広く用いられているデータセットである ImageNet の評価データセットでは 6 % のデータに誤りがあることが分かりました。実際に見つかった誤りの例を**図 1.9** に示します。

　このようなラベルの誤りは、具体的にどのような問題をもたらすのでしょうか。**図 1.10** (a) は、大小さまざまな画像分類モデルを ImageNet を使って学習し、評価データセットでそれぞれの性能を調査した結果です。一つ一つのプロットが異なるモデルの性能に対応します。ここで、横軸はオリジナルの評価データセットを使った結果、縦軸はオリジナルの評価データセットから当該調査で特定した誤ったラベルを持つデータを取り除いたデータセットで評価した結果です。これを見ると、プロットが右肩上がりの直線に乗っていることから、誤ったラベルを含むデータセットと、そこから誤ったラベルを持つデータを取り除いたデータセットのどちらで評価してもモデル性能の優劣順には変化がないことが分かります。これは一見、評価データセットにおけるラベルの誤りが特に問題ではないことのように思われます。

　一方、**図 1.10** (b) は、同様に複数のモデルの性能を評価した結果ですが、横軸が誤ったラベルを持つデータのみで評価した結果、縦軸がそれらのデータのラベルを正しいものに修正したうえで評価した結果です。(a) から一転してラベルの修正前後でモデルの優劣順が大きく入れ替わっており、パラメータ数が多くキャパシティの大き

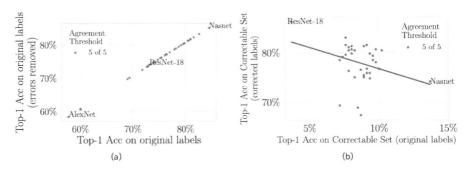

図 1.10 | ImageNet を使った複数のモデルの性能評価結果：(a) ラベルに誤りがあるデータを除外した場合、(b) ラベルに誤りがあるデータだけを使用した場合。Northcutt らの論文[20] より引用。

いモデルほど順位が著しく下がる傾向があります（例えば NASNet は実験に使われた 34 個のモデルの中で 1 位から 29 位に転落）。

これら二つの実験から、元から正しいラベルが付与されていたデータについては、大きなモデルの方が想定通りに性能が高いのに対し、誤ったラベルが付与されていたデータについては、大きなモデルは誤っているラベルを誤ったままその通りに予測してしまっている、ということが分かります。この原因の一つとして、キャパシティの大きいモデルは、学習したデータセットに存在するシステマティックなラベル誤りのパターンを学習してしまっていることが挙げられます。ここではあくまでも評価データセットにおけるラベルの誤りに注目しましたが、同じプロセスで構築されている以上、学習データセットにも似たような誤りが存在すると考えられます。これはつまり、同じようなラベルの誤りを含む学習データセットと評価データセットを使っている場合、評価データセットで測った性能が高くなるようにモデルを改善していったとしても、それはデータセット全体におけるラベルの誤りに最適化していっているだけで、本質的な性能改善につながっていない可能性があることを意味します。

一般に、学習データセットにラベルの誤りが含まれる状況において、いかにロバストにモデルを学習するかについては多くの研究がありますが、特に評価データにおけるラベルの誤りに注目した研究は多くありません。しかし、本研究で示唆されたように、評価データにおけるラベルの誤りは、モデルの改善の方向性を見誤ったり、複数の候補モデルから最も汎化性能が高いであろうものを選んでシステムにデプロイする際に、最良でないモデルを採用してしまったりすることにつながります。本研究が対象としたデータセットにおける評価データのラベルの誤り率は、平均で 3 ％程度とそれほど大きくないように思われますが、対象となったデータセットの多くは広く研究開発に使われることを目指して注意深く設計、構築されたものです。開発スケジュールや予算の都合から短期間、低コストでの作成を余儀なくされることが多い実応用に

おけるデータセットでは、さらに多くの誤りが含まれる可能性が高く、本研究で提起された課題がより顕著に現れると思われます。

■データの冗長性が与える影響　前項で述べたデータ品質の特性軸におけるデータセットの被覆性や均一性に関わりが深いものの、やや異なる観点として、データの冗長性に着目した研究を紹介します。Sorscher らは、**1.2 節**で述べたニューラルネットワークのスケーリング則（べき乗則）において、指数が 0 に近いためモデルの性能改善の効率が悪く、わずかな性能改善のために大量のデータを追加しなければならないという課題を提起しました[21]。そして、その理由として、データセットにモデルの学習にとって効果の小さいサンプルが多く含まれている、つまりデータが冗長であることを挙げ、データの冗長性を取り除くことでスケーリング則の効率を改善し、指数スケーリングが実現できることを理論と実験の両面から示しました。

　データの冗長性を取り除く技術は、具体的にはデータセットからモデルの学習への寄与が小さいデータを取り除く（剪定する）技術であり、データ剪定（data pruning）などと呼ばれます。データ剪定における一般的なアプローチでは、何らかの指標によってデータセットに含まれるそれぞれのデータの難易度や重要度を評価値として求め、所望の剪定率となるように評価値が小さい（あるいは大きい）一定数のデータをデータセットから取り除きます。このとき、データ剪定前のデータセットで学習したモデルの性能と、データ剪定後のそれが同程度になることを目指します。つまり、モデルの性能を落とさずにデータセットのサイズを小さくすることが目的となります。

　図 1.11 (a) は、データ剪定によって取り除くデータの割合を変化させた場合に、データセットのサイズとモデル性能の関係がどうなるかを理論的に導出したものです。図中では、どれだけのデータを残すかが示されており（20 ～ 100 ％）、この値が小さいほど取り除かれるデータの割合が大きくなり、グラフの色が薄くなります。両対数グラフであるため、すべてのデータを残す場合（100 ％）、すでに知られている通りデータセットのサイズとモデル性能の関係はべき乗則となり、グラフはほぼ直線となります（図中の ～ α^{-1}）。ここで、データセットのサイズが大きくなるにつれ（グラフの左から右に進むにつれ）取り除くデータの割合を適切に大きくしていくことで、べき乗則を示す直線の下側にあるパレート最適[*10]を実現できることが分かります。**図 1.11** (b) ～(d) は、実際の画像データセットに対し、既存のデータ剪定技術を使ってデータ剪定を行い、同図 (a) に示す理論シミュレーションと同等の現象が見られるかを確認したものです。いずれにおいても、べき乗則を示す直線の下にパレート最適が存在することが分かります。これらのパレート最適を実現できれば、これまでの効率の悪いス

[*10]　パレート最適とは、一般的には資源が無駄なく使われており、誰かの状況を改善しようとすると他の誰かの状況が悪化する状態を指します。ここでの意味合いとしては、データセットのサイズやモデルの複雑さを犠牲にせずにこれ以上性能を向上できない状態ということになります。

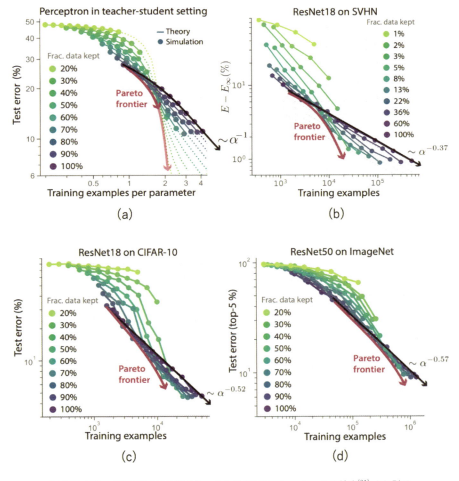

図 1.11 | データ剪定による指数スケーリングの実現。Sorscher らの論文[21] より引用。

ケーリング則を指数スケーリングに改善できることになり、追加したデータ量に対するモデルの性能改善のスピードを早めることが可能となります。

　データセットのサイズを大きくすることによるモデル性能改善において、データ剪定によってデータの冗長性を減らすことで従来知られていたべき乗則の打破が可能であることを示した本研究は、機械学習に関する世界最高峰の学会の一つである NeurIPS にて outstanding paper に選ばれています。本研究を契機として、データの品質の一環として冗長性に注目が集まり、冗長性を減らすための研究が活発化することが期待されます。最後に、論文から印象的な一節を引用します。

Our initial results in beating power law scaling motivate further studies and investments in not just inefficiently collecting large amounts of random data, but rather, intelligently collecting much smaller amounts of carefully selected data, potentially leading to the creation and dissemination of foundation datasets, in addition to foundation models.

べき乗則スケーリングの打破に関する私たちの初期の成果は、単にランダムなデータを大量に集めるという非効率的なやり方ではなく、注意深く選定されたより少量のデータを賢く集める技術の研究や投資への動機付けとなるものです。これは、基盤モデルに加え、「基盤データセット」の構築と普及につながる可能性を秘めています（筆者訳）。

■倫理性やプライバシーの欠如が与える影響　Prabhu らは、コンピュータビジョン分野において研究目的で広く用いられてきた大規模なデータセットについて、倫理性やプライバシーの観点でいくつかの問題があることを指摘しました[22]。例えば 2008 年に公開された Tiny Images[23] や 2010 年から始まった ILSVRC（ImageNet Large Scale Visual Recognition Challenge）で使われてきた ImageNet[24] は、いずれも分野の進展に大きく貢献しましたが、カテゴリ分類に WordNet[25] を利用しているため、WordNet に含まれる差別や攻撃につながるような倫理的に問題のあるカテゴリをそのまま継承してしまっているという問題があります。特に Tiny Images はインターネット検索によって自動的に作成され、人間による精査がなされていないため、論文中で例として挙げられているだけでも 15,000 枚近い画像が倫理的に問題のあるラベルを付与されていました。Prabhu らの論文は公開後、大きな反響を呼び、それを受けて Tiny Images の公開元であるマサチューセッツ工科大は謝罪文を掲載し、Tiny Images の公開を停止する事態となりました*11。また、本論文による指摘とは無関係ですが、ImageNet においても、「人間」に属する 2,832 個のサブカテゴリのうち、1,593 個が不適切なものであるとして、「人間」に属する画像の半数以上にあたる約 60 万枚の画像がデータセットから削除されています[26]。しかし依然として、例えば画像に写っている人々に対して何ら同意がとられていないなどの課題は残ったままです。

　このように倫理性やプライバシーへの配慮が十分になされないままに大規模な画像データセットが構築、公開された場合、どのような脅威となりうるかを Prabhu らの指摘から以下に抜粋します。

---

*11 https://groups.csail.mit.edu/vision/TinyImages/

プライバシーの喪失、脅迫の脅威：例えば PimEyes*12 のような、顔画像を入力として同一人物と思われる人が写った画像をインターネットから検索できるサービスを使えば、データセット内の画像に写っている人の身元を特定できてしまうおそれがあります。データセットの画像がその人の意図に反して公開されていれば、画像の内容によってはその人に対する攻撃や脅迫などにつながりかねません。

より大規模で、より不透明なデータセットの出現：研究コミュニティにおいて、十分に精査がなされないままデータセットを構築することが常態化してしまえば、さらに大規模で、構築の過程が不透明なデータセットが出現しかねません。例えばJFT-300M[27] は、18,000 のカテゴリにわたる 3 億枚以上の画像を持つとされていますが、詳細は明らかにされていないクローズドなデータセットです。その派生系であるOpen Images[28] はオープンなデータセットですが、例えば Flickr から取得した子供の画像が本人の同意なく使われていることが確認されており、JFT-300M にも同様の問題があることが示唆されます。このようなデータセットの存在と使用が人々に直接的および間接的な影響を与えることを理解し、データの出所や同意取得に十分な注意を払うことがデータセット構築の重要なプロセスの一部であると認識しなければなりません。

クリエイティブコモンズの誤謬：例えば Open Images ではクリエイティブコモンズライセンスの画像が利用されていますが、このライセンスは著作権の問題にのみ対応しており、プライバシーや AI の学習に使うための同意には対応していません。クリエイティブコモンズが発表した見解でも、このライセンスは、プライバシーの保護やAI 開発における倫理問題の解決のための優れたツールではないことが述べられています*13。実際に、MegaFace[29] や Diversity in Face[30] など、クリエイティブコモンズライセンスの画像を利用したデータセットで公開停止となっているものも存在します。

　ここまで述べてきたようなデータセットにおける課題への対策の一例として、Prabhu らは、モデルの性質を記載するモデルカード[31] にならい、データセット監査カードを作成、公開することを提案しています。このカードは、そのデータセットの倫理性に関わる定量的な指標を記載したものであり、例えば ImageNet におけるカードは**図 1.12** のようになります。カードに記載される情報の例としては、データセット中の画像に写っている人間の数、年齢、性別や、NSFW（Not Safe for Work）なカテゴリの存在などが挙げられます。これらの算出のためには、既存の学習済みモデルが利用されるほか、人間によるチェックも行われています。こうしたデータセット監査カードにより、データセットの構築元は、データセットの普及と併せて、その目標や構築手順、既知の欠点や注意点を公開することが可能となります。どのような観点

＊12 https://pimeyes.com/ja

＊13 https://creativecommons.org/2019/03/13/statement-on-shared-images-in-facial-recognition-ai/

から見ても問題のない完璧なデータセットの構築は困難ですが、構築の時点から十分な注意を払うことはもちろん、構築後も綿密な監査を行ってその結果を公開すること

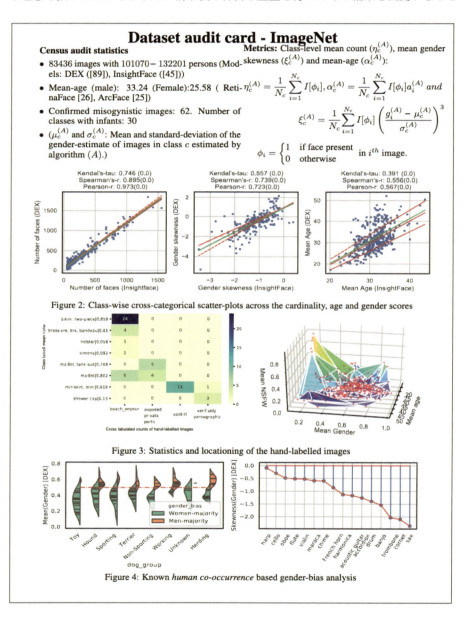

図 1.12 | ImageNet に対するデータセット監査カード。Prabhu らの論文[22] より引用。

で、データセットの透明性を高め利用者に対して既知の課題を踏まえた適切な利用を促すことができるようになります。

1.4　おわりに

　本章では、DCAI を世の中に広めるきっかけとなった Andrew Ng 氏による 2021 年の講演をもとに DCAI の基本的な考え方について説明したあと、AI 開発のためのデータセットにおける二つの主要な観点として、データセットのサイズと含まれるデータの品質について、学術的な研究や公的な機関によるガイドラインなどを参照しながらそれらの重要性を具体的に見てきました。DCAI 自体は新しい言葉ではあるものの、AI 開発におけるデータの重要性は古くから広く認識されており、学術・産業ともにすでに多くの関連した取り組みが存在します。それらを学ぶことは、DCAI の理解や実践のためにきわめて有用であり、成功への近道となるでしょう。次章以降で述べられるさまざまな分野におけるデータに焦点を当てた研究や実例の紹介がその一助となることを願っています。

参考文献

[2]　Eliza Strickland. "Andrew Ng, AI minimalist: The machine-learning pioneer says small is the new big". In: IEEE Spectrum 59.4 (2022), pp. 22–50.

[3]　Jia Deng et al. "ImageNet: A large-scale hierarchical image database". In: CVPR. 2009.

[4]　Kaiming He et al. "Deep residual learning for image recognition". In: CVPR. 2016.

[5]　Lucas Beyer et al. "Are we done with ImageNet?" In: arXiv preprint arXiv:2006.07159 (2020).

[6]　Nithya Sambasivan et al. " "Everyone wants to do the model work, not the data work" : Data cascades in high-stakes AI". In: CHI. 2021.

[7]　Joel Hestness et al. "Deep learning scaling is predictable, empirically". In: arXiv preprint arXiv:1712.00409 (2017).

[8]　Jared Kaplan et al. "Scaling laws for neural language models". In: arXiv preprint arXiv:2001.08361 (2020).

[9]　Tom Henighan et al. "Scaling laws for autoregressive generative modeling". In: arXiv preprint arXiv:2010.14701 (2020).

[10]　Jonathan S. Rosenfeld et al. "A constructive prediction of the generalization error across scales". In: ICLR. 2019.

[11]　Mitchell A Gordon, Kevin Duh, and Jared Kaplan. "Data and parameter scaling laws for neural machine translation". In: EMNLP. 2021.

[12]　Danny Hernandez et al. "Scaling laws for transfer". In: arXiv preprint arXiv:2102.01293 (2021).

[13] Xiaohua Zhai et al. "Scaling vision transformers". In: arXiv preprint arXiv:2106.04560 (2022).

[14] Jordan Hoffmann et al. "Training compute-optimal large language models". In: NeurIPS. 2022.

[15] Thomas Cover and Peter Hart. "Nearest neighbor pattern classification". In: IEEE transactions on information theory 13.1 (1967), pp. 21–27.

[16] Keinosuke Fukunaga. Introduction to statistical pattern recognition. Elsevier, 2013.

[17] 国立研究開発法人産業技術総合研究所. "機械学習品質マネジメントガイドライン 第 4 版". In: **デジタルアーキテクチャ研究センター・サイバーフィジカルセキュリティ研究センター・人工知能研究センター テクニカルレポート**. 2024.

[18] Michael Feldman et al. "Certifying and removing disparate impact". In: KDD. 2015.

[19] 国立研究開発法人産業技術総合研究所. "機械学習品質評価・向上技術に関する報告書（第 2 版）". In: **デジタルアーキテクチャ研究センター・サイバーフィジカルセキュリティ研究センター・人工知能研究センター テクニカルレポート**. 2022.

[20] Curtis G. Northcutt, Anish Athalye, and Jonas Mueller. "Pervasive label errors in test sets destabilize machine learning benchmarks". In: NeurIPS. 2021.

[21] Ben Sorscher et al. "Beyond neural scaling laws: Beating power law scaling via data pruning". In: NeurIPS. 2022.

[22] Vinay Uday Prabhu and Abeba Birhane. "Large image datasets: A pyrrhic win for computer vision?" In: WACV. 2021.

[23] Antonio Torralba, Rob Fergus, and William T Freeman. "80 million tiny images: A large data set for nonparametric object and scene recognition". In: IEEE transactions on pattern analysis and machine intelligence 30.11 (2008), pp. 1958–1970.

[24] Olga Russakovsky et al. "ImageNet large scale visual recognition challenge". In: International journal of computer vision 115 (2015), pp. 211–252.

[25] Christiane Fellbaum. WordNet: An electronic lexical database. Mit Press, 1998.

[26] Kaiyu Yang et al. "Towards fairer datasets: Filtering and balancing the distribution of the people subtree in the ImageNet hierarchy". In: FAccT. 2020.

[27] Geoffrey Hinton, Oriol Vinyals, and Jeff Dean. "Distilling the knowledge in a neural network". In: arXiv preprint arXiv:1503.02531 (2015).

[28] Alina Kuznetsova et al. "The open images dataset v4: Unified image classification, object detection, and visual relationship detection at scale". In: International journal of computer vision 128.7 (2020), pp. 1956–1981.

[29] Ira Kemelmacher-Shlizerman et al. "The megaface benchmark: 1 million faces for recognition at scale". In: CVPR. 2016.

[30] Michele Merler et al. "Diversity in faces". In: arXiv preprint arXiv:1901.10436 (2019).

[31] Margaret Mitchell et al. "Model cards for model reporting". In: FAccT. 2019.

第2章 画像データ

2.1 画像認識における Data-centric AI とは

　画像認識とは、画像に何が写っているかを認識するさまざまなタスクのことを指します。ロボット、ドローン、自動運転や医療画像診断など、アプリケーションは多岐に及びます。画像認識モデルを学習させるうえで理想的なのは、高品質なデータを大量に収集し学習に使用することです。ここでいうデータとは、入力となる画像および画像と対になるラベルを含んでデータと呼んでいます。そして、高品質なデータとは、

- 画像と対応する教師情報の対応関係が間違っていない
- モデルの学習に有益な対応関係になっている
- 多様なデータをカバーしている

などの条件を満たしているものになります。データ量を担保するのが難しい例として、異常検知のように、異常に相当する画像そのものを集めるのが難しいケースや、医療画像のように、画像を大量に集めることができたとしてもアノテーションに多くのコストがかかるケースなどが挙げられます。また、多くの画像認識データのアノテーションにおいては、ツールや人によってアノテーションの質が変化するので、データの品質を担保するのは、一般的に簡単でありません。データ量を増やすことによって精度が大きく上下する深層学習モデルが広く普及する中で、データセット設計への興味は高まりつつあります。

　そこで、この分野における研究の一つの方向性として、「データの作り方をいかに工夫するか」があります。この工夫には、(1) モデルを学習させる前にデータの品質を高める（データのフィルタリングなど）、(2) アノテーションの質や入力画像の性質を考慮した学習方法の設計などがあります。例えば、能動学習（**2.6 節**を参照）においては、アノテーションする画像を適切に選ぶことによって、アノテーションコストを減らしつつも精度を担保することを目指しています。また、半教師付き学習（**2.4.2 項**を参照）においては、ラベル付けされている画像とそうでない画像両方を組み合わせて学習を行いますが、モデルから推定されたラベルやモデルの出力を利用して、データをフィルタリングするようなメカニズムを導入しながら学習を行っています。そして、近年話題になっている自己教師学習（**2.4.1 項**を参照）は、ラベルのない画像から教師情報を作り出す事前学習[*1]方法の設計をしており、画像というデータの性質を

[*1]　事前学習とは、解きたいタスクに対してモデルを学習させる前に、別のデータセットや、別のタスクを使ってモデルを学習させておくことです。詳細は次章以降を参照ください。

028　第 2 章　画像データ

うまく考慮した方法だと言えます。さらには、Web 上の画像とテキストのペアを用いて画像とテキストの間にある関係性を学習する方法においては、データの質を学習前に高めるフィルタリング方法や質を考慮した損失関数も設計されています。

　これらの方法を画像認識モデルを学習させる際に取り入れるには、モデルのアーキテクチャ、学習手法、データに対するモデルの挙動などをよく理解する必要があります。また、学習の目的が事前学習なのか、それとも具体的な認識タスクを解くための学習なのかによっても戦略が異なります。スペースの都合上、本章だけでこれらの内容を網羅するのは難しいですが、定性的な議論を通して「データの作り方をいかに工夫するか」ということに関連する知識を学んでいただきたいと考えています。このような解説を目的としているため、画像認識における深層学習モデルの基礎的な知識および詳細については本稿で省略している場合があります。詳しくは、章末に挙げる書籍[32] を参照ください。

2.2　画像認識モデルの基礎知識

　一般に画像認識モデルは、RGB 形式で与えられる画像を入力し、タスクに応じて出力を生成します。RGB 形式の画像（I）とは、三つのチャンネル、高さ H、幅 W を持ち、$I \in \mathbb{R}^{3 \times H \times W}$ によって表されます。ここで、H、W はそれぞれ画素数を示しています。画像識別モデルの場合、出力はクラスラベルであり、物体検出モデルの場合、物体の位置を矩形で表したものと、その物体のクラスラベルに相当します。画像中のコンテンツを認識するためには、RGB の画素情報をクラスのような意味的特徴をよく捉えたベクトル（**特徴量**）に変換する必要があります。必要とされる特徴量はタスクによって異なり、近年では、特徴量を人が定義するのではなく、Neural Network を用いてタスクに応じてデータから学習させることが主流になっています。本章では、代表的な画像認識タスクとデータセット、画像認識モデルのアーキテクチャ、モデルの評価方法に関する前提知識を紹介します。

2.2.1　代表的な画像認識タスクとデータセット

　図 2.1 に、代表的な画像認識タスクにおける出力例を示します。以下で説明するように、これらのタスクを解くモデルを学習させるためには、入力画像と対応する出力となるべき教師情報が必要になります。本章では、画像識別タスクを念頭に置いて議論を行います。画像識別タスクが、画像認識において最も一般的なタスクであり、後述する事前学習にも多く用いられるためです。その他のタスクに対しては、タスクに応じてモデルの構造を大きく変えることもあり、統一的に議論することが難しいので、画像識別タスクを中心に説明を行います。

図 2.1 | 代表的な画像認識タスク。画像識別、意味的領域分割、物体検出、インスタンス領域分割においては、クラスの出力をインデックスで表したり、どこに物体が存在するのかをバイナリで表現したりする。一方で、説明文生成や画像に関する質問応答では、自然言語を用いて画像に関する性質を出力することが求められる。

- **画像識別（Image Classification）**：最も基本的なタスクであり、画像中のコンテンツに対して、クラスのラベルを定義し、ラベルを出力するモデルを学習します。一般的には、クラスのインデックスを出力とします。
- **物体検出（Object Detection）**：画像中に写っている物体などに対して、その位置とクラスラベルを出力するタスクです。物体の位置は一般的には物体を囲む矩形で表現され、一つの矩形は二つの点から表すことができます。1枚の画像に対して、複数の物体が存在することも多くあり、検出対象となるクラスに属する物体すべてに対する矩形および、そのクラスラベルに対するアノテーションが必要です。
- **意味的領域分割（Semantic Segmentation）**：画像中のコンテンツを画素単位で認識しようというタスクです。それぞれの画素に対してクラスラベルを割り当てるタスクになります。用意するデータは、画像とそれに対する、画素単位でのクラスラベルになります。画像識別や物体検出と比較してアノテーションのコストは大きくなると考えられます。
- **インスタンス領域分割（Instance Segmentation）**：画像中の物体を検出したうえで、矩形内で、どこに物体が存在するのかを画素単位で認識することを目的としたタスクです。物体検出で必要とされる矩形データに加えて、矩形内の対象物体に対して画素単位で背景か物体なのかを付与したデータが必要となります。
- **説明文生成（Image Captioning）** 画像のコンテンツを自然言語によって記述するタスクになります。画像と文章のペアを用いてモデルを学習させることになり

ます。
- **画像に関する質問応答（Visual Question Answering）** 自然言語で記述される画像のコンテンツに関する質問に、自然言語で答えるタスクになります。つまり、入力は画像と画像に関する質問になります。

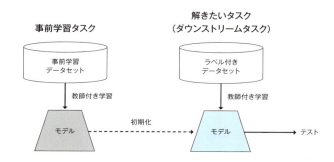

図2.2 | 画像認識モデル学習のパイプライン。解きたいタスクに対する教師付き学習のみでモデルを学習させる場合もあるが、事前学習データを用いて事前学習を行ったモデルを用いることで、精度向上を期待できる。

■**事前学習と下流タスク学習** 図2.2に画像認識モデル学習のパイプラインを示します。一般的な機械学習モデルにおいては、解きたいタスクに合わせてラベル付きデータセットを収集し、モデルを学習してテストするというのが、一連の流れです。しかし、一般に深層学習モデルを学習させるには、ラベル付きデータを大量に確保する必要があります。必要とされるデータ量はタスクや学習対象のモデルにも大きく依存しますが、カテゴリ数の限られた識別問題であっても数万単位でデータを集めることが望ましく、1,000カテゴリほどの識別では数百万単位でデータを収集する必要があると考えられます。そこで、他のタスクやデータセットで事前に学習したモデルを用いてモデルを初期化し、解きたいタスクに対して再度学習するという2段構成での学習が注目されています。事前学習タスクに対して、実際に解きたいタスクのことを**下流タスク**と呼びます（**2.2.1項**で説明をしているのは、下流タスクになります）。また、特定の下流タスクに対して事前学習モデルのパラメータを最適化することを、**ファインチューニング**と呼びます。事前学習においてはさまざまなデータセットやタスクを学習に使用することが考えられますが、さまざまな下流タスクに対して汎用的に効果のある事前学習モデルを作るという理念の下で、事前学習についての研究が進んでいます。本章で後述する節では、データの質や量、フィルタリング方法などを含めた解説を行いますが、理解していただきたいのは、事前学習と下流タスク学習において

データセット	データ数	事前学習	タスク
LAION-5B	5 B	✓	説明文生成、画像とテキストの関係性学習
JFT-3B	3 B	✓	画像識別
ImageNet21K[3]	14 M	✓	物体画像識別
ImageNet1K[3]	1.3 M	✓	物体画像識別
COCO[33]	0.2 M		物体検出、Segmentation、説明文生成
VQA[34]	0.2 M		画像に対する質問応答
CIFAR-10	60 K		物体画像識別
SVHN	0.6 M		数字識別
Cityscapes	5 K		車載画像に対する Segmentation など

表 2.1 | 代表的なデータセットとその概要。データ数が多いデータセットが事前学習に用いられることが多い一方で、小さなデータセットは、事前学習済みモデルの評価などに用いられることが多い。

は、求められるデータ量や質が大きく異なるということです。例えば、**2.4.1 項**においては、雑に集められた事前学習データでも事前学習自体はうまく機能するという報告を紹介しますが、下流タスクにおいては、アノテーションの質がモデル精度を大きく左右します。このように事前学習と下流タスク学習では、データに対する問題意識が大きく異なるということを意識して読み進めていただけましたら幸いです。

■画像認識データセット　表 2.1 に代表的なデータセットの例を示します。事前学習においては、汎用的な知識獲得を目標としているので、下流タスク学習用のデータセット（COCO など）よりも、データ量が大きく多様なカテゴリを網羅する傾向にあります。一方で、下流タスク学習に使うデータセットは、アノテーションコストを考慮して、データ数は数千から数万、大きくても数十万というスケールをとることが多いです。本章でも頻出するのが ImageNet1k[3] です。このデータセットは、写真共有サービス Flickr を通して収集された、1,000 クラスの物体に対する画像識別タスクを定義したデータセットです。カテゴリは動物や家具、植物などから構成されています。データセットのスケールと、さまざまなカテゴリのサンプルを有していることから、事前学習、下流タスク学習評価の両方に使われることがあり、画像認識において最も広く使用されているデータセットと言えます。また、深層学習ブームの火付け役となった ImageNet Large-Scale Visual Recognition Challenge（ILSVRC）コンペティションに使われていたデータセットとしても有名です。

2.2.2　CNN

画像タスクを解くために考案された Neural Network モデルが Convolutional Neural

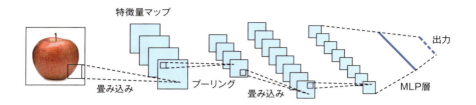

図 2.3 | CNN の概要図。畳み込み層が局所から特徴量を抽出し、プーリング層で空間方向に特徴マップを小さくしている。複数の畳み込み層やプーリング層を経たのち、Multi-Layer Perceptron（MLP）層を通して出力を得るのが基本的なアーキテクチャ設計となる。

Network（CNN）です。CNN は、主に畳み込み（Convolution）層、活性化（Activation）層、プーリング（Subsampling）層、MLP（Fully connected）層からなります。大雑把な流れとしては、**図 2.3** に示すように、畳み込み層が画像の局所から特徴量を抽出し、プーリング層で局所から抽出された特徴量をまとめ、MLP 層で識別などのタスク固有な出力が行われます。活性化関数はモデルに高い（非線形な）表現能力を与えるために導入されています。活性化関数を備えた畳み込み層、プーリング層を 1 ユニットとして、複数ユニットを重ね合わせ、最後に MLP 層を用いて識別タスクなどを行います。

- **畳み込み層**：$K \in \mathbb{R}^{k \times k}$ のように、ある幅と高さを持った重みを、画像上で重なり合う画素に対して掛け合わせます。この作業を横方向、縦方向に走査し、出力を得るのが畳み込み層の役割です。画像からエッジ成分を取り出すのか、それとも平滑化した成分を取り出すのかは、畳み込み層のパラメータによって変化し、どのような特徴抽出を各層で行うのかを学習によって決定していると言えます。k はカーネルサイズと呼ばれ、k の値によって、どれくらいの範囲の画素値を考慮して出力を得るのか（receptive field、受容野とも呼びます）が変わります。入力（画像）に近い層では、k の値を大きくするのが一般的です。$k = 1$ とした場合は、1 点のみを捉えて計算を行うことにあたります。
- **プーリング層**：畳み込み層から得られた出力を空間方向に圧縮してまとめます。この操作によって、中間特徴量[*2]のサイズを減らし、コンパクトな特徴量を得ることができます。
- **活性化関数**：活性化関数には、主に（i）畳み込みやプーリング層のみでは表現できない非線形な特徴量抽出を可能にして表現能力の高いモデルを実現すること、（ii）値の範囲などに対して制約を設けて出力を得ることを目的として用いられます。一般的な活性化関数としては、入力 x に対して、$\max(0, x)$ を返す RELU

[*2] 中間特徴量とは、入力層と出力層の間にある中間層から得られる特徴量のことを指します。

（rectified linear function）が（i）の目的で用いられます。また RELU の発展系として、GELU（gaussian error linear units）[35] が発展的なネットワークで用いられることが多いです。（ii）の例として、入力の値を 0 から 1 の範囲に射影するシグモイド関数があります。また、出力を確率分布として捉えられるように変換するソフトマックス（Softmax）関数がクラス識別のタスクでは多く用いられます。

- **MLP 層**：MLP 層は主に線形層と活性化関数の重ね合わせによって実現されます。空間方向の次元を持たないベクトルを入力として、ベクトルを出力するのが MLP 層です。クラス識別タスクにおいては、最終層の MLP はクラス数分の次元を持つベクトルを出力することになります。一方で、畳み込み層や活性化関数を十分に重ねたネットワークにおいては、1 層の線形層のみを用いて出力を行い、多層の MLP を使わない場合もあります。また、カーネルサイズを 1 として、活性化関数を組み合わせた畳み込み層は、各点ごとに見ると、実質的に MLP 層と同様に振る舞っているとみなすことができます。

■**代表的なモデルアーキテクチャ**　以下に代表的な CNN のアーキテクチャを示します。執筆時点でも多くのタスクで用いられているモデルをピックアップしました。

- **ResNet**[36]：上記で説明した CNN の基本的な構造では、ネットワークの層数を増やした場合に、勾配が入力に近い層にうまく伝わらず、うまく学習できないという欠点がありました。その欠点を解消するために、Residual Learning という考え方が導入され、何百層の深い層を持つモデルの学習が可能になりました。ある層（A 層）の出力だけを次の層に渡すのではなく、A 層の入力を出力に加算して次の層に渡すことで、入力画像に近い層のパラメータをうまく更新しています。このモデルは多くのタスクでスタンダードなモデルとして使われています。また、Residual Learning の考え方は Transformer を含めたあらゆるモデルにおいて、基本的なモジュールの一つとして浸透しています。
- **EfficientNet**[37]：一般に、ある程度の量の学習データがあれば、モデルを大きくすることで精度が向上しますが、計算量とモデルの精度などのトレードオフをうまく考慮しながらモデルの構造を探索し、発見されたのがこのアーキテクチャです。
- **ConvNeXt**[38]：後述する ViT における知見を CNN の学習に活かし、CNN の基本構造を維持しつつも非常に高い精度を達成したのがこのモデルです。学習データが多く、かつ精度の高い CNN モデルを構築したい際には、2024 年時点において頻繁に用いられています。

■**なぜいまだに CNN が使われているのか**　CNN の構想自体は、もはや新しいアイデ

アとは言えず、後述する Transformer のような新しいネットワークアーキテクチャがさまざまなタスクに浸透しつつあります。しかしながら、いまだに CNN が画像認識で広く用いられる要因としては、画像を認識するうえで重要であると考えられる特性が、アーキテクチャの中に組み込まれているためだと考えられます。畳み込み層が近傍にある画素の情報から特徴量を抽出することや、プーリング層が局所の特徴をまとめあげる構造を持っていることは、"お互いに近傍にある画素のグループが、物体などの一つの意味的情報を伝える"というような画像を認識するうえでの事前知識を組み込んでいることにあたります。後述する Transformer のようなネットワークは、さまざまなモダリティに適応可能で汎用性の高いネットワークだと言えますが、一方で画像に特化した事前知識が十分に組み込まれているとは言えません。そのため、CNNと比較すると、学習により多くのデータが必要になるなどの欠点があります。実際、Transformer を用いた画像認識モデルの中には、CNN 内で用いられている考え方を踏襲したモデルが存在します[39]。

2.2.3 ViT

Vision Transformer（ViT）[40] は、2020 年に発表されたモデルで、Transformer[1] の画像識別タスクにおける有用性が初めて示された論文になっています。Transformerは自然言語タスクなどの時系列データにおいて大きな成功を収めていたのですが、ViTによって、Transformer モデルが画像認識においても基盤となりうることが示唆されました。以下では、Transformer と ViT の構造について簡単に説明し、その特性についても触れていきます。

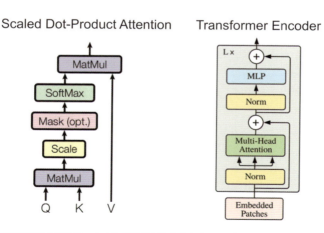

図 2.4 | 左：自己注意機構の概要図。右：注意機構を取り入れた Transformer Encoder ブロックの概要図。Vaswani らの論文[1] より引用。

■ **Transformer**　Transformer（**図 2.4**）はさまざまなモダリティを扱える汎用性の高いアーキテクチャです。多くのモダリティは、ある長さを持った系列データとして扱うことが可能です。ある系列データに対して、Transformer は以下の処理を通して出力を得ます。

- - トークン化：入力をまとまりに分割する
- - ベクトル化：トークン化されたそれぞれのまとまりをベクトルに変換する
- - 注意機構による特徴抽出：ベクトル化された系列データを注意機構に入力、トークン間での関係性を考慮したうえでの特徴抽出を行う
- - タスクに合わせて出力を行う

トークン化やベクトル化にはモダリティの性質を考慮した処理を施すことが多いですが、この処理の流れ自体が多くのモダリティに適用可能なので、さまざまなデータの処理に Transformer が使用されています。また、入力データから何らかの特徴量を得るモデルをエンコーダ（encoder）と呼び、データを生成する機構を持つモデルをデコーダ（decoder）と呼びます。以下では、ViT におけるそれぞれの操作を簡単に説明します。

■**トークン化とベクトル化**　トークン化とは、入力される系列データを分割することにあたります。例えば自然言語の場合、入力が文章になるので、最も簡単なトークン化は、文章を単語ごとに分割することです（英語を想定しています）。画像においては、互いに重ならないような同じサイズのパッチに分割することでトークン化できます。次に各トークンをベクトルに変換します（ベクトル化）。言語の場合、トークンの ID をベクトルに変換する線形層を用意し、他の重みと同様に学習時に最適化します。画像の場合、一つのパッチは画素値の列とみなせるので、画素値の列を変換する線形層を用意し、学習時に最適化することになります[*3]。これで、それぞれのトークンに相当するベクトル列（$[x_1, x_2, x_3, \ldots, x_m]$、$x_i \in \mathbb{R}^d$）が得られました。ViT の場合、それぞれのパッチに相当するベクトルに加えて、クラスの識別に用いる学習可能なトークン、x_0 も系列に加えます。よって得られるベクトル列は、$[x_0, x_1, x_2, x_3, \ldots, x_m]$ になります。

■**位置埋め込み**　このベクトル列には、t それぞれがどの位置に存在していたのかという情報が埋め込まれていません（例えば、左上のパッチだったのか、真ん中付近のパッチだったのかという情報です）。そこで、Transformer では、位置埋め込みと呼ばれる、位置に固有で学習可能なベクトルを x に加算することによって、位置情報を入

---

*3　畳み込み層を用いる場合もあります。

力に付与しています。[*4]つまり、$x_i = x_i + e_i$ のように位置埋め込み $e \in \mathbb{R}^d$ を加算することになります。このベクトルが、次に説明する注意機構を備えたエンコーダに入力されます。

■**注意機構**　画像を含めた系列データにおいて重要なのが、"ある点において、どうやって他の点の情報を組み込んだ特徴抽出をするのか" ということです。他の点の情報を考慮することで、ある点がどういった意味的情報を含んでいるのかを理解することが可能になると考えられます。例えば、CNN においては、畳み込み層と、プーリング層によって、近傍の情報を取り入れられていると考えられます。Transformer においては、注意機構（Attention）が用いられます（**図 2.4**）。注意機構の入力として、Q（クエリ）, K(キー), V(バリュー) の三つがあります。キーとバリューには 1 対 1 の対応関係があり、キーとクエリの類似度に基づいて、どのバリューから特徴を集めてくるのかを決め、クエリに対応する点の特徴をアップデートするというのが、注意機構の目標になります。画像を扱う Transformer においては、Q, K, V は、各トークンに相当するベクトル z を線形層によって変換したベクトル列からなります。このように Q, K, V が同じベクトルから作られる注意機構のことを、**自己注意機構**（Self-attention）と呼びます。入力ベクトル間での注意を計算し、z をアップデートするためです。一方で、Q に相当する入力と、K および V に相当する入力が異なる場合は、**交差注意機構 (Cross-attention)** と呼びます。これは、ある入力を他の入力によって条件付けたい場合など（言語を画像で条件付ける説明文生成など）に用いる機構です。以下では、どちらの場合にも議論可能なような表記を行います。

■**注意機構の計算**　Q, K, V は、次元数 d のベクトルを、それぞれ l, n, n 個集めた行列だとみなすことができます。K と V は 1 対 1 で対応すると考えられるので、同じ長さを持っています。つまり、$Q = [q_1, q_2, q_3, \ldots, q_l]$, $K = [k_1, k_2, k_3, \ldots, k_n]$, $V = [v_1, v_2, v_3, \ldots, v_n]$ と表され、$q, k, v \in R^d$ となります。実際の計算は以下のようになります。

$$\text{Attention}(Q, K, V) = \text{softmax}(\frac{QK^T}{\sqrt{d}})V \tag{2.1}$$

K^T は K の転置を示します。**図 2.4** 左に上式の計算を示しています。softmax は、ソフトマックス関数を示していて、類似度を 0 以上かつ合計が 1 になるように変換しています。モデルによっては、ある位置から見える位置に制限をかけるために、ソフトマックス関数に入力する前に $(\frac{QK^T}{\sqrt{d}})$ の値を変換する場合があります（図では Mask

---

[*4]　CNN の場合、畳み込み層を走査するので、どのパッチが隣り合っているのかという情報に関しては、容易に埋め込まれることになります。パッチの絶対的な座標についても Padding によって埋め込まれているという報告があります[41]。

と表記）。softmax$(\frac{QK^T}{\sqrt{d}})$ で Q と K の類似度を計算し、それに基づいて V から値を集めることで、新しい特徴量 Attention(Q, K, V) が求められるという形になっています。このように、注意機構を用いることで、各点の特徴量を元にして、他の点からの特徴を参考にしながら特徴をアップデートすることが可能になります。また、モデルの表現能力を高めるために、単一の Attention で特徴を計算するのではなく、複数の異なる注意機構モジュールからの出力を統合する、Multi-Head Attention を用いるのが一般的です。そして、図 2.4 の右に示すように、正規化層（Norm）、注意機構（Attention 層）、MLP 層を備えたブロックを 1 単位として、このブロックをいくつも重ねることで、複雑な特徴抽出を可能にしています。

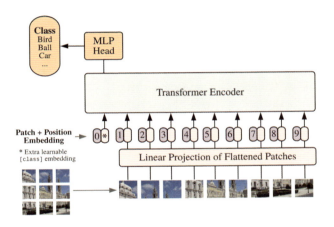

図 2.5 | ViT モデルの概要図。Dosovitskiy らの論文[40] より引用。画像をパッチに分割し、トークン化したあとに、Transformer Encoder に入力し、クラス識別に用いるトークンを MLP に入力して出力を得ている。

■出力　最後に、エンコーダから得られるベクトルを出力に変換します。ViT では MLP を用いて、x_0 に相当するトークンをクラスを表すベクトルに変換します（図 2.5）。上述したように、x_0 は画像のパッチから得られるトークンではなく、学習可能なパラメータです。x_0 は、他のトークンと同様にエンコーダに入力されるので、x_0 は、さまざまなパッチから情報を集めて、識別に役立てるように学習されると考えられます。

2.2.4　モデルの評価方法

　CNN と ViT の構造について簡単に説明を行いましたが、学習されたモデルをどのように評価すればよいのでしょうか。評価方法は、下流タスクに対する学習なのか、事前学習なのかによって、大きく異なります。

038　第 2 章　画像データ

■**下流タスクにおける評価**　下流タスクに対する学習であれば、モデルの評価は
シンプルで、下流タスクにおける評価指標を用います。画像識別では主に正答率
（Accuracy）が用いられ、物体識別では Average Precision や Average Recall、Semantic
Segmentation では Intersection Over Union（IoU）などが用いられます。下流タスク
においては、何を解くかは自明であるはずなので、タスクを決定した段階で評価方法
も自明であると考えられます*5。

■**事前学習に対する評価**　事前学習をどう評価するのかは、下流タスク学習ほど明確
ではありません。事前学習の段階では、学習されたモデルをどのタスクに適応するの
かは、明確ではないからです。一般に事前学習モデルの評価では、"さまざまなタスク
に対して汎用的な特徴を学習しているのかどうか" を重視することが多いです。その
ため、以下のような評価方法を、多様なデータセットやタスクに適応することが主流
になっています。

- **線形識別器評価**（Linear Evaluation, Linear Probe）：学習されたモデルの重みを固
  定した状態で、抽出される特徴量に対して線形識別器を画像識別タスクに学習さ
  せ、正答率を評価します。モデルをアップデートすることなく、特徴量を評価す
  ることで、どれだけ汎用性の高い特徴量を学習しているのかを分析しようとして
  います。
- **少数ラベル学習による評価**（Few-shot Evaluation）：各クラスに対して 2–10 ほど
  のラベル付きサンプルを用いて、事前学習モデルをファインチューニングし、正
  答率を評価します。例えば、10-shot という表記が出てきたら、それは 10 サンプ
  ルを各クラスの学習サンプルとして与えているということです。汎用的な特徴を
  学習しているならば、少数データでのアップデートによって、高い精度を達成で
  きるはずという仮定に基づいています。
- **Zero-shot な評価**（Zero-shot Evaluation）：ゼロショットな評価とは、下流タス
  クに合わせてパラメータを更新することなく評価を行うケースを指します。この
  評価は、主に言語と画像の関連を学習する Vision-Language モデル（CLIP[43] な
  ど）に対して行われます。画像と言語の関係性を学習したモデルは、特定の下流
  タスクデータセットに対するチューニングを行うことなく、下流タスクに対して
  ある程度の精度を示すので、その評価に使用されています。
- **全ラベルを用いたファインチューニングによる評価**：少数ラベルではなく、下流
  タスクデータセットのすべての学習サンプルを用いてモデルを学習させ、評価を
  行います。学習サンプルが多い場合にも対象の事前学習のメリットがあるのかを

---

*5　評価指標が必ずしも自明でない場合もあります。事実、自然言語の生成タスクにおいては、さまざま
な評価指標[42] が提案されてきたという歴史があります。

評価することができます。

評価対象として広く用いられているのが ImageNet の画像識別タスクです。しかしながら、ImageNet は事前学習データとして用いられることも多く、ImageNet で学習して ImageNet のみで評価しても汎用性をうまく評価できているとは限りません。そのため、多くの論文では複数のタスクやデータセットによって上述の評価を行っています。

2.2.5　モデルとデータのスケール

　ここまで、CNN と ViT の構造について紹介してきましたが、それぞれのモデルは、一体どのような性質をもっているのでしょうか。CNN にも ViT にもさまざまなモデルが提案されていますが、大きな違いとして挙げられるのが、畳み込み層と自己注意機構だと考えられます。この二つのモジュールは、異なる点の特徴を考慮した特徴抽出を可能にしているモジュールです。畳み込み層においては、どの点を考慮するのかというのがカーネルサイズで決められている一方で、自己注意機構においては、理論上、ある 1 点から他のどの点も見ることが可能です。例えば、CNN においては浅い層で、左端の点の特徴抽出において、右端の点を考慮することは一般的には難しいです。しかし、自己注意機構においては、そのような大局的な特徴抽出も十分に可能です。CNN においては、プーリング層と畳み込み層を重ね合わせるので、深い層では離れた点の情報を有した特徴量が形成されていると考えられますが、浅い層においては大局的な特徴抽出は困難です。この説明を聞くと、ViT の方が CNN より良い性能を示すと考えられますが、必ずしもそうではありません。

■学習サンプル数から見た ViT と CNN の精度比較　ViT は、一般に CNN よりも学習に多くのサンプルを必要とすると言われます。**図 2.6** に、学習サンプルの数と、モデルの精度を比較したグラフを示します。四角で示されるプロットが CNN アーキテクチャである ResNet で、その他が ViT になっています。図を見て分かるように、学習に使うサンプル数が少ない場合、ResNet50 の方が精度が良く、サンプル数を増やすことによって、ViT の精度が大きく改善しているのが分かります。この問題は、自己注意機構の存在が一つの原因なのではないかと考えられます。畳み込み層においては、"各点はある程度近くにある点のみを見ればいい" という制約を課していると言えますが、自己注意機構には、そういった制約がないので、過学習を引き起こしやすいと考えられます。事実、自己注意機構の見る範囲に制約を設けている Swin Transformer[39] は、ViT を大きく上回る精度を示しており、現在では代表的な ViT アーキテクチャの一つです。また、この ViT の問題は、最適化方法、データ拡張、モデルの蒸留など[44],[45] に

よって、解決されつつありますが、アーキテクチャとして、少ないサンプルには過学習してしまう傾向があるというのは、把握しておくべき事実であると考えられます。

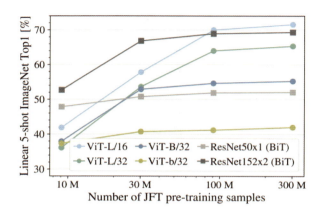

図 2.6 | 横軸：事前学習に使ったサンプル数。縦軸：ImageNet における Top-1 Accuracy。Dosovitskiy らの論文[40] より引用。

■**モデルサイズと学習効率** ViT のモデルサイズとデータセットサイズの関係を詳細に調べた **図 2.7** を見てみましょう。横軸に学習中に見たサンプル数を示し、縦軸にはそれぞれの設定における ImageNet に対する誤識別率を示しています。学習中に見たサンプル数というのは、学習データの量という意味ではなく、バッチ数 × イテレーション数でカウントされる、モデルが学習に使ったサンプル数のことを意味します。モデルのパラメータサイズは、Ti < B < L の順に大きくなっています。左のグラフから順に、ImageNet の各クラスから、10 サンプルを用いた線形識別器評価の結果、ImageNet1k[3] のデータを用いてファインチューニングした結果、ImageNet V2[46] *6 を用いてファインチューニングした結果を示しています。この図から言えることをまとめると、"ある程度の量の学習データを用いて学習した場合、大きなモデルの方が早く学習できる" ということです。同じ数のサンプルを観測していても、大きいモデルの方が精度が高く、質の高い特徴量をより早く獲得しているのが分かります。一方で、モデルのサイズを大きくすると、学習コストが大きくなり、1 イテレーションにかかる時間も一般的には大きくなるので、時間軸で見たときに大きなモデルの方が早く学習ができるとは限りません。

＊6　ImageNet V2 は、ImageNet の収集プロセスにしたがって、ImageNet カテゴリの画像を収集したデータセットです。同じ収集プロセスを用いているのにもかかわらず、元の ImageNet とは異なる性質を持つことが報告されています。

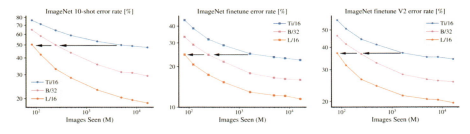

図 2.7 | 学習時に見た画像の枚数（x 軸）と精度の比較。大きなモデルの方が、少ない枚数で高い精度を出すので、学習効率が良いという見方がある。Zhai らの論文[13] より引用。

2.3 データを拡張、生成する技術

前節では、データの量が画像認識モデルを学習させる際に重要な要素の一つであるという例を紹介しました。これは一般的な下流タスクに対する学習および後述する事前学習どちらにも言えることです。特にモデルサイズが大きい場合には、データ量が非常に重要な要素となります。しかしながら、画像データの収集とそれに対するアノテーションコストは、データセットの種類によっては莫大なものになります。ImageNet のように数百万のスケールであらゆる下流タスクに対してデータを収集するのは、現実的ではありません。本節では、限られたデータから、モデルを頑強に学習させるためのテクニックとして、データ拡張（Data Augmentation）の技術を、またデータ拡張やシミュレーションを用いてアノテーション付きデータを作り出す技術と学習についても説明します。どちらの技術も強力なツールである一方で、デメリットも持っているということを意識したうえで読み進めていただければと思います。

2.3.1 データ拡張とその恩恵

画像認識モデルを学習させるうえで非常に重要なのが、データ拡張（Data Augmentation）です。データ拡張を画像に施すことで、集めた画像をそのまま学習させる場合と比較して、格段に精度の向上を見込める場合があります。大きなモデルに対して、まったくデータ拡張を行わずにモデルを学習させるということはほとんどありません[*7]。特に ViT のように過学習を引き起こしやすいモデルに対しては、非常に有効になります。データ拡張は単にデータ量を増やしていると考えることもできますが、それ以上に画像の微小な変化に対して頑強な認識を実現するという側面もあります。本章では、一般的なデータ拡張の技術を紹介したのちに、その応用例や恩恵、適応するうえでの注意点に関して議論していきます。本章では、https://github.com/aleju/imgaug において用いられている例や用語を用いて解説を行います。このパッケージは Python

---

[*7] LAION-5B のように巨大なデータからモデルを学習させる場合にはあるかもしれません。

から簡単に使用できるパッケージで、さまざまな画像に対するデータ拡張をサポートしています。本章で紹介するのは、その代表的なデータ拡張方法です。

図 2.8 | 基本的なデータ拡張の例。左端にデータ拡張前の画像を示す。https://github.com/aleju/imgaug の画像を使用。

■**基本的なデータ拡張**　図 2.8 にデータ拡張の例を示します。最も代表的なデータ拡張の例として、Horizontal Flip、Crop、Pad、Resizing などが挙げられます。

- **Horizontal Flip**：例に示すように、画像を水平方向に鏡映する操作です。この操作は画像内に含まれるコンテンツを維持しつつ、データ量を見かけ上 2 倍に増やすことができることから、広く用いられているデータ拡張の技術です。
- **Crop**：画像の中から、ある幅と高さの領域を切り取ってくる操作のことを言います。Crop した画像を学習に用いることで、物体の一部しか切り取られていないようなケースに対しても頑強な認識が可能になると考えられます。
- **Pad**：画像をある大きさに揃える際などに用いられ、空白領域に何らかの値を敷き詰める操作です。Crop などの操作をしたのちには、画像のサイズが変化します。一般に画像認識モデルには同じサイズの画像を入力とするので、画像サイズを揃える際に使われる操作になります。
- **Resizing**：画像の大きさを縮小、拡大させる操作を指します。Pad と同様に、画像サイズを揃える操作です。また、画像のアスペクト比（縦横の比率）を変化させるので、物体の大きさなどに対する頑強性を付与できるという期待を持てます。

これらは画像認識における非常に基礎的な操作になりますが、その際に気を付けるべき点として、"データ拡張の操作が画像のあるべきコンテンツを破壊してしまわないか"ということがあります。例えば、Crop を 図 2.8 の画像に対して適応した際に、ネズミが写っていない領域を切り取ってしまった場合、このデータ拡張は適切と言えるでしょうか。そういった画像に対しても、学習時には「ネズミ」と認識するためにパラメータが更新されます。誤ったデータ拡張によって、ノイズを含んだデータを生成してしまう可能性があるわけです。モデルの学習を適切に進めるためには、適切な

データ拡張方法を選んでいるのか、またデータ拡張におけるハイパーパラメータが適当であるかなどを考慮する必要があります。

図 2.9 | imgaug で使用できるさまざまなデータ拡張の例。

■**画素値を変化させるデータ拡張**　続いて、図 2.9 に画素値を変化させるデータ拡張方法の例を示し、簡単に説明します。

- Contrast：画像の暗い部分と明るい部分の差を際立たせている
- Sharpness：画像のエッジ成分をより際立たせる操作を適用している
- Brightness：画像の明るさを変化させている。例では、全体的に明るくなっているのが分かる
- Gaussian Noise：画素単位（あるいは複数画素単位）でランダムな値を載せている
- Shot Noise：画素値に基づいて、ポアソン分布からノイズをサンプルする方法
- Motion Blur：画像を撮影する際のブレを表現したような画像をぼかす方法
- Defocus Blur：焦点が画像にうまく当たっていないような表現を適用する

■**発展的なデータ拡張**　ここまでで説明を行ったのは、画像に対する基本的なデータ拡張方法でした。これらのデータ拡張は、昔から画像処理の分野でデータ拡張とは他の用途で使われていたり、深層学習が登場して間もない頃から学習データ量を擬似的に増やすために使われていたりするものです。一方で、発展的なデータ拡張として、Cutout、Mix-up、CutMix といったものが存在しています（図 2.10 に例を示します）。これらは非常にシンプルではあるものの、単体のデータ拡張関数で大きくモデルの精度を向上させることから、非常に注目されています。

　Cutout は、画像の一部の矩形領域に対して、画素値をランダムあるいは何らかの固定値で埋め、矩形領域内のコンテンツを消去するデータ拡張です。非常にシンプ

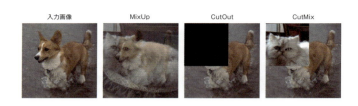

図 2.10 | Mix-up、Cutout、CutMix の画像例。Sangdoo らの論文[47] より引用。

ルなデータ拡張ですが、強力で、このデータ拡張単体でも、大きな精度向上をもたらす場合があり、最新のモデルを学習する際にもよく用いられる手法です[48]。Neural Network の正則化の一種である Dropout は、中間特徴量をランダムにゼロ詰め（ゼロ埋め）する手法ですが、Cutout は、入力されたコンテンツの一部を消すことによる正則化とみなすことができるかもしれません。Neural Network は、学習するのが簡単な特徴から学習してしまう Short-Cut Learning[49] を引き起こしやすいことが知られています。例えば、犬か猫かを判別する際には、多くの特徴を無視して、耳や目の形のみを判断根拠として学習する可能性があります。しかし、さまざまな入力の画像に対して、ロバストに識別を行うためには、より多くの特徴を判断根拠として学習する方が精度があがると考えられます。Cutout のようなデータ拡張は、一部の領域を隠すことによって、さまざまな特徴を利用しながら識別を行うモデルを学習できると考えられます。

ここまで紹介したデータ拡張は、単一の画像に対して何らかの操作を行うもので、また画像に対するラベルも操作前と同じものを使っていました。**Mix-Up** とは、二つの画像の画素値を線形に足し合わせ、その画像のラベル自体も one-hot なラベル空間で線形に足し合わせたものを用いるという手法[50] です。このデータ拡張も非常に強力なものとして知られ、ViT などのモデル学習にも使われています。入力画像を x, 対応する one-hot 表記でのラベルを y、$\lambda \in [0,1]$ として、

$$\tilde{x} = \lambda x_i + (1-\lambda)x_j, \tilde{y} = \lambda y_i + (1-\lambda)y_j \tag{2.2}$$

のように入力画像とラベルを線形に組み合わせます。$\tilde{x}$ をモデルに入力し、最適化する損失として、$\lambda L(h(\tilde{x}), y_i) + (1-\lambda)L(h(\tilde{x}), y_j)$ を用います。ここで、$L(h(x), y)$ は、モデルの出力 $h(x)$ とラベル y のクロスエントロピー損失だとします。この損失を最小化するには、混合した二つの画像に含まれるクラスを認識するのに加えて、混合比である λ を予測する必要があり、単に $L(h(x), y)$ を最小化するものとは異なるということが分かると思います。Mix-up を用いることによる恩恵は、テストデータに対する精度を上げるだけに留まりません。例えば、識別モデルを騙すために生成されたサンプルである、敵対的サンプル[51] に対する頑強さが向上するということが報告さ

れています[52]。Mix-up を用いることによって、学習データに対してモデルの過学習を防ぐことができるためです。また、クラス識別などのある予測がモデルから得られた際に、モデルがどれだけその予測に自信を持っているのかを提示することは、医療画像診断などのアプリケーションにおいて、とても重要な機能の一つであり、Softmax層から得られるスコアを用いて確信度のスコアを計算するというのがスタンダードなアプローチになっています。Mix-up を用いることで、Softmax 関数の出力のスコアが予測の確信度をよりよく表現する*8ことや、学習時に使われていないデータに対して確信度の低い予測を出しやすいことが報告されています[54]。

CutMix は、CutOut と Mix-up を組み合わせたようなデータ拡張技術です。**図 2.10**に示すように、Mix-up は二つの画像全体を足し合わせるのに対して、CutMix は、画像を足し合わせるのではなく、ある画像内の矩形領域に対して、他の画像を切り貼りすることによって、二つの画像を組み合わせます。どの領域で切り貼りを行うのかは、ランダムに決定されます。そして、予測ラベル $\tilde{y}$ は、切り貼りされる画像領域の大きさによって決定され、Mix-Up と同様に損失が計算されます。データ拡張の詳細はSangdoo らの論文[47] を参照ください。CutMix を学習に用いることで、画像内に存在する二つのコンテンツを認識し、さらに切り貼りされた領域の大きさを考慮するという能力を高められると考えられます。そのため、CutMix を用いて事前学習したモデルは画像識別のみならず、物体検出などのタスクにおいても、MixUp などのデータ拡張よりも良い性能を示すことが報告されています。

■**データ拡張を行ううえでの注意点**　多くの画像認識タスクにおいて、"データ拡張は行うべきである"というのは、共通の理解であると考えられます。しかしながら、データ拡張は闇雲に行うべきものではなく、特に三つの要素に関して注意が必要であると考えられます。これら三つの要素は切り離して考えることが難しいですが、データ拡張がうまくいかない場合の指針になればと思います。

- 一つ目は、データ拡張が（特に下流タスクに対する学習において）、画像の見た目を過度に変化させていないかということです。データ拡張が過度に適応された場合、画像の見た目がテスト時に与えられるものと、大きく異なるものになる可能性があります。例として、ノイズの大きい画像だけで学習データが構成されてしまうと、テスト時にノイズのない画像を見たときに、精度が落ちてしまうという現象が考えられます。これは、ドメインシフトとも呼ばれる現象で、学習データとテストデータの性質の違いからもたらされる精度の低下ですが、データ拡張が不要なドメインシフトを引き起こしうるということです。例えば、花の種類を識別するモデルを学習させる際、色情報は非常に重要だと考えられますが、上記

＊8　モデルの Calibration（較正）能力を向上させるとも言います。詳しくは文献[53] をご覧ください。

で説明した色を変化させるデータ拡張を過度に適用すると、モデルが色情報を識別に使用しなくなり、精度が下がることが考えられます。「MixUp や CutMix は、大きく画像の見た目を変えているように見えるけど、大丈夫なのか？」という意見もあるかもしれません。もちろん、Mix-Up や CutMix も万能なデータ拡張であるとは言えません。しかし、これらの手法には、データ拡張の強さをコントロールするためのハイパーパラメータが設定されています。式 2.2 に示すように、λ の値によっては、画像の見た目は元の画像に大きく近づきます。こういったハイパーパラメータを適度に調節することによって、データ拡張が過度になることを防いでいると考えられます。

- 二つ目は、データセットの量とモデルの大きさについてです。ViT のように少ないデータに対して過学習を引き起こしやすいモデルに対しては、データを増やすことが基本的な方針になると考えられますが、この方針は常に成り立つとは限りません。表現能力の限られた小さなモデルに対しては、闇雲にデータ拡張を施すことによって、元々の画像に対する学習が十分に行われなくなってしまう可能性があります。すでに学習データが多様で十分に準備されていて、なおかつ学習するモデルが CNN などの比較的小さなモデルであれば、データ拡張を過度に適用するのは控えるべきケースもあります。何らかのデータ拡張されたデータと、拡張していないデータ両方に対して高い精度を発揮するのが難しいというのは、識別モデルのロバストネス[*9]を測る研究において、よく報告されています[55],[56]。ResNet50 のような深いモデルにおいても、この現象は報告されています。

- 三つ目は、データ拡張が画像に対して付与された教師情報と矛盾した画像を作り出さないかという点です。例えば、Crop を適用する場合、画像のカテゴリを識別することが不可能な領域を切り取ってくることが考えられます。また、画像と説明文のペアから学習を行う場合には、画像を水平方向に反転させることによって、「犬の右隣に猫が座っている」といった説明文と矛盾した入力画像を作ってしまう可能性があります。

このようなケースを防ぐためにはハイパーパラメータやデータ拡張を適切に選ぶ必要があり、以下で説明する自動でデータ拡張を選ぶ手法が提案されています。

■データ拡張を探索する手法　AutoAugment (AA)[57] などの手法は、"Validation データでの精度を最も高くするデータ拡張の組み合わせが何か" を探索しています。Validation データでの精度を参考にしながらデータ拡張の方法を探索することで、上述した問題が起こるのを防ぎつつ、精度の高いモデル構築を実現しています。AA で

＊9　ロバストネス（robustness, 頑強性）とは、敵対的サンプルや何らかのノイズを画像に加えたサンプルを頑強に識別できるのかを評価する場合によく使用される単語です。

Dataset	Baseline	Cutout	AutoAugment
CIFAR10 (全サンプル)	3.9	3.1	2.6
CIFAR10 (4,000 サンプル)	18.8	16.5	14.1
SVHN (全サンプル)	1.5	1.3	1.1
SVHN (4,000 サンプル)	13.2	32.5	8.2

表 2.2 | AutoAugment の実験結果。Wide-ResNet-28 における誤識別率[57]。CIFAR10[58] および SVHN[59] と、それぞれのデータセットから学習サンプルを減らした場合で評価を行っている。

は、16 種類のデータ拡張に対して、それぞれ 10 段階のデータ拡張の強さを設定し、それぞれのデータ拡張を適用するかどうかの確率を 11 段階の値で表しています。これを一つのデータ拡張方策と定義し、合計五つの方策を探索します。そのため、探索空間は巨大となり、2.9×10^{32} 通りにもなります。これを強化学習を用いて探索し、探索された方策を利用してモデルを学習します。**表 2.2** に識別結果の例を示します。この結果から、Cutout のように、学習データの量によっては、識別精度を下げてしまうデータ拡張が存在しているということが分かります（SVHN の結果をご覧ください）。一方で、AA を用いて拡張方法を探索することによって、そのようなデータセットに対しても、適切な拡張方法を選択することができ、精度を向上させているということが分かります。また、学習サンプルが少ない場合に、探索を用いたデータ拡張がより有益であるということが分かります。

　AA の欠点として、探索空間が莫大でデータ拡張を決定するのに多くのコストがかかることが挙げられます。その欠点を克服するために提案されたのが、**RandAugment** (RA)[60] です。RA の特徴としては、探索する空間を大きく削減しつつも、データ拡張で得られる画像の多様性を保証したことによって、より高速にデータ拡張方法を探索できるようになったことです。**図 2.11** に RA による強度別データ拡張例を示します。具体的には、ベースとする K 個[*10]のデータ拡張から、ランダムに N 個の拡張を選び、それらを連続的に画像に適応します。それぞれのデータ拡張の強度については、一律に M と定めます。結果として、探索すべきパラメータは M と N の二つになります。AutoAugment がデータ拡張の強度と、適用する確率を拡張ごとにハイパーパラメータとして設定していたのに対して、非常に単純化されています。探索空間が非常に狭いので、RA では、グリッド探索を用いて M と N の値を探索しています。論文中では、ImageNet、CIFAR、SVHN などの画像識別データや、物体検出データに対して検証を行っていますが、AA とほとんど変わらない精度を示しています。画像認識モデルを学習させる際には、データ拡張のみではなく、さまざまなハイパーパラメータが存在するので、データ拡張探索に大きなリソースを割くのを避け、シンプルであ

＊10　論文では 14 と絞って設定しています。

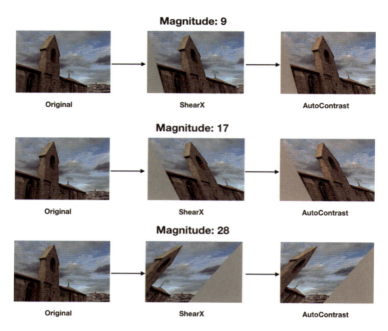

図 2.11 | RandAugment[60] におけるデータ拡張の例。各行に強度の異なるデータ拡張を適用している。Cubuk らの論文[60] より画像を引用。

る程度効果があることが保証されているデータ拡張から探索を行う方がコストを削減できる場合も多くあると考えられます。

■**データ拡張はモデルのロバストさを保証する**　データ拡張の大きな恩恵として挙げられるのが、ドメインの変化に対する頑強さを高めるということです。例えば、画像認識モデルは、入力画像に対して少量のノイズを加えただけで、認識精度が大きく落ちてしまうことが知られています。これは、モデルの識別精度を悪化させるためにデザインされた敵対的サンプル[51] だけではなく、図 2.9 に示したデータ拡張、画像のスタイルの変化*11、物体の姿勢変化に対しても報告されている問題です[61],[62],[63]。学習データとは異なる環境に対しても頑強に認識を行う画像認識モデルが望ましいというのが、多くのアプリケーションで言えることで、データ拡張を元にしたさまざまな手法が、これらの問題を解決するために提案されています。

　モデルのロバストさを向上させる代表的な手法である Augmix[64] を紹介します。この手法は、図 2.9 に示すような拡張を施した画像に対する識別精度の向上を目指したものです。上述したように、この設定においては、ノイズが付加されていないきれい

---

*11　実世界で撮った人の写真と、芸術家が描いた肖像画のような違いを想像してもらえればと思います。

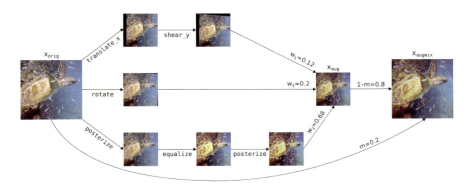

図 2.12 | AugMix[64] におけるデータ拡張。Hendrycks らの論文[64] より引用。

な画像に対する精度と、ノイズを加えた画像に対する精度を、どちらも高く保つのが難しいという問題があります。きれいな画像に対する精度が高いモデルは、ノイズのある画像に対する精度が低く、ノイズの乗った画像に頑強なモデルは、逆にきれいな画像に対する精度が低くなってしまうということです。AugMix では、発展的なデータ拡張と拡張された画像に対して、新たな学習ラベルを導入することで、どちらの画像に対しても高精度を示すモデルを達成しています。データ拡張の概要を **図 2.12** に示します。図では、画像に対して、データ拡張を独立かつ連続に 3 通りにわたって適用しています。最終的には、三つの画像を線形に重ね合わせたものを、さらに元画像と線形に重ね合わせています。このようなデータ拡張を行うことで、①単一の画像に対して多様なデータ拡張の要素を取り入れる、②元画像と重ね合わせることで、元のコンテンツを過度に失わないようにする、といったメリットがあると考えられます。この画像とクラスラベルを用いて学習を行うことも可能ですが、AugMix では、この画像をモデルの出力に対する滑らかさを保証することに用いることで、精度を向上させています。具体的には、ある学習データ (x_{orig} とします) から、上記のデータ拡張を用いて、二つの画像 (x_{mix1}, x_{mix2}) を生成します。それらに対応する、モデルの Softmax 関数の出力 $P(y|x_{orig}), P(y|x_{mix1}), P(y|x_{mix2})$ を得た際に、

$$M = \frac{P(y|x_{orig}) + P(y|x_{mix2}) + P(y|x_{mix3})}{3} \tag{2.3}$$

と、それぞれの P が一致するような損失を導入しています（$P(y|x_{orig})$ に対してクラス識別損失も計算します）。M とそれぞれの P が一致するには、モデルはデータ拡張に対して不変な出力を返すことが求められ、それがモデルの頑強さにつながっていると考えられます。また、M を P に対する教師ラベルとして用いるとみなすこともできますが、M がソフトなラベルになっていることも精度向上の要因だと考えられます。一般的な one-hot ラベルは、ハードなラベルとも呼ばれ、あるクラスに確率 1

CIFAR10	Standard	Cutout	Mixup	CutMix	AutoAugment	Adv Training	Augmix
AllConvNet	30.8	32.9	24.6	31.3	29.2	28.1	15.0
DenseNet	30.7	32.1	24.6	33.5	26.6	27.6	12.7
WideResNet	26.9	26.8	22.3	27.1	23.9	26.2	11.2
ResNeXt	27.5	28.9	22.6	29.5	24.2	27.0	10.9
Mean	29.0	30.2	23.5	30.3	26.0	27.2	12.5

表 2.3 | さまざまなデータ拡張手法と Augmix に対するロバストネス評価。CIFAR10 に対して学習時には与えられていないデータ拡張を施した画像によってモデルを評価、誤識別率の平均を示している。

を、他のクラスには確率 0 を割り当てた際に、損失は最小化されます。一方で、ソフトラベルは、他のクラスに確率を割り当てることを許すような教師ラベルを付与します。MixUp の場合も、2 クラスに対して非ゼロの値をラベルに付与していましたが、これもソフトなラベルの一種です。このようなソフトなラベルをデータ拡張したサンプルに付与することも、精度向上の要因だと考えられます。また、論文中では、さまざまなデータの組み合わせに対する検証を行っていますが、ここで説明したものが最も優れているということが分かっています[*12]。**表 2.3** に CIFAR10 に対する実験結果を示します。CIFAR10 に対して、さまざまな拡張をさまざまな強度で加えたデータに対して評価を行っていますが、Augmix がすべてのモデルに対して、最も高い精度を示しています。Mix-up のような単一のデータ拡張でも、一般的なデータ拡張を施した場合（Standard）に対して精度向上していることや、AutoAugment のような手法でも精度向上しているというのは、実応用上も役に立つ知識だと考えられます。

2.3.2 人工的にデータを生成する技術

さまざまな機械学習モデルにおいて、重要なのが "正確にアノテーションされたデータを大量に得ること" です。この条件が達成されれば、高精度なモデル構築が期待できます。しかしながら、**正確に**アノテーションを行うことと、**大量に**データを得ること、これらは必ずしも容易であるとは言えません。これらの問題を解決するために使用されているのが、人工的にデータを生成する技術です。本節では、シミュレーション環境を用いてデータを生成する手法と、データ拡張の技術を用いて疑似的にデータを作成する方法の例について解説します。

■シミュレーション環境を用いたデータ生成　シミュレーション環境とは、"データを生成するプロセスが完全に既知である環境" だと解釈できます。そのような環境から生成されたデータは、生成プロセスが既知であるゆえに、アノテーションを完璧に

[*12] x_{orig} と x_{mix1} から手法を構成することも考えられますが、その効果は薄いと報告されています。x_{orig} と x_{mix1} では、適用されているデータ拡張の強さが大きく異なるので、出力を一致させるのが難しいと考えられます。

行うことが可能で、なおかつパラメータを変化させることによって、大量にデータを生成することも可能です。

図 2.13 | 自動運転シミュレーション環境からレンダリングされた画像とラベルの例。Dosovitskiy ら、[65] Ros ら、[66] Richter ら[67] の論文をもとに筆者作成。

　シミュレーションを利用したモデル構築のアプリケーションとしては、**自動運転のためのシミュレーションデータ**が最も有名だと考えられます。シミュレータを活用することによって、さまざまなシーンを再現し、車を制御するためのデータを得ることができます。シミュレータから得られるセンサ情報の一つとして RGB 画像があり、対応する物体などに対するアノテーションを得ることができます。図 2.13 に、シミュレータから得られる画像と、それに対する自動で生成されたアノテーション例を示します。オープンソースのシミュレータとして CARLA[65] があります。また、SYNTHIA[66] や GTA5[67] は、シミュレータからレンダリングした画像と対応するセグメンテーションマスクなどを公開しています。これらの画像は数万という単位で公開されています。これらのデータセットと同時期、あるいは以前に公開された、Cityscape[68] や KITTI[69] などのデータセットのスケールが数千枚以下ということを考えると、シミュレータからデータを生成することのメリットが分かると思います。また、生成されたセグメンテーションマスクは、非常に精細で高精度です。Cityscape[68] において、1 枚の画像をアノテーションするのに、平均して 1.5 時間以上をかけているということを考慮すると、シミュレーションを使うことで、高精度なアノテーションデータがすぐに得られるというのは大きなメリットだと分かります。一方で、後述するように、シミュレーションデータを利用するうえでの欠点として、現実世界に似たシミュレーション環境自体を構築することに多くのコストがかかることが挙げられます。現実世界における画像の多様性とリアルさを担保するには、非常にコストがかかります。シミュレーション環境上の建物や物体の 3D モデルの多くは、人手で定義されており、多様性を高くするためには、人手での作業が不可欠です。また、現実世界における光

の加減や、写っている物体、カメラのポーズなどの要素を考慮しながら、緻密に現実世界の画像に似せていく作業には、多大なコストがかかると考えられます。

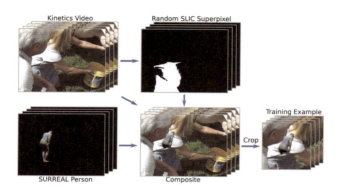

図 2.14 | SURREAL から得られる人の 3D モデルを用いた学習データ生成の例。Doersch らの論文[70] より引用。

シミュレーションを用いた学習は、アノテーションに莫大なコストがかかるケースや、そもそもアノテーションを正確に行うのが難しいケースに対して考案されることが多いです。その中の一つに、**3 次元人物姿勢推定**（3D human pose estimation）というタスクがあります。これは、RGB 画像やビデオなどを入力として、人の姿勢を 3D 情報として認識するタスクです。RGB 画像やビデオを集めたとしても、3D 情報を含んだアノテーションを行うことは、非常に困難であり、そのためにシミュレーションデータを用いた学習が提案されています。**図 2.14** にそのようなデータの一例[70] を示します。人の 3D モデルを持つデータセットである SURREAL から得られる人の 3D モデルと、それに対応する画像を実画像上に貼り付けるような形で、学習データを作り出しています。3D モデルに関する情報は、SURREAL から取り出すことができるので、作られた画像と 3D モデルの姿勢から、推定モデルを学習することができます。

■**シミュレーションデータにおける問題点**　自動運転を開発している大企業の多くは、現実世界を高精度に模倣したシミュレーション環境を構築していますが、それでもシミュレーション環境と現実世界は同一ではありません。実際、シミュレーション環境のみでモデルを学習させ、実データに対してテストを行うと、実データで学習を行った場合と比較して大きく精度が落ちてしまいます。シミュレータの質にも依存しますが、この問題はドメインギャップの問題と呼ばれ、さまざまなシミュレーションデータと実データの間で議論が行われてきました[71],[70],[72]。改善策の一つとしては、

実データを何らかの形で利用し、シミュレーションによるアノテーション付きデータに頼りつつも、実データに対する汎化性能を高めることです。この分野は、ドメイン適合と呼ばれており、さまざまな手法が提案されています。その一つとしては、敵対的学習などを利用してシミュレーション画像のスタイルを実画像と似せる手法[73]*13、**2.4 節**で述べる、疑似ラベルを用いて、ラベル付けされていない実データを利用する手法などが存在します。また、なるべくコストがかからないように、作成されたデータに多様性を持たせるという考え方もあります。例えば、上述の 3 次元人物姿勢推定の学習データ作成は、実データに対する汎化性能を上げることを目的として、実画像から背景を切り貼りすることによって、背景に多様性を持たせています。このような手法はドメインランダム化 (Domain Randomization[74]) と呼ばれることもあります。

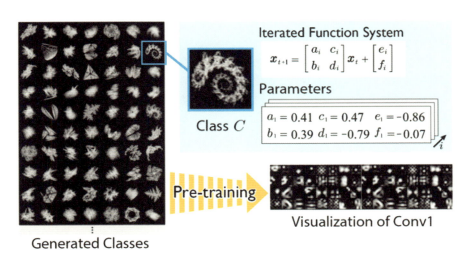

図 2.15 | 数式ドリブン画像生成と学習の概要。数式に基づいて点列を生成し、点列から画像を生成するパイプラインになっている。クラスの定義は、点列を生成する数式に基づいて決定されていて、生成された画像は多様な形状をもっているのが分かる。Kataoka らの論文[75] より引用。

■**数式ドリブンデータ生成による事前学習**　ここまで説明した人工的なデータ生成は、下流タスクに似た環境を作り出し、下流タスク同様のタスクを学習するためのものでした。ここで説明するのは、モデルの事前学習のためのデータ生成方法として提案されている、数式ドリブンデータ生成[75] についてです。この方法では、**図 2.15** のように、数式をもとにして、フラクタルの画像を生成しています。パラメータによっ

---

*13　テスラが自動運転に用いている画像認識モデルには、このような手法が用いられているとテスラの発表会で説明がありました。

054　第 2 章　画像データ

て、非常に多様な形状の物体が生成されているのが分かると思います。非常に多様な形状の物体はパラメータによって決定され、この画像の生成に用いたパラメータを元にクラスを決定し、モデルの事前学習に用います。

　画像の作り方を簡単に説明すると、以下の数式に基づいて点列を生成し、図に示すような図形の画像を生成しています。

$$\mathbf{x_{t+1}} = \begin{bmatrix} a_i & c_i \\ b_i & d_i \end{bmatrix} \mathbf{x_t} + \begin{bmatrix} e_i \\ f_i \end{bmatrix} \tag{2.4}$$

実際には、$\mathbf{x_0}$ という点から始まって、点の座標を事前に定義された行列とベクトルによって $\mathbf{x_1}, \mathbf{x_2}$ と生成していきます。行列やベクトルを定義しているパラメータ (a_i や e_i) によって点列の形が決定されるので、これらのパラメータをもとにクラスを決定し、教師情報を生成しているというわけです。事前学習のあとに、それぞれの下流タスクとなるデータセット（CIFAR10 や ImageNet）に対するファインチューニングを行うことで評価を行っているのですが、このデータセット（100 万枚程度）を用いた事前学習は、ImageNet1K などの実画像を用いて事前学習したモデルと、遜色ない精度をいくつかのデータセットに対して示しています。このように、複雑な環境を手作業で構築することなく、データを自動で生成できるのは大きなメリットであると言えます。

■**データ拡張を用いてアノテーション付きデータを拡張する方法**　ここまでは、シミュレーションデータを用いて人工的に画像を作り出しモデルの学習に使う方法を紹介しました。これらの生成された画像は、実際の入力画像とは異なる性質を持つ可能性があるという欠点がありました。ここでは、実画像を用いて新たなアノテーション付きデータを作り出す試みについて紹介します。

　CutPaste[76] は、異常検知タスクに取り組んだ手法です。異常検知タスクとは、入力となる画像に "正常" と "異常" の 2 値識別をするタスクです。例えば、工場で製造される製品に欠陥がないかどうかを画像から検知して仕分けを行うなどのアプリケーションが考えられます。モデルを構築する際に問題となるのが、"異常" に対応するサンプルを集めるのが難しいことです。例えば、工場の製品の場合、ほとんどの製品に欠陥がないので "異常" なサンプルを集めるのが課題にあがります。CutPaste はネジやテクスチャ画像を対象に、データ拡張方法を用いて異常に相当するデータを人工的に作り出すことによって、異常データを学習に使用することなく、異常データと正常データをうまく見分ける特徴量を学習する手法を提案しています。**図 2.16** 左にデータ生成の方法を示します。異常データの生成方法は非常にシンプルで、学習画像中のあるパッチをサンプリングして、サンプリングしてきた領域とは別の場所に貼り付けるだけです（図左下をご覧ください）。図に示すように、元画像に対しては正常値（0）、

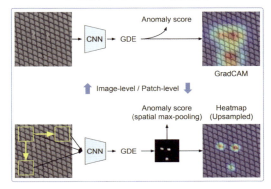

図 2.16 | 左：CutPaste におけるデータ生成とモデル学習方法。右：学習されたモデルの使用例。li らの論文[76] より引用。

生成された画像に対しては異常値（1）というラベルを予測するようにモデルを学習させることで、正常と異常を区別する CNN を学習させています。CNN を学習したのち、入力画像が異常かどうかを判断するために、Gaussian Density Estimator（GDE）[77]＊14 というモデルを正常サンプルの特徴量を用いて構築し、異常値を得ています（図 2.16 右）＊15。また、GradCAM[78] のようなモデルの出力に対する根拠を可視化する手法によって、入力画像のどこに異常な部分があるのかを可視化して確認できます。図 2.17 に示すように、学習されたモデルを用いることで、欠陥がある場所をうまく特定できていることが分かります。CutPaste の成功は、異なる領域のパッチを切り貼りして生成した画像の性質が、ある程度 "異常" に相当する画像に似ているということに支えられていると考えられます。図 2.17 に示すように、異常に相当する画像は、ある場所に穴が空いていたり、傷が入っていたりしていて、正常な領域とは異なる画素値を持っています。このような状態を CutPaste はある程度表現できていると考えられます。

続いて説明するのが、**CopyPaste**[79] です。CopyPaste においても、CutPaste と同様に領域を切り貼りすることで、新しいデータを生成しています。図 2.18 左に示すように、インスタンスセグメンテーションマスクを用いて、物体が存在する領域を切り取って、別の画像に貼り付けるという操作をしています。インスタンスセグメンテーションマスクによって、それぞれの物体が存在する領域が、画素単位である程度分かるので、物体領域のみを切り貼りすることが可能です。図 2.18 右に CopyPaste を用いた結果のグラフを示します。COCO データセットの 10 %ほどのデータを用いた場

＊14　簡単に言うと正常サンプルからの距離を異常値とみなしています。
＊15　異常か正常かを識別する識別器を構築しているわけではありませんが、得られた異常値が、入力画像が異常かどうかを表す良い指標になるということです。

合では精度が 5 ポイントほど上昇しており、データ数が少なければより強力なデータ拡張であることが分かります。論文中では、さまざまなケースに対して評価を行っていますが、カテゴリによって、データ数に大きな偏りが存在する Long-Tailed Object Detection タスクなどにおいても、非常に効果的な方法であることが示されています。

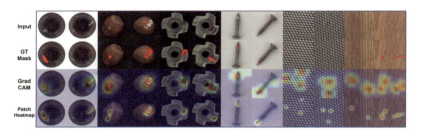

図 2.17 | CutPaste で学習されたモデルの可視化結果。GT Mask は "異常" な場所を図示している。下 2 列は CutPaste モデルの出力根拠を可視化したものであり、GT Mask と同じ場所を "異常" と捉えていることが分かる。Li らの論文[76] をもとに筆者作成。

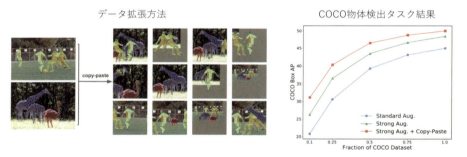

図 2.18 | 左：CopyPaste によるデータ拡張。右：COCO における評価。Ghiasi らの論文[79] をもとに筆者作成。

2.4 不完全なアノテーションからの学習

本節では、アノテーション付きデータが十分に準備できない場合の学習方法を紹介します。自己教師学習（Self-supervised Learning）は、ラベルの付いていないデータからのみ学習を行い、主に事前学習のために用いられるフレームワークです。半教師学習やノイズのあるデータからの学習は、主に下流タスク用のフレームワークで、ラベル付きデータが不足している場合（半教師学習）や、アノテーションにノイズのある場合に対応する手法です。これらの学習方法で使われているテクニックや背後にあ

る考え方は、機械学習モデルを用いてデータをクリーニングする際に使用できることもあり、そういった側面にも触れながら議論したいと思います。

2.4.1 自己教師学習

■事前学習と自己教師学習　そもそも事前学習とは、何らかの解きたいタスクのデータに対してモデル学習する前に、別のデータセット、あるいは別のタスクによってモデルを事前に学習しておくことを指します。多くの場合、事前学習済みモデルは、ImageNet などの大量で多様な画像データから学習させるので、画像を認識するうえで汎用的な特徴量を学習していると期待されます。特に解きたいタスクのデータが少ない場合には、モデルを一から学習する場合と比較すると、劇的な精度改善が期待できます。事前に学習しておいたモデルを学習させたいモデルの初期値として使用するという考え方は、古くから広く知られたアイデアでしたが、事前学習には、ImageNet などのアノテーション付きデータから、教師付き学習を行うのが一般的でした。それに対して、自己教師学習とは、事前学習部分をラベルの付いていないデータを用いて行うことを指します。アノテーションのついた画像を大量に獲得するには大変なコストがかかるのに対して、アノテーションのない画像を獲得するのは容易であると考えられ、データ量を増やすのも簡単です。例えば、動画などのデータを Web 上で収集すれば、大量の画像を得ることができますし、車にカメラを取り付けておけば、自動運転データのための画像や動画を大量に収集することは、比較的容易なはずです。このため、自己教師学習に関する研究は瞬く間に活発になり、多くの手法が提案されました。ラベルなしデータに対してモデルを学習させるためには、何らかの教師なしのタスクを定義する必要があります。教師なしのタスクを定義するとは、学習データに対する教師情報を作り出すことであり、ある種データを作り出す作業を行っていると捉えることもできます。自己教師学習の界隈ではさまざまなタスクが提案され、そのタスクで事前学習されたモデルの精度を、多様な下流タスク（画像識別、物体検出、Semantic Segmentation など）を用いて評価しています。このように、多様なタスクで評価することで、より汎用的な特徴を学習できる自己教師学習手法を見出そうとしているというわけです。自己教師学習にもさまざまな種類の手法が存在しますが、大雑把に分類すると以下の考え方に基づいた手法が現在の主流となっています。

- **対照学習**（Contrastive Learning）：画像を他の画像と区別できるような特徴量を学習するという考え方に基づいた方法[80],[81]
- **クラスタリングに基づく手法**：モデルから抽出される特徴量を用いてクラスタリングを行い、各サンプルに割り当てられるクラスターのラベルを教師情報として学習する手法[82],[83],[84]

- **画素値や特徴量の復元損失を用いた手法**：ある領域を隠した画像から、隠された部分の画素値を推定したり、ある画像の特徴量を予測するような手法[85],[86]

これらの手法はきれいに分類できるわけではなく、クラスタリングと復元損失を組み合わせた手法も存在しています。背後にある考え方としては上記のようなものがあると理解してください。自己教師学習の詳細について説明するのは本筋ではないため、ここでは、自己教師学習の中でも、代表的な SimCLR[80] および MAE[80] に絞って手法の中身を説明します。

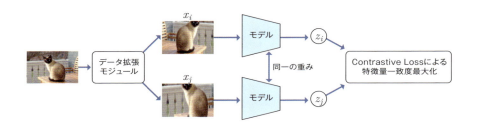

図 2.19 | SimCLR の概要図。画像を 2 通りにデータ拡張し、生成された 2 サンプルの特徴量の一致度を最大化するように学習している。

■ **SimCLR**　自己教師学習の中で、シンプルかつ強力な手法として知られているのが、**SimCLR**[80] です。SimCLR の背後には、ペアになっているデータを近くに配置するような埋め込みを学習する（ペア間のマッチングを学習する）、メトリック学習というものがあります。例えば、同じカテゴリに属する画像を近くに埋め込むことで、クエリとする画像からデータベース内にある画像検索を行うというアプリケーションがあります。メトリック学習においては、ペアデータがアノテーションされた形で存在するという想定のもとで学習を行っていますが、自己教師学習の設定では、ペアデータが存在しません。そのため、SimCLR は、データ拡張を用いて疑似的にペアデータを生成する方法をとります。**図 2.19** にデータ拡張に Crop と Flip を用いたシンプルな例を示します。入力を x_k としたとき、データ拡張モジュールからデータ拡張を施された画像を異なるサンプル $\tilde{x}_{2k-1}, \tilde{x}_{2k}$ とみなし、モデルに入力します。そして、得られる特徴量 z_{2k-1}, z_{2k} の一致度を最大化するように Contrastive Loss を用いてモデルを最適化します。Contrastive Loss は z_{2k-1} と z_{2k} 間の類似度の大きさを、他の z との類似度と比較して考えています。Contrastive Loss は後述する CLIP モデルにも登場するので、具体的な計算を見ていきます。1 バッチあたりのサンプル数を N としたとき、損失 L は、

$$L = \frac{1}{2N} \sum_{k=1}^{N} [l(2k-1, 2k) + l(2k, 2k-1)] \tag{2.5}$$

$$l(i,j) = -\log \frac{\exp(s_{i,j}/\tau)}{\sum_{k=1}^{2N} \mathrm{I}[k \neq i] \exp(s_{i,k}/\tau)} \tag{2.6}$$

のように書くことができます。ここで $s_{i,k}$ は、z_i, z_k 間のコサイン類似度を示し、τ は $s_{i,k}$ の値のスケールを変えるために導入されている、温度パラメータと呼ばれるハイパーパラメータです。$\mathrm{I}[k \neq i]$ は $k = i$ で値 0 をとり、その他の場合に値 1 をとることを示します。$l(i,j)$ 中の式、$\frac{\exp(s_{i,j}/\tau)}{\sum_{k=1}^{2N} \mathrm{I}[k \neq i] \exp(s_{i,k}/\tau)}$ を見てみましょう。大雑把に議論すると、この値が大きくなるのは、z_j と z_i の類似度が z_k ($k \neq i$) と z_i との類似度より大きくなっている場合です。つまり、他のサンプルとの類似度から相対的に見て類似度が高いのかどうかという尺度を計っていると理解できます。i と j の値は $2k-1$ と $2k$ という同一サンプルから作られるサンプルに置き換えられるので、Contrastive Loss は異なるデータ拡張を施して生成されたサンプルが相対的に似ている埋め込みに変換されるようにモデルを学習させることになります。

■ SimCLR におけるデータ拡張の重要性 このフレームワークにおいては、データ拡張の選び方がモデルの性能を大きく左右することが知られています。論文中では、(1) 単一のデータ拡張のみを用いて学習を行っても性能は低いこと、(2) Crop に色の変化を加えると精度を大きく改善できることが報告されています。(1) については、多様なデータ拡張を組み合わせることで、ペア間のマッチングをとるために学習される特徴量の質は格段に上がるということが言えます。これは、シンプルなデータ拡張を施すと、マッチングをとるのが簡単になりすぎるということからも理解できます。(2) については、画像中からサンプルされたパッチ間で、色の分布が似ていることに起因するのではないかという考察がなされています。つまり、色のヒストグラムのみを考慮すれば、$\tilde{x}_{2k-1}$ と $\tilde{x}_{2k}$ をうまくマッチングできるような特徴になるので、モデルも色のヒストグラムのみを考慮した特徴量設計をしてしまうということです。このように、深層学習モデルは損失を最小化するために、最短の方法をとる傾向があります。この現象は、Short-Cut Learning[49] とも呼ばれますが、自己教師学習のように、ラベルの付いていないデータに対して、教師なしのタスクを定義するためには、そのタスクがモデルにとって簡単すぎないかどうかを熟慮することが必要です。また、多くの自己教師学習においては、Short-cut Learning を防ぐために、ハイパーパラメータがうまく設定されていることがほとんどです。SimCLR のように、「異なるデータ拡張が施された二つの画像をマッチングできるように学習する」という、ハイレベルなアイデアのみで成り立つ手法ではなく、細かな調整が必要とされるというのも一つの事実です。また Tian らや Xiao らの論文[87],[88] では、最適なデータ拡張は下流タスクに依

存するという指摘をしています。Contrastive Learning はデータ拡張に対する不変性をモデルに学習させていると捉えることができますが、この不変性を学習することが下流タスクによっては問題があるためです。**図 2.20** に示すように、鳥のカテゴリ識別などを行う場合、色を変化させるデータ拡張を用いると、モデルは色に不変な特徴を学習しようとします。すると鳥のカテゴリ識別のように色が有益な特徴であるタスクにおいて精度を下げてしまうのです。

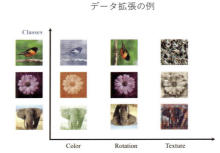

図 2.20 | 左: データ拡張の例。右: Contrastive Learning において適用されるデータ拡張と、それぞれのタスクにおける有用性の概要図。鳥と象のような識別を行ううえでは色に関するデータ拡張を適用するのは問題ないが、花や鳥のカテゴリ識別においては精度を下げるリスクがある。Xiao らの論文[88] をもとに筆者作成。

■ **MAE** ノイズを加えた画像から、元の画素値を復元するという非常にシンプルなアイデアに基づいた手法が、**Masked AutoEncoder**（MAE）です。ノイズを画像から除去することで、良い特徴を獲得するというアイデアは Denoising AutoEncoder[89] として古くから知られていましたが、MAE はそのアイデアを拡張し、ViT の事前学習に用いられています。また、言語モデル BERT[90] においては、入力トークンの一部にマスクを適用し、マスク部分のトークン ID を予測するという Masked Language Modeling という学習を定義していますが、MAE はその画像版である Masked Image Modeling を行っていると考えることができます。**図 2.21** 左に学習時の入力経路を示します。学習の流れは以下のようになります。

1. まず、入力画像が与えられた際に、ViT 同様に画像をグリッド状にパッチに分割します。分割されたパッチの中から、ランダムにエンコーダに入力するパッチを選びます（マスクするパッチを選択するのと同義です）。この際重要になるのが、どれくらいの数のパッチをエンコーダに入力するのかという点です。多くのパッチを入力するとタスクが優しくなりすぎる一方で、パッチが少なす

ぎるとタスクを解くのが難しくなりすぎるため、適切なパッチ数を選ぶ必要があります。論文では、25％ほどのパッチをエンコーダに入力したとあります。
2. エンコーダから、それぞれのパッチに対応する特徴量を得ます。
3. マスクされたパッチに対応するトークンと併せて、デコーダに入力します。つまり、(i) エンコーダから得られたトークン、(ii) 学習可能なマスクトークン、の2種類を一緒にデコーダに入力します。このマスクトークンが、どのパッチがマスクされたパッチであり予測対象なのかを表すトークンに相当します[*16]。よって、図の例では、エンコーダに入力したのが、8トークンだったのに対して、デコーダには元のトークン数である25トークンを入力することになります。
4. そして、デコーダは、それぞれのパッチに含まれるすべての画素値を予測します。この予測値と、元画像の画素値を用いて、復元損失を計算し、モデルの学習に使います。

MAEは1において、エンコーダに入力するパッチ数を少なくすることで、エンコーダの学習にかかる計算量を大きく減らすことができ、結果的に非常に大きなエンコーダを学習することも可能であるという側面を持っています。

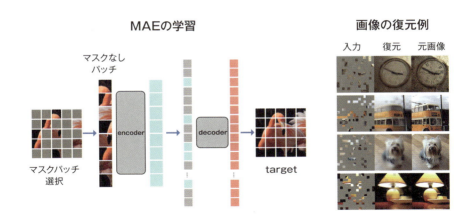

図 2.21 | 左：MAE の学習、右：学習されたモデルによる画像復元例。He らの論文[85]をもとに筆者作成。

■ **データと自己教師学習　データ量とモデル精度、モデルサイズの関係** それでは、MAE を例として自己教師学習における精度とデータ量、モデルサイズの関係について

---

*16　実際には、このマスクトークンに対して、位置情報埋め込みを足し合わせたものを入力します。

第2章 画像データ

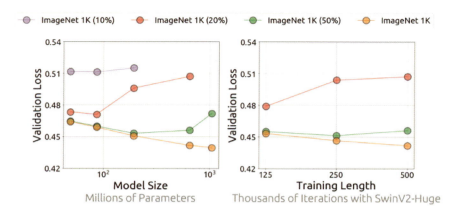

図2.22 | 左：MAEのモデルサイズとデータセットサイズを変化させた際の精度変化。右：MAEの学習イテレーションと、データセットサイズに対する精度変化。Xieらの論文[91]より引用。

見てみましょう。論文[91]では、MAEにおいて、データ量やモデルサイズに関して性能評価を行っています。図2.22では、事前学習に使うデータ（ImageNet）の量とモデルサイズを変化させた際の、validation lossを測っています（validation lossとは、validationセットに対するMAEの損失のことです）。左図に示すように、学習データセットの量を落とした際には、モデルサイズを上げることによって、過学習が起きているのが分かります。一方で、ImageNetすべてを用いて学習を行った場合には、モデルサイズを上げることで、validation lossが順調に下がっています。右図では、学習の長さを変えた場合のvalidation lossを示していますが、データ数が少ないと過学習を起こしているのが見てとれます。このことから、MAEの学習においては一定の学習データ数が確保されていれば、モデルサイズを上げることで過学習を起こさずに学習が可能であることが分かります。一方で、論文中ではモデルサイズを上げずにデータ数を増やしても、validation lossが小さくならないという現象を報告しています。つまり、モデルがデータを学習しきれていないという状況です[*17]。モデルサイズが小さいと、MAEの複雑なタスクを学習しきれず、データを増やすことのメリットを享受できないということになります。これらの結果をまとめると、データ量をある程度用意したうえで、モデルサイズの大きなものを学習させることで、精度の高いモデルを獲得できると期待されるということが分かります。

■ランダムに集めた画像データに対する自己教師学習 　自己教師学習手法の論文の多くは、ImageNet[3]のようなデータをクリーニングするプロセスを経たデータセット

---

*17　論文中のFigure 1に相当します。

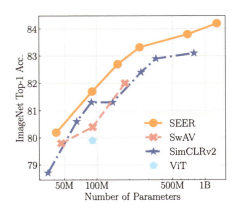

図 2.23 | ランダムに集めた画像に対して学習した自己教師学習モデル SEER と、クリーニングされたデータで学習したベースラインモデルの比較。Goyal らの論文[92] より引用。

でモデルを学習し評価を行っています。しかし、自己教師学習はラベル付けされていないデータに対する学習を念頭にしており、データのクリーニングなどにかけるコストを低くして収集コストをかけずに集めたデータに対して学習が機能するのかどうかは、非常に重要な議論です。Goayal らの論文[92] では、ランダムに集めた画像データセットに対して自己教師学習モデルの精度を検証しています。Instagram から直接ダウンロードした 1 億枚ほどの画像データを用いており、データの前処理を一切行わない状態でのモデルの精度を検証したものになっています。図 2.23 のように、ランダムに集めた画像に対して学習したモデルでも、非常に高い精度を示すことが分かります。また論文中では、ImageNet 以外のデータに対する評価も行い、Curation[*18]を行わずに高い精度が達成されることを示しています。結果を解釈するうえで、注意すべき点としては、このモデルの精度は事前学習済みモデルをファインチューニングすることで得られていることです。ImageNet のようなデータ量を持ったラベル付きデータセットを用いてファインチューニングを行うと、モデルのパラメータが十分にそのデータセットに対して適応できるからです。このようなケースにおいては、集められた画像の質について、教師あり学習の場合ほど注意する必要がないのではないかということが言えます。もっとも、仮にラベル付きデータセットが小さい場合には、そのデータセットに即した特徴量を学習した事前学習手法や、事前学習データが効果を発揮することが考えられます。以下ではそのような場合についての研究について説明します。

[*18] データセットの質を高めるために行う、データの選別やアノテーションなどのさまざまなプロセスを総称して Curation と呼びます。

064 第 2 章 画像データ

■自己教師学習におけるデータの Curation　ランダムに集めた画像を用いても、ファインチューニングしてしまえばある程度うまくいくというのが上述の論文から得られた知見でした。では、データの Curation は、自己教師学習にどのような効果があるのでしょうか。Oquab らの論文[93] では、自己教師学習モデル DINOv2 を学習させるために、データの Curation を行いその効果を検証しています。**図 2.24** にそのパイプラインを示します。

1. データの用意：Curation されたさまざまな画像データセットを用意する。Uncurated なデータセットとして、同時に Web から大量の画像（1.2 B ほど）をダウンロードする
2. Deduplication：データの多様性を保証するために、被りのある画像を除去する
3. Retrieval：自己教師学習で事前学習されたモデルを用いて画像の埋め込みを計算し、Curation データセット内の画像と似ている画像を Uncurated なデータセットから選ぶ。具体的には、Curation データ内の画像それぞれをクエリとして、クエリから最も近い画像四つを Uncurated なデータセットから選ぶ

このように、Curation されたデータセットと似ている画像によって、データセットを構築するようなプロセスを組んでいます。このプロセスによって、合計で 142 M の画像をデータセットとして構築し、自己教師学習モデルを学習しています。**表 2.4** に Curation を行って学習した場合、Curation を行わずにランダムに 142 M のデータを選んだ場合、また ImageNet-22K のみで学習した場合の精度比較を行っています。Curation を行った場合とそうでない場合を比較すると、いくつかのデータセットで Curation を行った場合に大きく精度が向上することが分かります。評価に用いられているデータセットは、物体や動物、自然の風景などのシーンを写したものがほとんどですが、Curation を行うことで、Web 上の画像からある程度似たドメインの画像を集めることが可能になっていると考えられます。その一方で、Places[94] や ImageNet-1K においては、それほど大きな変化はありません。下流タスクのラベルデータの数に対して厳密な分析を行っているわけではないので、明確なことは言えませんが、Places や ImageNet などの大規模なデータセットに対するファインチューニングにおいては、事前学習データによる差分は少なくなるとも捉えられます。この結果から、自己教師学習モデルを学習させる際にも、下流タスクデータセットを意識したデータセット収集を行うことで、精度向上を見込めるということが分かります。

2.4.2　半教師付き学習

　半教師付き学習とは、ラベル付きサンプルが少ない場合に、ラベルの付いていないサンプルを同時に学習に利用することで、モデルの精度を向上させようというものです。半教師付き学習にはさまざまなアプローチが存在しますが、疑似ラベルによる半

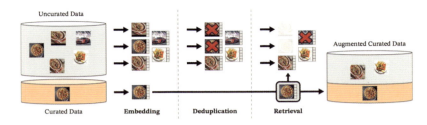

図 2.24 | DINOv2[93] におけるデータの Curation パイプライン。Oquab らの論文[93] より引用。

学習データ	Imagenet-1K	Im-A	ADE-20k	Oxford-M	iNat2018	iNat2021	Places205
INet-22k	85.9	73.5	46.6	62.5	81.1	85.6	67.0
Uncurated data	83.3	59.4	48.5	54.3	68.0	76.4	67.2
Curated data	85.8	73.9	47.7	64.6	82.3	86.4	67.6

表 2.4 | DINOv2[93] におけるデータの Curation による精度変化。Curation の効果は、Uncurated data と Curated data の精度比較で理解できる。

教師付き学習が、最も精度の高い手法として知られています。疑似ラベル付けのプロセスには、モデルベースでのデータのフィルタリングと共通する部分もあるので、詳細を見ていきます。

■**疑似ラベルを用いた半教師付き学習モデル**　半教師学習で用いられる疑似ラベルとは、「モデルの出力などから推定されるサンプルのクラスラベル」だと定義できます。半教師学習においては、ラベルなしサンプルが大量に存在するので、疑似ラベルをラベルなしサンプルに付与し、そのラベルを用いて損失を計算しモデルを学習させます。疑似ラベルを用いた半教師学習は、**図 2.25** に示すように、

1. ラベル付けされたサンプルのみによるモデル学習
2. 学習されたモデルを用いて、疑似ラベルの決定する
3. 疑似ラベルが付与されたサンプルも用いて、モデルを再学習する
4. 2. と 3. を繰り返す

のプロセスによって、学習を進めます。

　半教師学習においてモデルの精度を大きく左右するのが、疑似ラベルの質（正しさ）です。疑似ラベルを本物のラベルかのように扱ってモデルを学習させるので、疑似ラベルの質が低いとモデルの精度が下がってしまいます。ラベルの質を保証するためには、モデルの予測が正しいと思われるもののみに疑似ラベルを付与する必要があります。そこで、広く使われているのが予測の信頼度による閾値処理です。予測の信頼度は、モデルの出力を用いて計算され、多くの場合は、Softmax 関数の出力の最大値で

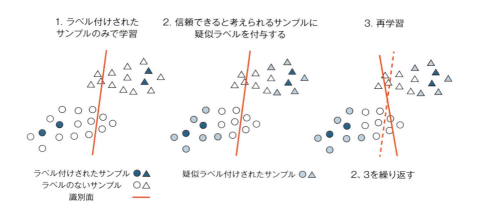

図 2.25 | 疑似ラベルを用いた半教師学習の概要。1. 最初にラベル付けされたサンプルのみで学習を行う。2. 学習されたモデルで、クラス予測が信頼できると考えられるサンプルに対して疑似ラベルを付与する。3. そして疑似ラベルを含めて再び学習を行う。

ある、$t = \max_y p(y|x)$ を用います。ここで、$p(y|x)$ は、サンプル x がクラス y に属する確率の推定値になります。t がある一定の値より大きいかどうかで、疑似ラベルを付与してラベル付きサンプルとして使用するかどうかを決定するというわけです。直感的には、t はサンプルがどれだけクラスを分離する境界から遠いのかを意味しているので、t の値を用いてサンプルを選ぶことで、ある程度疑似ラベルの質を保証できると考えられます。ここでの仮定として、t が予測の正しさの尺度として、適切なのかという問題があります。間違えているサンプルには低い信頼度を付与し、予測が正しいサンプルには高い信頼度を付与するための研究に、Model Calibration[53] と呼ばれる手法が存在しているように、予測の正しさの尺度に関する研究も重要視されているトピックの一つです。ラベル付けされているサンプルが非常に少ない場合や、タスクが難しい場合には、t を尺度として用いるのみでは不十分かもしれませんが、多くの場合シンプルに t を用いて閾値処理を施すことで、より信頼できる疑似ラベル付きサンプルを選ぶことができます。

■**データサイズとモデル精度の向上**　このような疑似ラベルで学習したモデルの精度とラベルなしサンプルの量を[95] では調査しています。詳細は異なりますが、上述したシンプルな疑似ラベル付けルールと再学習に基づいて、Yalniz ら[95] の論文ではモデルを学習しています。ラベル付きデータセットしては、ImageNet[3] を使い、ラベルなしサンプルとして、YFCC100M[96] を用いています。図 2.26 に示すように、25 M までの点では、ラベルなしデータの量を倍にするごとに、精度が同じだけ上昇し、25 M 以降も順調に精度が改善していることが分かります。半教師学習のすべての手法がこ

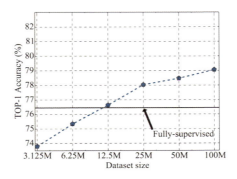

図2.26 | 半教師学習におけるラベルなしサンプルの量とモデル精度の関係。Yalnizらの論文[95]より引用。

の法則に従うとは限りませんが、一般にラベルなしサンプルの量を増やせば増やすほど、半教師学習モデルの精度は向上していくと言われています。

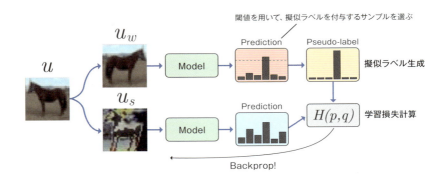

図2.27 | FixMatch[97]による半教師学習。ラベルのない画像を、強いデータ拡張と弱いデータ拡張の2通りで変換する。弱い拡張に対するモデルの予測を疑似ラベルとして、強い拡張を適用された画像に対する教師情報とする。Sohnらの論文[97]をもとに筆者作成。

■ **FixMatch: データ拡張と半教師学習** 近年の半教師学習で必ずと言っていいほど使われているのが、データ拡張と組み合わせた疑似ラベルサンプルの生成方法です。ナイーブな疑似ラベルによる半教師学習の欠点として、疑似ラベルを付与できるサンプルが限られるというものがあります。予測が簡単なサンプルには疑似ラベルを付与できるのに対して、予測が難しいサンプルに対しては学習が進んでも疑似ラベルを付与できないので、モデルの知識がうまく拡張しません。そういった欠点を克服しているのが、FixMatch[97]をはじめとした、データ拡張と組み合わせた手法です。**図2.27**に

068　第 2 章　画像データ

手法の概要を示します。ラベルのないサンプル u が与えられた際に、そのサンプルを 2 通りにデータ拡張します。その際、弱いデータ拡張を施したサンプルである u_w と、強いデータ拡張を施したサンプルである u_s を作ります。弱いデータ拡張には、Crop や Flip などの画像の見た目を大きくは変えない拡張を用い、強いデータ拡張には、RandAugment などで探索されたデータ拡張を用いています。u_w をモデルに入力して得られた疑似ラベルを用いて、u_s に対する学習損失を計算し、モデルをアップデートします。u_w から得られた疑似ラベルには、閾値処理も行っています。この手法の鍵になっているのが、ラベル推定に使われている u_w は弱いデータ拡張関数によって生成されているサンプルであり、損失を計算するのに使われる u_s は強いデータ拡張で生成されているサンプルであるということです。u_w には弱いデータ拡張処理を使っているので、モデルの予測はある程度正しくなると考えられます。強いデータ拡張は u を多様に変化させると考えるので、u_s をモデルに学習させることで、疑似ラベルの精度を保ちつつモデルの知識を効果的に拡大させていると捉えることができます。

2.4.3　モデルベースでのアノテーションデータのクリーニング方法

画像認識タスクにおいて、データの質をどう向上させるのかは、タスクやデータ収集のプロセスに大きく依存します。例えば、**2.5 節**においては画像と言語を用いたモデルの学習を説明しますが、テキストデータの質を評価することによってデータをクリーニングするプロセスについても言及します。また、画像を収集した場所などのメタデータが存在する場合には、メタデータからデータを選別することも可能だと考えられます。ここでは、タスクや収集プロセスにあまり依存しない、モデルベースでアノテーションデータをクリーニングする話題について議論します。

■**ノイズ付きアノテーションデータからの学習**　データを何らかの方法でアノテーションした場合、アノテーションの質がモデルの精度を左右します。ラベルが 100 ％正しいのが理想的ですが、アノテータの問題や、アノテーションする方法によっては、正しくないラベルが付けられてしまうことが考えられます。結果的には、ラベルにノイズを含んだデータセットができあがってしまうわけですが、そういった場合においても、精度の高いモデルを学習しようという研究分野があります[19]。実際にモデルを商用アプリケーションのために学習する場合には、データの質を高める工夫にフォーカスすることが多いので、これらのテクニックを実用する機会はそれほど多くないかもしれませんが、これらの研究から得られる知見は、モデルベースでデータをクリーニングする場合や、モデルの挙動を知るうえで重要だと考えられます。また、前節で述べた半教師学習は、正しい疑似ラベル付けが行われたサンプルを選ぶという、デー

---

[19]　Learning with Noisy Labels のようなキーワードで検索すると、多くの論文がヒットします。

タのクリーニング操作を学習プロセスに含んでいます。これらの分野から得られる知見を活かし、どのようなテクニックがデータをクリーニングするのに効果的なのか、議論していきたいと思います。

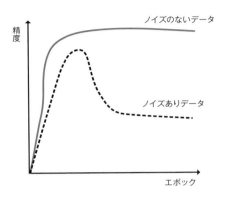

図 2.28 | ラベルにノイズが含まれている場合の精度遷移のイメージ。モデルはラベルノイズのないデータから学習し、徐々にラベルノイズのあるデータにフィットするので、精度は一度ピークを向かえたのちに下がるような傾向がある。

■**アノテーションノイズのあるデータに対するモデルの挙動**　アノテーションにノイズを含んだデータからモデルを学習させると、モデルの精度はどのように遷移するでしょうか。まったく何も学習できず、ずっと精度が低いままなのか、それとも、一般的な学習と同様に、徐々に精度が上がっていき、クリーンなデータで学習した場合の精度より低いところに落ち着くのでしょうか。図 2.28 にモデルの精度遷移のイメージ図を示します。10％から 20％ほどのサンプルに対するラベル付けが間違っている（ランダムノイズ）場合を想定していますが[20]、このようにモデルの精度は一度ある程度まで上昇してから、徐々に下がる傾向を示します。これは、深層学習モデルが学習しやすいパターンから学習するためだと言われています。つまり、モデルにとってはラベル付けが正しいパターンの方が学習しやすいので、精度がある程度のところまで上昇していくというわけです。正しいパターンについて学習が終わったら、次にラベル付けが間違っているデータに対して学習を行い、ラベル付けが間違っているパターンを学習してしまうので、精度が徐々に下がっていくというわけです。もちろん、難しいタスクに対して学習を行う場合に、ノイズデータが含まれていると、学習がまったく進まず精度は低いままである可能性も考えられます。

---

[20]　ある特定の似ているクラス同士のラベル付けが間違っている場合も存在しますが、ここではランダムな場合を想定しています。

070 第 2 章 画像データ

■モデルベースでのデータフィルタリング　なんらかの学習したモデルを用いてアノテーションノイズが含まれているデータを除去、検知する方法について議論します。一般的なモデルベースでのデータフィルタリングは以下のようなプロセスになります。

1. モデルを用いて何らかの方法で、アノテーションが正しいかどうかのスコアを各サンプルに付与する
2. 閾値以上のスコアを持つデータを正しいラベル付けとするなどの操作を行い、データをフィルタリングする

重要になるのが、1. におけるアノテーションの正しさを表すスコアをどうやって獲得するかという点です。例えば、**2.4.2 項**においては、Softmax 関数の出力を用いて疑似ラベルが正しいのかどうかを判断していました。この尺度は非常に一般的で、アノテーションノイズを考慮しながら学習する手法にも使用されています[98]。ここで重要なのが、どのようなモデルやプロセスによって尺度を得るのかということです。以下に効果的であると考えられる手法や指針について列挙します。

- ラベルノイズにフィットする前のモデルを用いてフィルタリングする：上述したように、深層学習モデルは学習が進むにつれて、ラベルノイズに徐々にフィットしてしまいます。ラベルノイズにフィットしたモデルを用いると、アノテーションが間違ったサンプルに対しても、高い確信度を出力することになり、アノテーションノイズを除去するのに適切ではありません。実際、Han らの論文[98] ではラベルノイズにフィットする前のモデルを用いてデータを選んでいます。
- モデルのアンサンブルを用いる：単一のモデルの出力は分散が大きいことが知られており、複数モデルを用いることによって、確信度スコアの信頼性が向上します。例えば、Liu らの論文[99],[100] では、物体検出のための半教師学習において、教師モデルと呼ばれるアンサンブルモデルの一種を用いて疑似ラベルを生成することによって、ラベルの精度を向上させています。
- スコアリングする際にデータ拡張を行う：ある画像が与えられた際に、単一の推論結果を用いてスコアを計算するのではなく、異なるデータ拡張を用いて画像を微小に変化させ、それぞれに推論を行い結果を統合します。スコアリングにかかるコストが大きくなりますが、スコアの信頼度を高めるには効果的です。

2.5　画像と言語ペアの関係性を学習した基盤モデル

　近年、非常に注目されている分野の一つが、Vision-Language Model（VLM）とも呼ばれる、画像と言語の関係性を学習した基盤モデルです。VLM は、（1）言語を利用し

て画像の識別を行うことによって、単一のモデルが多様な識別タスクに使えるようになる、(2) 画像を詳細な言語記述に変換できる、(3) 言語と画像の関係性を学習したモデルを他のモデルの学習に組み込むことができる、など多方面で使用されています。本節では、VLM を学習させるプロセスや、データに関する説明を行います。

2.5.1 CLIP

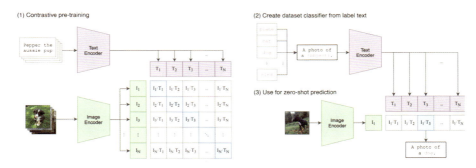

図 2.29 | 左：CLIP の学習方法。右:CLIP による画像識別方法。Radford らの論文[43] より引用。

　最も有名な VLM が OpenAI から発表された、CLIP モデル[43] でしょう。CLIP は Web 上に存在する約 4 億の画像とテキストのペアデータからモデルを学習しています。CLIP の論文にはデータ収集の方法については、あまり詳細に触れていないのですが、後に公開された論文[101] によると、Common Crawl[*21]を用いて収集された Web ページのデータから、画像と対応する alt-text タグのテキストを抽出してペアデータとしているようです。[*22]

■ **CLIP の学習方法**　学習方法としては、自己教師学習 SimCLR と同様に Contrastive Learning を使用します。ただし SimCLR と異なるのが、画像同士のマッチングを考えるのではなく、画像とテキストのマッチングを考慮した Contrastive Learning を行うという点です。図 2.29 に示すように、画像とテキストから埋め込みを得るためのエンコーダをそれぞれ学習させます (E_I、E_T とします)。画像 i とテキスト j に対して、埋め込みのコサイン類似度を $s_{i,j}$ とすると、SimCLR で計算した Contrastive Learning とほぼ同様に、損失が計算できます。画像とテキストのペアサンプル数を N とした際の損失計算は、以下の通りです。

[*21] `https://commoncrawl.org`
[*22] 例えば、Wikipedia における柴犬の画像においては、「赤毛の柴犬」という alt-text タグが割り振られていて、画像を説明するようなテキストが alt-text タグに割り振られています。

$$L = \frac{1}{N} \sum_{k=1}^{N} [l_{I \to T}(k) + l_{T \to I}(k)] \tag{2.7}$$

$$l_{I \to T}(k) = -\log \frac{\exp(s_{k,k}/\tau)}{\sum_{j=1}^{N} \exp(s_{k,j}/\tau)} \tag{2.8}$$

$$l_{T \to I}(k) = -\log \frac{\exp(s_{k,k}/\tau)}{\sum_{i=1}^{N} \exp(s_{i,k}/\tau)} \tag{2.9}$$

$l_{I \to T}(k)$ は、画像の埋め込みから見て N 個のテキスト埋め込みから、ペアであるテキスト k の埋め込みとマッチングできているのかを計算しており、$l_{T \to I}(k)$ は、逆にテキストから見て画像とマッチングできているのかを計算しています。

■**言語を用いた画像識別**　このようにペアデータを用いて学習した二つのエンコーダはさまざまなタスクに流用可能であることが知られています。その代表的なものが、画像の識別です。**図 2.29** 右に示すように、クラス名のリストと二つのエンコーダを用いることで、画像の識別を行うことができます。クラス名が与えられた際に、プロンプトと呼ばれるテンプレートの文章とクラス名を組み合わせることで、クラス名に相当する文章を作り、すべてのクラス名に対応するテキストの埋め込みを獲得します[23]。そして、その埋め込みと画像の埋め込みとの類似度を測ることで、画像がどのクラスに対応するのかを識別しているのです。一般に何かの画像を識別する際には、対応する識別器を学習させる必要があります。このように、クラス名を言語として捉えることによって、学習に用いていないデータに対しても識別器を構築できるのは、既存の識別方法に対する大きなアドバンテージの一つであり、このような識別の方法を zero-shot な識別と呼びます。また、CLIP による Zero-shot な識別は ImageNet などの識別タスクに対して、非常に高い精度を示すことが知られています。CLIP の学習は多くのサードパーティ[24]によって再現されていますが、ImageNet に対して 80 ％以上の予測精度を出すことを報告しています。

■ **CLIP はロバストな識別器である**　**図 2.30** に、ImageNet と同じクラスの画像を異なるドメインから集めて構築されたデータセットにおける精度比較を示します。ImageNet を用いて学習したモデルは ImageNet 以外のデータセットに対して非常に低い精度を示す一方で、CLIP は高い精度を示しているのが分かります。どうしてこのような差が生まれるのでしょうか。CLIP のフレームワークと、一般的な画像認識モデ

---

[23]　原論文では、100 個ほどのテンプレート文を用いてバリエーションを出すことで、大きく精度を向上できることが指摘されています。

[24]　https://github.com/mlfoundations/open_clip

図 2.30 | CLIP による識別結果の例。ImageNet に含まれるクラスに対する評価を行っている。列ごとに、データセットの例と、ImageNet で学習を行ったモデルと CLIP の精度を比較している。Radford らの論文[43] より引用。

ルの差分としては、(1) 用いている画像データの分布が多様であること[*25]、(2) 自然言語による記述を画像データに対する教師情報とした Contrastive Learning を使っていること、などが挙げられます。そこで、Fang らの論文[102] では、CLIP をロバストな識別器にしている要因について分析しています。具体的には、クラス情報ではなく自然言語を教師情報とすることが、ロバスト性に寄与しているのかどうかを検証しています。結果として、自然言語を用いることでモデルがロバストになるわけではなく、画像のデータの分布が多様であることが大きな要因だと結論づけています。CLIP モデルの性能がデータセットに依存するのは論文の結果からも推測できます。例えば、ImageNet のようなデータに対しては zero-shot でも高い精度を示しますが、EuroSAT のような衛星画像や、CIFAR10 のような解像度の低い画像に対しては、性能が高くありません。これは、ImageNet は Web 上から収集された画像であるのに対して、EuroSAT や CIFAR10 のような画像は Web 上に多くは存在しないので、CLIP の学習データから知識を獲得するのが難しかったということが考えられます。一方でこのようなデータセットに対しても、CLIP モデルをファインチューニングすることで高い精度を示すので、一般的な事前学習モデルに比べて劣っているわけではないと言えます。

■ Web ベースの VL データセットの構築プロセス　OpenAI が最初にリリースした

[*25] ImageNet では 1 M スケールの学習データが実世界で撮影された画像を中心に収集されています。CLIP では 400 M スケールの学習データが多様な画像ドメインから収集されています。

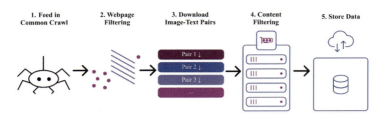

図 2.31 | LAION-5B におけるデータのフィルタリングプロセス。Schuhmann らの論文[103] より引用。

CLIP モデルの学習に使われたデータについての詳細は定かではありませんが、パブリックなデータとしてリリースしてある LAION データセットには、フィルタリングを行ったバージョンがいくつか公開されています。図 2.31 に LAION-5B[103] に用いられたデータセット構築プロセスを示します。

1. Common Crawl 上にある HTML から IMG タグをパースし、alt-text タグ内にあるテキストデータと画像 URL を取得する
2. CLD3[*26]を用いて、英語なのか他言語なのかを判断する。テキストが英語なのか他言語なのかを明確にして、事後処理やデータの公開時に役立てるために行っている
3. 画像を URL からダウンロードする
4. 文字数の極端に少ないテキストや、ファイルサイズの小さい画像、不適切なコンテンツを含む画像をフィルタリングする。最後に学習済みの CLIP モデル[*27]を用いて画像とテキストの類似度を測り、類似度が閾値に満たないものをフィルタリングする。このプロセスによって、90 %ほどのペアがフィルタリングされる

Schuhmann らの論文[103] においては、このプロセスによって構築されたデータセットを用いてモデルを学習させることで、OpenAI がリリースしている CLIP モデルと同等の精度を達成できたと報告しています。

■ **VL データセットの質と量**　前節では、自己教師学習に使う画像データの質や量について議論を行いました。CLIP のような VLM に対しても、「データ量を増やすほうが精度が改善する」という法則は成り立つのでしょうか。VLM の学習においては、テキストを画像の教師として用いているため、自己教師学習よりは、教師あり学習に近いと言えます。一般的に、データ量を増やす際には、データの質について気を付ける必要があります。ここで、データの質とは主に次の 2 点に関しての議論です。

[*26] https://github.com/google/cld3
[*27] 英語 CLIP モデルと他言語 CLIP モデルを、言語によって使い分けています。

1. 画像データとペアリングされたテキストデータは、画像を正しく記述しているか：Common Crawl のような Web データを利用して大量に収集した画像とテキストペアの中には、画像を正しく記述できていないテキストが多く存在します。そこで、上述した LAION-5B におけるデータ収集プロセスでは、学習済みの CLIP モデルを用いて画像とテキストの類似度を測り、ペアデータをフィルタリングしているわけです。

2. 画像データあるいはテキストデータの多様性：仮にテキストデータが正しく画像を記述していたとしても、画像が特定のドメインのみをカバーしているだけでは、多くのタスクやデータセットに対して高い精度は期待できないはずです。また、さまざまな語彙に対する汎化性能を考慮すると、テキストデータの多様性も重要だと考えられます。

1. と 2. それぞれを考慮した事例について議論していきましょう。

■説明文を元にしたフィルタリング　Radenovic らの論文[104] においては、（1）説明文の複雑さ、（2）アクションの有無、（3）テキスト画像の有無、の三つの基準によってデータをフィルタリングしています。（1）については、ある程度の複雑なシーンを記述しているテキストが学習に有効であるというモチベーションのもとで、オブジェクト間の関係性を考慮しているかどうかをテキストパーサーを用いて判断し、（2）については動作に関する記述が含まれているかをパーサーを使うことで、データのフィルタリングを行っています。（3）については、OCR タスクのような下流タスクではなく、物体などの認識に評価を絞ったので、テキスト検出モデルを用いて、画像中にテキスト表示しているだけの画像を除去しています。データセットとしては、上述の

#	Filter				Size	IN	COCO		Flickr	
	CLIP	C	A	T			T2I	I2T	T2I	I2T
1					1.98B	60.8	33.7	52.1	59.3	77.7
2	✓				440M	52.5	29.8	46.1	54.8	72.0
3		✓			1.71B	60.8	33.9	52.5	60.8	77.8
4		✓	✓		642M	58.7	35.9	53.8	64.3	82.0
5		✓	✓	✓	438M	**61.5**	**37.6**	**55.9**	**66.5**	**83.2**

図 2.32 | [104] におけるデータのフィルタリング結果とモデルの精度比較。IN（ImageNet）に対する識別精度と、COCO、Flickr における検索の精度を示している。T2I はテキストから画像を検索する精度、I2T は画像からテキストを検索する精度。C, A, T はフィルタリングの方法を示す。C は説明文の複雑さによるフィルタリング、A は動作に関するフィルタリング、T はテキスト検出によるフィルタリング。Radenovic らの論文[104] より引用。

LAION-5B のうち、英語データである 2 B ほどのペアデータを用いています。**図 2.32**

にフィルタリングの効果を示します。ImageNet（IN）、そして画像説明文データセットである COCO および Flickr における画像およびテキストの検索（リトリーバルとも呼ばれます）タスクを用いて評価しています。この表から二つの事実が考察できます。

- CLIP の類似度を用いてデータをフィルタリングすることが必ずしも精度向上につながるとは限らない：列 2 では、CLIP を用いてペアデータの類似度を測り、スコアの低いものをフィルタリングしています。このフィルタリングによって、三つのデータセットすべてで精度が元データの場合と比較して悪化しています。CLIP によって類似度が低いとみなされるペアデータのテキストが、必ずしも画像を正しく記述できていないとは限りません。また、類似度が低いサンプルを除去するということは、学習しやすいサンプルのみから学習を行うという事態を引き起こす可能性があります[*28]。
- データの量が大事であるとは限らない：下流タスクの性質に合わせたデータを用意することが、精度向上をもたらすということが列 1 と列 3–5 との比較で理解できます。この論文で行っているフィルタリングにおいては、説明文の複雑さや、テキスト画像の有無を考慮しているため、COCO や Flickr データセットの説明文と似たデータを重視して学習が行われることが考えられます。論文においては文字データなどに対する評価を行っていないので、推測でしかありませんが、テキスト画像を除去することで、そのようなデータに対する精度は落ちていると考えられます。

■代表的なデータのみを選ぶフィルタリング　Abbas らの論文[106] では、LAION のようなスケールのデータセットの中には意味的に同義なデータが多く含まれているの

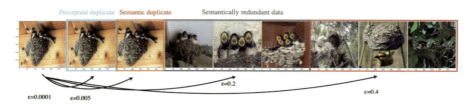

図 2.33｜論文[106] において、左端の画像に対して除去対象になりうる画像の例。見た目の画素値が酷似しているもの以外にも、意味的な情報が似ている画像に対しては、除去対象としてしまってよいのではないかという議論がなされている。Abbas らの論文[106] より引用。

[*28] 論文[105] においては、逆のことが報告されています。CLIP の類似度が低いサンプルを除去することで、モデルの精度が向上することが示されています。どの CLIP モデルを用いてフィルタリングを行うのか、どのデータセットによって評価を行うのか、どのデータセットからフィルタリングを行うのか、さまざまな要因によって結果が変わりうるものだと考えられます。

で、それらをすべて用いて学習するのは効率が悪いのではないかという仮説を立てています。そして、学習データを選別し50％ほどのデータを使うだけでも、精度の悪化を小さく留めることができるということを示しています。テキストデータの質を考慮してデータを選別した上述の手法と異なり、データの多様性に基づいてデータ量を減らす手法による結果は大変興味深いものです。また、データの選別のもとになっている考え方は、**2.6.2節**で議論する能動学習における多様性を元にしたデータの選び方に通じるものがあります。**図2.33**にある画像（左端）に対する除去対象となりうる画像の例を示しています。以下にそれぞれの説明を記します。

1. Perceptual duplicate：人目で見た際に、見た目がほぼ同じであるもの。これらの画像は、画素レベルで見た際にもほぼ同じだと考えられる画像です。LAION-5Bなどのフィルタリングプロセスにおいても、フィルタリングされています。
2. Semantic duplicate：見た目が非常に似通っているが、異なる部分が存在するもの。例えば、同じ物体を異なる視点から撮影した画像などにあたります。
3. Semantically redundant data：見た目は大きく異なるものの、写っている物体のカテゴリなどが同一で、画像に含まれる情報が似ているもの。例えば、2匹の別個体の柴犬が異なる公園で散歩をしている画像を考えます。画像としては大きく異なるものになると考えられますが、意味的には、ほぼ同一のものになることが考えられます。

これらの重複（duplicate）を除去するために、「CLIPを用いて画像間の類似度を計算し、意味が酷似していると考えられるものを除去する」というプロセスによって、データを選別しています。具体的なプロセスについては論文をご覧ください。**図2.34**に示すように、約50％程度までデータを削った場合においても精度の低下は少ないことが分かります。また、70％付近では、データすべてを用いる場合と比較して、精度が上昇していることも見てとれます。また、論文においてはデータ数を減らした場合のほうがモデルの学習スピードが早く、計算効率が良いことも報告されています[29]。このように大量にデータを収集することができた場合には、データの多様性に配慮した学習データの選び方をすることで、効率よく高い精度のモデルを達成可能だと考えられます。

---

[29] 論文中のFigure 5をご覧ください。

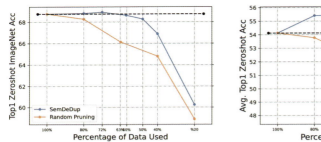
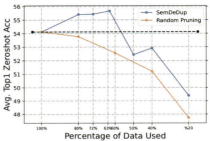

図 2.34 | Abbas らの論文[106] におけるデータ選択の結果。どちらも点線の結果が、すべてのデータを用いて学習した結果。左：ImageNet の zero-shot 識別に対する精度を示している。右：24 の zero-shot 識別に対する精度の平均を示している。Abbas らの論文[106] より引用。

2.5.2 BLIP

　CLIP は、テキストを用いて画像データを識別したり、画像を検索したりすることに使われるモデルである一方で、ここで紹介する BLIP[107] は、画像から自然言語を生成するモデルになっています。CLIP の場合も何らかのテキストデータの候補に対して、画像を用いて検索を行うことで、画像にテキストを付与することは可能ですが、BLIP はテキスト生成モデルを用いることによって、画像とモデルのみから、画像に対応するテキストを生成することが可能です。BLIP で着目しているのは Web 上から集めた画像と説明文のペアを、どうやって画像説明文生成モデルの学習に活かすのかという点です。CLIP の学習においても、Web 上から大量に収集した説明文のノイズについて触れましたが、説明文を生成する際にも、データの質を向上させる必要があると考えられます。BLIP は、人手でアノテーションした画像説明文データセットと、Web から収集した画像説明文データをうまく組み合わせてデータセットを作成しています。BLIP モデルの学習は ALBLEF[108] に基づいています。本章では説明文生成モジュールについて深く説明はしませんが、(i) 画像特徴量を画像エンコーダを用いて抽出する、(ii) 画像特徴量を元に、テキストを言語デコーダを用いて出力するという流れになっています。言語の生成モデルに関する詳細は、**3 章**および **4 章**をご覧ください。ここでは、学習データの作り方に着目しながら BLIP を見ていきます。

■**学習データの作り方**　図 2.35 に学習データ作成のパイプラインを示します。このパイプラインでは、Web から収集された画像と説明文ペアの中から、画像との一致度が高い説明文を選ぶことと、Web 画像に対して一致度の高い説明文を生成し新たなペアデータを作ることを目的としています。以下にパイプラインの詳細を示します。

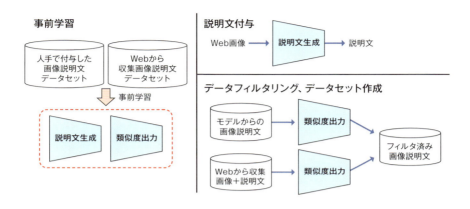

図 2.35 | BLIP における学習データ作成パイプラインの概要

1. 事前学習：人手で作成した画像説明文データセットと、Web からクロールした画像説明文データセットを用いて、(i) 説明文生成モデルと、(ii) 画像と説明文のペアから画像と説明文のマッチング度を出力するモデルの二つを学習します。
2. 説明文付与：学習された生成モデルを用いて、Web 画像に対して、説明文を付与します。
3. データフィルタリング：2. で作られた画像説明文データと Web から収集された画像説明文データのそれぞれのペアデータに対して、1. で学習されたマッチング度出力モデルを用いて、マッチングしていると出力されたペアのみをピックアップし、人手でアノテーションされたデータセットとともに学習データとします。

このようにして、多様な説明文を得るとともに、ある程度正確な記述を行っている説明文のみをピックアップするパイプラインとなっています。

■**データ作成プロセスの効果**　表 2.5 に、上記のデータ作成プロセスを評価した結果を示します。表に示しているのは、人手でアノテーションしてある説明文データセットと、Web から収集した説明文データセット、合計 14 M ほどを使用した場合の評価です。また、評価は COCO を用いて行っていますが、モデルを COCO に対してファインチューニングしています。1 行目には、事前学習のみを行った結果を示しているので、これがベースラインになります。結果から分かるように、学習されたモデルを用いて説明文を付与する操作と、説明文をフィルタリングする操作は、それぞれで精度

説明文付与	フィルタリング	検索精度		説明文生成	
		TR@1	IR@1	B@4	CIDEr
		78.4	60.7	38.0	127.8
✓		79.7	62.0	38.4	128.9
	✓	79.1	61.5	38.1	128.2
✓	✓	80.6	63.1	38.6	129.7

表 2.5 | BLIP におけるモデルベースの説明文付与と、ペアデータのフィルタリング効果。COCO データセットで評価を行っている。論文[107] をもとに筆者作成。

を向上させる効果があり、さらに二つを組み合わせることによって精度が向上していることが分かります。

2.5.3　Data-centric な VL データの評価とデータの安全性

　ここまでは、大量のテキストと画像データから学習した、CLIP のような VLM がさまざまなタスクに対して高い精度を示すことや、データをモデルベースで拡張したり、フィルタリングしたりすることの重要さを議論しました。これらの試みにおいて一つの問題として挙げられるのは、学習するモデルの構造や、学習時のハイパーパラメータ、評価タスクによってモデルの挙動が変わりうるということです。どのデータが良いのかを議論するうえで、論文によって得られる結果が異なる可能性もあります。また、大量にデータを収集して学習を行ううえで問題になるのが、データの安全性です。大量にデータを収集すると、収集されたデータの中には、攻撃的なコンテンツや、人のプライバシーを侵害するようなコンテンツが含まれる可能性があります。大量のデータ 1 枚 1 枚を人手でチェックするのは非常に難しく、何らかの対策が必要になります。DATACOMP コンペティション[105] においては、「どのようなデータを用意すれば、もっとも精度の高い CLIP モデルを学習できるのか」という Data-centric な視点からのデータ評価を行い、またデータの安全性に考慮したデータ収集についても言及をしているので、具体的な試みについて紹介したいと思います。

■学習に最適なデータ選択の評価パイプライン　この試みでは、モデルの構造や学習時のハイパーパラメータや計算量を固定したうえで最適な学習データを選ぶ戦略を探ろうとしています。**図 2.36** に評価プロセスの概要を示します。以下のようなプロセスです。

1. スケール選択：**表 2.6** に示すように、許容される計算量の異なる 4 段階のスケールを用意しています。モデルサイズに応じてデータサイズなどを変えることで、スケーリング則を考慮した設定になっています。

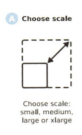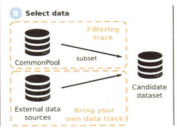

図 2.36 | DATACOMP[105] における評価の枠組み。Gadre らの論文[105] より引用。

Scale	Model	Train compute (MACs)	Pool size and # samples seen
small	ViT-B/32	9.5×10^{16}	12.8 M
medium	ViT-B/32	9.5×10^{17}	128 M
large	ViT-B/16	2.6×10^{19}	1.28 B
xlarge	ViT-L/14	1.1×10^{21}	12.8 B

表 2.6 | DATACOMP における実験設定。4 段階のスケールを用意し、使用可能なモデルサイズや、学習に用いる計算量などを設定している。

2. データの選択：DATACOMP[105] によって構成された CommonPool*30（または、参加者自身で用意したデータ）からデータを選択します。
3. モデルの学習：固定されたモデルの構造、学習ハイパーパラメータをもとにモデルを選ばれたデータに対して学習します。
4. モデルの評価：モデルを 38 の zero-shot タスクに対して評価します。

このようなパイプラインを組むことによって、データ以外に精度を変化させる要素を除去し、統一的に学習されたモデルの評価が可能になります。

■安全性を考慮したデータ収集　DATACOMP で提供しているデータセット（CommonPool）を作成するうえでは、安全性に配慮したデータ収集プロセスがとられています。使用上安全でないコンテンツのことを、NSFW（not safe for work）と呼ぶこともありますが、そのようなコンテンツをできるだけ排除するようなデータ収集は、一般的なデータ収集を行なううえでも非常に大切です。以下に具体的な前処理を述べます。

---

*30　この CommonPool は、LAION-5B などと同様に Common Crawl からデータをダウンロードすることによって収集されています。

1. ライセンスの考慮：CC-BY-4.0 のライセンスが付与された画像とテキストのみを収集対象としています。Web 上のコンテンツには、第三者が使用するうえでの制約を記したライセンスが付与されていることがあります。CC-BY-4.0 は第三者に自由な流用を許しており、コンテンツを加工してメディアに公開することを、商用利用においても許可しています。ライセンスによっては、加工を一切許可していない場合や商用利用を禁止している場合もあります。

2. モデルベースでのフィルタリング：テキストデータに含まれる攻撃的、性的なコンテンツを除去するために、Detoxify[109] を用いたフィルタリングを行っています。また、画像データに含まれる安全でないコンテンツを除去するために、LAION-5B[103] に含まれている NSFW データを用いて、画像識別器を学習させることで、フィルタリングを行う識別器を構築しています。*31

3. 顔検出による顔のぼかし：ライセンス上は問題ないとしても、人の顔が映り込んでいる画像をそのまま使用するのはプライバシー保護の観点から、好ましくありません。顔検出器[110] を用いて、画像内の顔を検出し、ぼかしを入れるという操作を行っています。顔をぼかすことで、モデルの精度が低下することも考えられますが、精度の低下は非常に小さいという報告があります[111]。

■ **LAION を巡る問題**　LAION*32は Web ページ上でプライバシー保護の観点について言及しています。そこでは、画像や URL 内に個人の画像が写っていることが確認でき本人からの申請がある場合には、削除を行うというポリシーを定めているようです。しかしながら、自分が Web 上にアップロードした画像を LAION がデータセットに含めていた場合、LAION 側が削除申請に応じてくれるとは限らないようです。報告されている事例[112] においては、ある写真家が LAION に彼のポートフォリオに乗せている画像が含まれているのを発見し、LAION に対して申し立てを行ったところ、正当な著作権に関する申し立てではないとして、逆に 979 ドルを請求されたということです。申し立てを行った写真家の言い分が本当に正当なものだったのかを判断するのは難しいですが、公開されているデータが画像生成 AI などに使われる可能性も考えると、芸術家たちにとっては死活問題でもあります。また、Stanford 大学から発表されたレポート[113] によると、LAION-5B データセットには、児童性的虐待に関すると考えるコンテンツが 3,226 枚含まれていたそうです。LAION-5B を構成する際には、攻撃的、性的なコンテンツを除去するプロセスが組み込まれているはずですが、モデルベースの除去プロセスには限界があり、すべての不適切な画像を除去するには至らないと考えられます。上述の DATACOMP においても、不適切なコンテンツを除去する

---

*31　Google Vision API の判定結果を用いて、識別器の検定を行っているようです。https://cloud.google.com/vision/docs/detecting-safe-search

*32　https://laion.ai/faq/

プロセスが多段に組み込まれていますが、大量のデータから、NSFW なコンテンツすべてを完璧に除去するのは難しいでしょう。

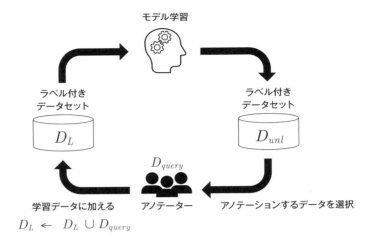

図 2.37 | Active Learning の流れの概要図。最初に少量ラベル付けされたデータセットが与えられ、モデルを学習する。学習されたモデルと、データ選択アルゴリズムから、ラベルなしデータセットからアノテーションすべきデータを選択し、アノテーションを行う。

2.6 能動学習

能動学習（Active Learning）とは、モデルの精度を維持しながらもアノテーションコストを減らす方法論のことです。機械学習においては、収集された画像などのデータに対してタスクに応じて教師情報を付与し、入力データと教師情報のペアを学習に使用します。収集されたデータの中で、一部のデータのみに対してアノテーションを行うことを決定した際に、どのデータを選べば最良な精度を得られるのか、といったことを考慮するのが、能動学習になります。**2.5 節**において VLM 学習データの選び方についての方法を紹介しましたが、これらの手法は下流タスクが決まっている場合の選び方というよりは、事前学習におけるデータの選び方という側面が強いものでした。一般的な能動学習は、特定の下流タスクを意識したものがほとんどです。

図 2.37 に示すように、ラベル付きデータセットを逐次的に増やしながらアップデートを行うのが、能動学習の流れです。少量のアノテーション付きデータ D_L と、大量のアノテーションなしデータ D_{unl} が与えられている際に、まず最初に D_L を用いてモデルを学習します。そして、D_{unl} から、アノテーションすべきサンプルの集合

D_{query} を選びます。そして、D_{query} をアノテーションしたのち、D_L に加え、再びモデルを学習させるというのが一連の流れです。このとき、どうやって D_{query} を選ぶのかが、アノテーションコストを減らすうえでの鍵になります。本節においては、技術的な詳細よりも、背後にある考え方に注意しながら議論を行います。

では、一体どのようなデータを選ぶべきなのでしょうか。一般的には、選択すべきデータは、**モデルに依存する**と考えられています。例えば、画像認識においては、モデルのデザインや事前学習の方法によって、どんな特徴を学習しやすくなるか、どんな特徴をすでに抽出可能なのかが異なると考えられます。よって、あるモデルの精度を大きく向上させる教師データが、他のモデルに対しても同様の効果を持つのかは分かりません。そこで、能動学習のフレームワークにおいては、D_{unl} のデータをモデルに入力し、得られる特徴量や、モデルの予測などを考慮して、どのサンプルにアノテーションするのかを決定するのが、一般的なアプローチになります。その際に用いられる代表的な考え方が、予測の不確かさ（Uncertainty）と、データの多様性（Diversity）です。それぞれの考え方の概要を図 2.38 に示します。予測の不確かさを考慮する場合には、基本的には学習された識別面に近い場所にあるサンプルを新たなラベル付候補点として選ぶ形になります。データの多様性を考慮する場合には、ラベル付けされた点によって、データの分布全体をできるだけ網羅するように選ぶ形になります。それぞれの考え方の詳細について見ていきましょう。

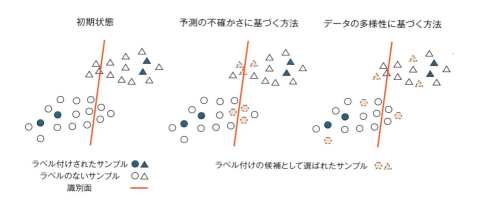

図 2.38 | ラベル付け候補点を選ぶうえでの手法の比較。左：既存のラベル付サンプルのみでモデルを学習した状態。中央：予測の不確かさに基づくデータの選び方。右：データの多様性に基づくデータの選び方。

2.6.1　予測の不確かさに基づく考え方

上述したように、代表的な考え方の一つが、モデルの出力が不確かなサンプルに対

して、アノテーションを行おうというものです。これは、予測が不確かなサンプルほど、間違いが多いという事実に基づいています。例えば、**図 2.38** に示すように、識別モデルを学習した際にモデルが誤って識別するサンプルは、識別面の近くに集まる傾向があります。こういったサンプルを学習に用いてあげて、よりロバストな識別面を作ってあげるようにするのが、予測の不確かさに基づく能動学習の考え方です。不確かさを測るには、入力 x に対するモデルの識別結果 $p(y = c|x)$[*33]、を用いるのが一般的です。以下に代表的な尺度をリストアップします。

- エントロピー：$-\sum_c p(y = c|x) \log p(y = c|x)$ で表記されます。$p(y = c|x)$ が x が c である確率が高いと判断されると、この値は小さくなるので、モデルの出力の不確かさを示しています。
- 最大確率：$1 - \max_c p(y = c|x)$ で表記されます。エントロピーと同様に直感的には、モデルがどれだけサンプル x の予測に対して自信があるのかを示す指標になります。エントロピーと合わせて、これら二つは多くの論文でベースラインとされるものです。
- BALD：モデルのパラメータを θ、学習データを D_{train} として表したとき、$\mathbb{I}[y, \theta|x, D_{train}] = \mathbb{H}[y|x, D_{train}] - \mathbb{E}_{p(\theta|D_{train})}[\mathbb{H}[y|x, \theta]]$ で表記されます。これは、予測とモデルの事後確率間の相互情報量を測ったもので、二つの出力のエントロピーの差分として表されています。D_{train} を用いて、複数モデルを学習したと考えてください。$\mathbb{H}[y|x, D_{train}]$ は学習された複数モデルの出力を平均したものに対するエントロピーを示し、$\mathbb{E}_{p(\theta|D_{train})}[\mathbb{H}[y|x, \theta]]$ はそれぞれの出力に対するエントロピーの期待値を示します。$\mathbb{H}[y|x, D_{train}]$ が大きく、$\mathbb{E}_{p(\theta|D_{train})}[\mathbb{H}[y|x, \theta]]$ 小さい場合に $\mathbb{I}[y, \theta|x, D_{train}]$ は大きくなりますが、平均的には、エントロピーが大きいけれども、各モデルを見るとエントロピーが小さいものが存在するような場合に、BALD の値は大きくなります。BALD は、出力の分散を測っていると考えることもできます。詳しくは Houlsby らの論文[114] や Gal らの論文[115] をご覧ください。

■ **Bayesian Active Learning** 上記のような不確かさは、深層学習モデルから得られますが、そもそも一般的な深層学習モデルは不確かさを測るのが得意ではない、というモチベーションから、Gal ら[115] によって Bayesian Active Learning が提案されました。具体的には、推論時に Dropout をランダムに適応することで[*34]、一つのサンプルに対して複数の予測結果を得ます。その結果を平均したものを使って上記のようなメトリックを計算します。確率的にモデルのパラメータを変化させながら、複数回の

[*33] 深層学習モデルにおいては、softmax 層の出力になります。

[*34] 学習時にも、Dropout を適用します。

086　第 2 章　画像データ

推論結果を統合しているので、より正確に不確かさを計算できると考えられ、実際に能動学習の実験において、精度の向上が観測されています[*35]。

■ **Aleatoric Uncertainty** と **Epistemic Uncertainty**　Aleatoric Uncertainty とは、Data Uncertainty とも呼ばれ、環境によってランダムに生じるものと定義されています。例えば、非常に大きなノイズが画像に加えられている場合の画像識別や、ある物体が他の物体と大きく重なっている場合における物体検出などにおいては、この Aleatoric Uncertainty によって予測が不確かになることが考えられます。一方で、Epistemic Uncertainty は Model Uncertainty とも呼ばれ、モデルがある種のデータに対して十分に学習されていないことによって起こる不確かさになります。例えば、犬と猫の識別モデルを学習する際に、「柴犬」のデータが学習データに含まれていなかったため、「柴犬」に対する予測が不確かになるようなケースが考えられます[*36]。上述の論文[115] において指摘されているのは、推論が決定的なモデルは、Epistemic Uncertainty をうまく捉えることができない一方で、Dropout を用いて推論を確率的にすることで、モデルに由来の予測の不確かさをうまく捉えることができるという点です。モデルの挙動を観察する際にも、どのようなケースに対して識別が失敗するのかを観察するのは、学習データに追加すべきデータを選定するうえで非常に重要であると考えられます。

2.6.2　多様性に基づく考え方

Uncertainty の高いサンプルに対してアノテーションを行う方法の欠点として、アノテーションされるデータ間の関係を考慮しないので、アノテーションされるサンプルに偏りが生じる可能性があります。極端な例としては、2 クラス識別のタスクにおいて、一方のクラスのみに対してアノテーションサンプルを追加するということ場合も考えられます。そこで、できるだけ多様なデータに対してアノテーションを行う手法が多く提案されています。画像認識モデルに対して提案されている代表的な手法として、Core-set に基づく能動学習[117] があります。

■ **Core-set**　Core-set とは、データセットの核になるような代表的なサンプル群という意味で、この論文ではそういったサンプルを選択する方法を提案しています。**図 2.39** のように、サンプルされたデータ点を中心とする半径 δ の球が、データセット全体をカバーしていればよいという考え方のもとで、データ選択のアルゴリズムが設計され

[*35]　詳しくは、Gal らの論文[115] の Figure2 をご覧ください。BALD などの尺度に対する効果が示されています。

[*36]　Aleatoric Uncertainty と Epistemic Uncertainty の例については、文献[116] の Figure 1 などをご覧ください。

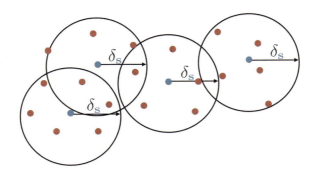

図 2.39 | Core-set に基づく能動学習の考え方[117]。データセットを代表するような点を選ぶことによって、精度を担保しようというのが Core-set の考え方。代表点を選んだ際に、代表点を中心として、半径 δ の円がデータ全体をカバーしていればよいという考えのもとで、代表点が選択されている。Sener らの論文[117] より引用。

ています。k-means などのクラスタリングを組み合わせながら代表的なデータ点が選定されており、選択するデータ点の集合を一気に選ぶのではなく、1 点 1 点を選択するアルゴリズムが提案されています。詳細は Sener らの論文[117] をご覧ください。また、この手法は、上述の不確かさに基づく手法と異なり、モデルの予測結果ではなく、特徴量に対してメトリックを計算するので、ラベル付けされたデータのプールを必要としないというメリットがあります。図 2.40 に示すように、Bayesian Active Learning に基づく手法（DBAL）のようなベースラインを大きく上回る精度を出しているのが分かります。

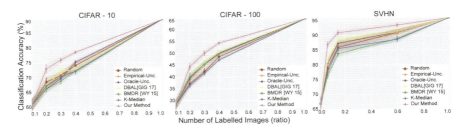

図 2.40 | Core-set によるアプローチによる実験結果[117]。Sener らの論文[117] より引用。

2.6.3　予測の不確かさとデータの多様性両方に基づく考え方

　ここまでは、予測の不確かさと、データの多様性に基づく、サンプルの選び方について解説してきましたが、一体どちらの選び方がより効率の良い方法なのでしょうか。問題設定によるというのが、一つの答えだと筆者は考えています。例えば、最初

に与えられるラベル付きデータが非常に小さい場合、データの多様性を考慮しながら
サンプルを選ぶ方法がより良い選び方だと考えられます。一方で、ある程度の量のラ
ベル付きデータが与えられている場合には、モデルにとって判別が難しいサンプルに
注目した方が精度が上がりやすい場合があるはずなので、モデルの出力を考慮した不
確かさに基づく方法が威力を発揮することが考えられます。能動学習に関する論文に
おいては、それぞれの手法がうまく働くような問題設定やモデルが選定されることが
あるので、それぞれの傾向が読み取りにくいことがあります。本節では、二つの考え
た方を統合したアプローチについて解説していきます。

■ **BADGE**　Ash らの論文[118] では、予測の不確かさとデータの多様性の両方を担保す
るために、勾配を特徴量とみなしてデータ点を選ぶ手法を提案しています。具体的に
は、ラベル付けされていないサンプル x に対して、以下のように勾配を計算します。

$$g_x = \frac{\partial}{\partial \theta_{out}} l_{CE}(f(x;\theta), \hat{y}(x)) \tag{2.10}$$

ここで、$f(x;\theta) \in R^K$ はモデルの識別出力（K クラスの識別と仮定します）、$\hat{y}(x)$ は
$f(x;\theta)$ から得られる予測ラベル（もっとも出力の大きなクラスに対する疑似ラベルで
す）、l_{CE} はクラス識別の損失関数にあたります。$p_i = f(x;\theta)_i$ を softmax 層を用いた
クラス識別を行う際のクラス i に対する出力だと定義します。また、$z(x;\theta)$ を識別層
に入力する前の特徴だとすると、この勾配は以下のように書き換えることができます。

$$g_x = (p_{\hat{y}(x)} - 1) z(x;\theta). \tag{2.11}$$

$p_{\hat{y}(x)}$ は予測に対する確信度が高ければ、大きくなります。つまり、この勾配はサン
プルの持つ特徴と、予測に対する確信度両方に関する情報を持った特徴量だとみなす
ことができます。この特徴量に対して、まんべんなくサンプルを選んであげれば、多
様性と予測の不確かさ両方を考慮したサンプルの選択ができるというのが、この論文
での重要なアイデアです。仮に、予測の不確かさと多様性両方をナイーブに組み合
わせると、予測の不確かさと多様性を表す値のどちらを重視するのかを決定するた
めのハイパーパラメータが発生すると考えられますが、この手法では、そういった
ハイパーパラメータが発生しないのも好ましい点です。サンプルを選択する際には、
k-means++[119] を用いて、得られた特徴量群のセントロイド*37に相当するサンプル
を選んでアノテーションしています。実験においては、Core-set や、Entropy を用い
た手法よりもロバストに高い精度を示しています。

■ **Cluster-Margin**　上述した手法では、予測の不確かさを特徴量に組み込み、多様な

---

*37　ある群の中心を表すサンプルや特徴量という意味です。例えば、ある群の特徴量の平均を用いてセ
ントロイドと呼ぶ場合があります。

サンプルを選択しているので、予測が確かだと考えられるサンプルもアノテーションされる可能性があります。一方で、Citovsky らの論文[120] では、予測が不確かだと考えられるサンプルのみをまず選んだうえで、多様性を考慮したサンプルの選択をクラスタリングを用いて実行します。この手法はアノテーションを行うサンプル群の大きさが巨大である場合を想定しており、CoreSet や BADGE の手法と比較して計算量を大幅に抑えるような工夫を施しています。サンプル数が多い際の問題としては、クラスタリングに費やす計算量の肥大化がありますが、Cluster-Margin は、計算量を小さくできるクラスタリング手法を実行しています。また、CoreSet や BADGE においては、アノテーションを行うフェーズごとに、クラスタリングを行っていましたが、Cluster-Margin では、初めてアノテーションを行う際のみクラスタリングを行うことで、大幅に計算量を落としています。

■**どの手法が有効なのか**　能動学習論文においては、各論文で独自のモデルの学習方法や構造などのハイパーパラメータを用いている場合もあり、どの手法が本当に良い手法なのかを見極めるのは、単体の論文からでは難しいものがあります。Zhan らの論文[121] では、ハイパーパラメータを揃えた状態で手法を評価しており、次のような知見を得ています。

1. 予測の不確かさに基づく手法は、データセットによっては、ランダムにデータを選んだ場合より低い精度を示す場合がある
2. 多様性に基づく手法は、予測の不確かさを考慮する手法と比較して改善を見せることが少ない。多様性に基づく手法は、データを選ぶ際に、良い特徴量が得られることを前提としているからではないか。k-means などのクラスタリングを実行するコストも考慮するとメリットの大きい手法とは言えない
3. 二つの考え方を組み合わせた手法である BADGE は、多くのケースでランダムにデータを選んだ場合よりも改善を示している

2.7　おわりに

　画像認識においては古くより、「限られたデータから、どうやってモデルを学習をするか」というトピックに関する研究が盛んに行われています。一方で近年では得られるデータ量の増加にともない、「大量に得られるデータから、どうやってモデルの学習に有意なデータを選択するか」というトピックも焦点の一つになっています。本章では、この 2 点を意識しながら、モデル精度を向上させるためにデータをデザインするアプローチについて紹介しました。

データをうまくデザインするには、多くのタスクに共通の要件（データの多様性、スケーリング則など）に加えて、それぞれのタスクにおける要件やモデルの挙動を深く理解する必要があり、データデザインの方法はケース・バイ・ケースだと筆者は考えています。この分野における発展は目覚ましく、さまざまな手法が日々登場していますが、既存のベンチマークにおいて高い精度を示した手法が必ずしも他のタスクに有効であるわけではなく、「どういう条件や前提の元で、この手法は効果を発揮しうるのか」ということを意識しながら、手法を眺めていくとよいのではないかと思います。

参考文献

[1]　Ashish Vaswani et al. "Attention is all you need". In: Advances in neural information processing systems 30 (2017).

[3]　Jia Deng et al. "ImageNet: A large-scale hierarchical image database". In: CVPR. 2009.

[13]　Xiaohua Zhai et al. "Scaling vision transformers". In: arXiv preprint arXiv:2106.04560 (2022).

[32]　菅沼 雅徳. **深層学習による画像認識の基礎**. 2024.

[33]　Tsung-Yi Lin et al. "Microsoft coco: Common objects in context". In: ECCV. Springer. 2014, pp. 740–755.

[34]　Stanislaw Antol et al. "VQA: Visual Question Answering". In: ICCV. 2015.

[35]　Dan Hendrycks and Kevin Gimpel. "Gaussian error linear units (gelus)". In: arXiv preprint arXiv:1606.08415 (2016).

[36]　Kaiming He et al. "Deep residual learning for image recognition". In: CVPR. 2016, pp. 770–778.

[37]　Mingxing Tan and Quoc Le. "Efficientnet: Rethinking model scaling for convolutional neural networks". In: ICML. PMLR. 2019, pp. 6105–6114.

[38]　Zhuang Liu et al. "A convnet for the 2020s". In: CVPR. 2022, pp. 11976–11986.

[39]　Ze Liu et al. "Swin transformer: Hierarchical vision transformer using shifted windows". In: ICCV. 2021, pp. 10012–10022.

[40]　Alexey Dosovitskiy et al. "An image is worth 16x16 words: Transformers for image recognition at scale". In: arXiv preprint arXiv:2010.11929 (2020).

[41]　Md Amirul Islam, Sen Jia, and Neil DB Bruce. "How much position information do convolutional neural networks encode?" In: arXiv preprint arXiv:2001.08248 (2020).

[42]　Ananya B Sai, Akash Kumar Mohankumar, and Mitesh M Khapra. "A survey of evaluation metrics used for NLG systems". In: ACM Computing Surveys (CSUR) 55.2 (2022), pp. 1–39.

[43]　Alec Radford et al. "Learning transferable visual models from natural language supervision". In: ICML. PMLR. 2021, pp. 8748–8763.

[44]　Xiangning Chen, Cho-Jui Hsieh, and Boqing Gong. "When vision transformers outperform resnets without pre-training or strong data augmentations". In: arXiv preprint arXiv:2106.01548 (2021).

[45] Touvron Hugo et al. "Training data-efficient image transformers & distillation through attention". In: ICML. 2021.

[46] Benjamin Recht et al. "Do imagenet classifiers generalize to imagenet?" In: ICML. PMLR. 2019, pp. 5389–5400.

[47] Sangdoo Yun et al. "Cutmix: Regularization strategy to train strong classifiers with localizable features". In: ICCV. 2019, pp. 6023–6032.

[48] Terrance DeVries and Graham W Taylor. "Improved regularization of convolutional neural networks with cutout". In: arXiv preprint arXiv:1708.04552 (2017).

[49] Robert Geirhos et al. "Shortcut learning in deep neural networks". In: Nature Machine Intelligence 2.11 (2020), pp. 665–673.

[50] Hongyi Zhang et al. "mixup: Beyond empirical risk minimization". In: arXiv preprint arXiv:1710.09412 (2017).

[51] Ian J Goodfellow, Jonathon Shlens, and Christian Szegedy. "Explaining and harnessing adversarial examples". In: arXiv preprint arXiv:1412.6572 (2014).

[52] Linjun Zhang et al. "How does mixup help with robustness and generalization?" In: arXiv preprint arXiv:2010.04819 (2020).

[53] Chuan Guo et al. "On calibration of modern neural networks". In: ICML. PMLR. 2017, pp. 1321–1330.

[54] Sunil Thulasidasan et al. "On mixup training: Improved calibration and predictive uncertainty for deep neural networks". In: NeurIPS 32 (2019).

[55] Andrew Ilyas et al. "Adversarial examples are not bugs, they are features". In: NeurIPS 32 (2019).

[56] Tianyuan Zhang and Zhanxing Zhu. "Interpreting adversarially trained convolutional neural networks". In: ICML. PMLR. 2019, pp. 7502–7511.

[57] Ekin D Cubuk et al. "Autoaugment: Learning augmentation strategies from data". In: CVPR. 2019, pp. 113–123.

[58] Alex Krizhevsky, Geoffrey Hinton, et al. "Learning multiple layers of features from tiny images". In: (2009).

[59] Yuval Netzer et al. "Reading digits in natural images with unsupervised feature learning". In: NIPS workshop on deep learning and unsupervised feature learning. Vol. 2011. 2. Granada. 2011, p. 4.

[60] Ekin D Cubuk et al. "Randaugment: Practical automated data augmentation with a reduced search space". In: CVPRW. 2020, pp. 702–703.

[61] Dan Hendrycks and Thomas Dietterich. "Benchmarking neural network robustness to common corruptions and perturbations". In: arXiv preprint arXiv:1903.12261 (2019).

[62] Rohan Taori et al. "Measuring robustness to natural distribution shifts in image classification". In: NeurIPS 33 (2020), pp. 18583–18599.

[63] Andrei Barbu et al. "Objectnet: A large-scale bias-controlled dataset for pushing the limits of object recognition models". In: NeurIPS 32 (2019).

[64] Dan Hendrycks et al. "Augmix: A simple data processing method to improve robustness and uncertainty". In: arXiv preprint arXiv:1912.02781 (2019).

[65] Alexey Dosovitskiy et al. "CARLA: An open urban driving simulator". In: Conference on robot learning. PMLR. 2017, pp. 1–16.

[66] German Ros et al. "The synthia dataset: A large collection of synthetic images for semantic segmentation of urban scenes". In: CVPR. 2016, pp. 3234–3243.

[67] Stephan R Richter et al. "Playing for data: Ground truth from computer games". In: ECCV. Springer. 2016, pp. 102–118.

[68] Marius Cordts et al. "The cityscapes dataset for semantic urban scene understanding". In: CVPR. 2016, pp. 3213–3223.

[69] Andreas Geiger, Philip Lenz, and Raquel Urtasun. "Are we ready for Autonomous Driving? The KITTI Vision Benchmark Suite". In: CVPR. 2012.

[70] Carl Doersch and Andrew Zisserman. "Sim2real transfer learning for 3d human pose estimation: motion to the rescue". In: NeurIPS 32 (2019).

[71] Judy Hoffman et al. "Fcns in the wild: Pixel-level adversarial and constraint-based adaptation". In: arXiv preprint arXiv:1612.02649 (2016).

[72] Xingchao Peng et al. "Visda: The visual domain adaptation challenge". In: arXiv preprint arXiv:1710.06924 (2017).

[73] Jun-Yan Zhu et al. "Unpaired image-to-image translation using cycle-consistent adversarial networks". In: ICCV. 2017, pp. 2223–2232.

[74] Josh Tobin et al. "Domain randomization for transferring deep neural networks from simulation to the real world". In: 2017 IEEE/RSJ international conference on intelligent robots and systems (IROS). IEEE. 2017, pp. 23–30.

[75] Hirokatsu Kataoka et al. "Pre-training without Natural Images". In: Asian Conference on Computer Vision (ACCV). 2020.

[76] Chun-Liang Li et al. "Cutpaste: Self-supervised learning for anomaly detection and localization". In: CVPR. 2021, pp. 9664–9674.

[77] Yen-Chi Chen. "A tutorial on kernel density estimation and recent advances". In: Biostatistics & Epidemiology 1.1 (2017), pp. 161–187.

[78] Ramprasaath R Selvaraju et al. "Grad-cam: Visual explanations from deep networks via gradient-based localization". In: ICCV. 2017, pp. 618–626.

[79] Golnaz Ghiasi et al. "Simple copy-paste is a strong data augmentation method for instance segmentation". In: CVPR. 2021, pp. 2918–2928.

[80] Ting Chen et al. "A simple framework for contrastive learning of visual representations". In: ICML. PMLR. 2020, pp. 1597–1607.

[81] Kaiming He et al. "Momentum contrast for unsupervised visual representation learning". In: CVPR. 2020, pp. 9729–9738.

[82] Mathilde Caron et al. "Deep clustering for unsupervised learning of visual features". In: ECCV. 2018, pp. 132–149.

[83] Mathilde Caron et al. "Unsupervised learning of visual features by contrasting cluster assignments". In: NeurIPS 33 (2020), pp. 9912–9924.

[84] Yuki Markus Asano, Christian Rupprecht, and Andrea Vedaldi. "Self-labelling via simultaneous clustering and representation learning". In: arXiv preprint arXiv:1911.05371 (2019).

[85] Kaiming He et al. "Masked autoencoders are scalable vision learners". In: CVPR. 2022, pp. 16000–16009.

[86] Jean-Bastien Grill et al. "Bootstrap your own latent-a new approach to self-supervised learning". In: NeurIPS 33 (2020), pp. 21271–21284.

[87] Yonglong Tian et al. "What makes for good views for contrastive learning?" In: NeurIPS 33 (2020), pp. 6827–6839.

[88] Tete Xiao et al. "What should not be contrastive in contrastive learning". In: arXiv preprint arXiv:2008.05659 (2020).

[89] Pascal Vincent et al. "Extracting and composing robust features with denoising autoencoders". In: ICML. 2008, pp. 1096–1103.

[90] Jacob Devlin et al. "Bert: Pre-training of deep bidirectional transformers for language understanding". In: arXiv preprint arXiv:1810.04805 (2018).

[91] Zhenda Xie et al. "On data scaling in masked image modeling". In: CVPR. 2023, pp. 10365–10374.

[92] Priya Goyal et al. "Self-supervised pretraining of visual features in the wild". In: arXiv preprint arXiv:2103.01988 (2021).

[93] Maxime Oquab et al. "Dinov2: Learning robust visual features without supervision". In: arXiv preprint arXiv:2304.07193 (2023).

[94] Bolei Zhou et al. "Places: A 10 million Image Database for Scene Recognition". In: IEEE TPAMI (2017).

[95] I Zeki Yalniz et al. "Billion-scale semi-supervised learning for image classification". In: arXiv preprint arXiv:1905.00546 (2019).

[96] Bart Thomee et al. "The new data and new challenges in multimedia research". In: arXiv preprint arXiv:1503.01817 1.8 (2015).

[97] Kihyuk Sohn et al. "Fixmatch: Simplifying semi-supervised learning with consistency and confidence". In: NeurIPS 33 (2020), pp. 596–608.

[98] Bo Han et al. "Co-teaching: Robust training of deep neural networks with extremely noisy labels". In: NeurIPS 31 (2018).

[99] Yen-Cheng Liu et al. "Unbiased teacher for semi-supervised object detection". In: arXiv preprint arXiv:2102.09480 (2021).

[100] Mengde Xu et al. "End-to-end semi-supervised object detection with soft teacher". In: ICCV. 2021, pp. 3060–3069.

[101] Christoph Schuhmann et al. "Laion-400m: Open dataset of clip-filtered 400 million image-text pairs". In: arXiv preprint arXiv:2111.02114 (2021).

[102] Alex Fang et al. "Data determines distributional robustness in contrastive language image pre-training (clip)". In: ICML. PMLR. 2022, pp. 6216–6234.

[103] Christoph Schuhmann et al. "Laion-5b: An open large-scale dataset for training next generation image-text models". In: NeurIPS 35 (2022), pp. 25278–25294.

[104] Filip Radenovic et al. "Filtering, distillation, and hard negatives for vision-language pre-training". In: CVPR. 2023, pp. 6967–6977.

[105] Samir Yitzhak Gadre et al. "Datacomp: In search of the next generation of multimodal datasets". In: NeurIPS 36 (2024).

[106] Amro Abbas et al. "Semdedup: Data-efficient learning at web-scale through semantic deduplication". In: arXiv preprint arXiv:2303.09540 (2023).

[107] Junnan Li et al. "Blip: Bootstrapping language-image pre-training for unified vision-language understanding and generation". In: ICML. PMLR. 2022, pp. 12888–12900.

[108] Junnan Li et al. "Align before fuse: Vision and language representation learning with momentum distillation". In: NeurIPS 34 (2021), pp. 9694–9705.

[109] Laura Hanu and Unitary team. Detoxify. Github. https://github.com/unitaryai/detoxify. 2020.

[110] Jia Guo et al. "Sample and computation redistribution for efficient face detection". In: arXiv preprint arXiv:2105.04714 (2021).

[111] Kaiyu Yang et al. "A study of face obfuscation in imagenet". In: ICML. PMLR. 2022, pp. 25313–25330.

[112] A Photographer Tried to Get His Photos Removed from an AI Dataset. https://www.vice.com/en/article/pkapb7/a-photographer-tried-to-get-his-photos-removed-from-an-ai-dataset-he-got-an-invoice-instead.

[113] David Thiel. Identifying and Eliminating CSAM in Generative ML Training Data and Models. Tech. rep. Technical report, Stanford University, Palo Alto, CA, 2023., 2023.

[114] Neil Houlsby et al. "Bayesian active learning for classification and preference learning". In: arXiv preprint arXiv:1112.5745 (2011).

[115] Yarin Gal, Riashat Islam, and Zoubin Ghahramani. "Deep bayesian active learning with image data". In: ICML. PMLR. 2017, pp. 1183–1192.

[116] Alex Kendall and Yarin Gal. "What uncertainties do we need in bayesian deep learning for computer vision?" In: NeurIPS 30 (2017).

[117] Ozan Sener and Silvio Savarese. "Active Learning for Convolutional Neural Networks: A Core-Set Approach". In: ICLR. 2018.

[118]   Jordan T Ash et al. "Deep batch active learning by diverse, uncertain gradient lower bounds". In: ICLR. 2020.

[119]   David Arthur and Sergei Vassilvitskii. k-means++: The advantages of careful seeding. Tech. rep. Stanford, 2006.

[120]   Gui Citovsky et al. "Batch active learning at scale". In: NeurIPS 34 (2021), pp. 11933–11944.

[121]   Xueying Zhan et al. "A comparative survey of deep active learning". In: arXiv preprint arXiv:2203.13450 (2022).

第3章 テキストデータの収集と構築

　近年、大規模言語モデル（Large Language Model; LLM）と呼ばれる技術が自然言語処理分野に大きなブレイクスルーをもたらしました。LLM は、極めて少量の学習データでさまざまなタスクを解くことができる[122] ほか、適切なファインチューニングを行うことで、任意のテーマについて人間の意図を汲み取った流暢な応答ができる[123]ことが知られています。近年では日本を含む世界中の組織・企業が活発に LLM の研究開発に取り組んでおり、ChatGPT に代表される LLM をベースとしたアプリケーションは我々の社会に急速に普及しつつあります。このような LLM の普及にともなって、LLM の各種能力がどのように実現されているのかを理解することの重要性が増しています。そこで本章と次章では、LLM の構築に用いられるデータセットの解説を通して、LLM についてより深く知ることを目指します。

　通常、LLM の構築は以下の 2 ステップで行われます。それぞれのステップでは必要となるデータの性質やデータの規模が異なることに注意してください。

- 事前学習：LLM に語彙、文法や常識的な知識などを学習させるための過程
- ファインチューニング：LLM の出力が人間の意図に沿うようにチューニングするための過程

このうち、本章では事前学習のためのデータ（事前学習データ）について解説し、ファインチューニングのためのデータについては **4 章**で取り扱います。本章の概要図を**図 3.1** に示します。まず、LLM の根幹をなす技術である言語モデルについて解説し、次に事前学習データについて議論します。そのあと、事前学習データの収集方法と収集したデータのクリーニングの手続きに加えて、データセットの多言語化のような発展的な話題も紹介します（**図 3.1**）。

3.1　言語モデルの事前学習

　大規模言語モデル（LLM）という名称が表すように、LLM とは言語モデルをパラメータの数・学習データの量の観点で大規模にしたものとみなすことができます。言語モデルとは、与えられた文書の自然言語としての確からしさ（同時確率）を計算するためのモデルであり、長さ T の系列 $x_{1:T} = x_1, \ldots, x_T$ の同時確率 $P(x_{1:T})$ は以下の条件付き確率の積で計算されます。

図 3.1 | 本章の概要図

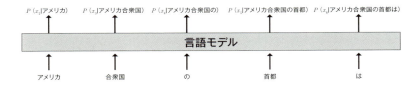

図 3.2 | 次単語予測の概念図

$$P(x_{1:T}) = \prod_{t=1}^{T-1} P(x_{t+1}|x_{1:t}) \tag{3.1}$$

　この計算をニューラルネットワークを用いて行うモデルがニューラル言語モデル[124],[125],[126]であり、ニューラル言語モデルを数十億から数兆パラメータ*1まで大規模化したものが LLM です。LLM の事前学習では、事前学習データを用いて式 3.1 の表す確率の最大化を行うことが目的です。具体的には、事前学習データを入力として、次の単語の予測をできるように学習を繰り返し行います（**図 3.2**）。

　1 章で議論したように、ニューラルネットワークの性能はデータセットの大きさに対して対数比例で向上すること（スケーリング則）が知られています。これは LLM の事前学習においても例外ではありません。現在、ほとんどの LLM は Transformer モデル[1]を用いて作られていますが、Transformer モデルではスケーリング則が成立することが実験的に報告されています（**図 3.3**）[8]。そのため、事前学習データが大規模であるほど、性能の高い LLM の構築が期待できます。一方で、事前学習データ自体の質も重要です。大量のノイズ*2を含むような品質の低い事前学習データを素朴に事前学習に用いてしまうと、LLM の最終的な性能に悪影響を及ぼすだけでなく、LLM の事前

---

*1　これ以降、10 億を表すために B（Billion）表記を用います。また、1 兆を表すために T（Trillion）表記を用います。

*2　ノイズの具体例については **3.3 節**で解説します。

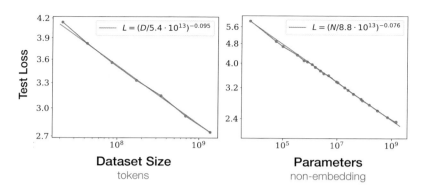

図 3.3 | LLM のパラメータ数と学習に使うトークン数について対数線形で性能（テストデータ上での損失）が向上していくことが報告されている。Kaplan らの論文[8] より引用。

学習が失敗するおそれもあります[*3]。そのため、これ以降の節では、事前学習データにおける量と質の問題に対する取り組みを紹介します。

3.2 事前学習データの収集

LLM の事前学習では、事前学習データを用いて式 3.1 を最大化するような学習を行います。ここで事前学習データとしては、小説、ブログ、新聞や論文といった文書を大量に集めたものが必要です（図 3.4）。集める文書の種類は構築したい LLM に合わせて考える必要があります。例えば、学術的な情報に強い LLM[129] を構築したい場合は、大量の論文データを集める必要があります。また、LLM をプログラミングの補助[130],[131] に用いたい場合はプログラミング言語のデータが必要です。本章では、ChatGPT のような汎用的なテーマに対応する LLM の構築を目的として、さまざまな種類の文書から構成される事前学習データを構築することを考えます。

これ以降、事前学習データの大きさを表現する手段として、データセットに含まれるトークンの総数を用います。トークンとは、自然言語で書かれた文書を処理するために用いる基本的な単位のことです。原則として、LLM はトークン列を入力として受け取り、トークン列を出力として生成します。

ある文書をトークン列に分割する処理のことはトークン化と呼ばれ、さまざまな分割手法が存在します。例えば、"私は LLM が好きです" という文を単語単位に分割すると "私・は・LLM・が・好き・です" となります。また、同じ文を文字単位に分割すると "私・は・L・L・M・が・好・き・で・す" となります。トークン化に用いる分割

---

*3 LLM の事前学習の失敗の典型例として、LLM の損失が学習の途中で発散することが知られています[127],[128]。

- **ブログ**：こんにちわ♪今日は○○県△△市の元祖 AI ラーメン LLM 堂に行ってきました♪こちらは GPU の排熱で …
- **小説**：吾輩は猫である。名前はまだない …
- **論文**：本論文では、事前学習データの品質が LLM の性能に及ぼす影響を確かめるため網羅的な実験を …
- **新聞記事**：本日未明、行方不明となっていた猫の赤ちゃんが発見され …

図 3.4 | 収集対象となる文書の例。慣習的に、事前学習データは 1 行に 1 文書を含むような JSON Lines 形式で利用されることが多いです。

手法としては、単語や文字の他にもサブワード[132],[133] やバイト列[134],[135] などが存在します。本書では、これらの分割方法の詳細について解説はしませんが、本章の内容を理解するうえでは、文は常に単語に近い単位で分割されると考えてもらえれば十分です。

3.2.1 必要な事前学習データの規模

　近年、言語モデルの大規模化にともない、事前学習データの大きさも急速に増大しています。OpenAI による GPT 系列の LLM を例にとると、この傾向が顕著に見られます。最初に公開された GPT[126] では約 1 B トークンのデータ[136]*4 が用いられましたが、後続の GPT-2[137] では約 10 B トークン、GPT-3[122] では約 500 B トークン*5 と、モデルの世代が進むごとにデータ量が飛躍的に増加しています*6。

　さらに最近では 1 T トークンを超えるような事前学習データも登場しています。例えば、RefinedWeb[138] には 5 T トークンが含まれているほか、RedPajama v2[139] の英語部分は約 20 T トークンにも及びます。

　こうした事前学習データの大規模化の背景には、Kaplan らが提唱したスケーリング則があります[8]（**図 3.3**）。スケーリング則によると、Transformer モデルの性能は、モデルのパラメータ数と事前学習データのトークン数に基づき、それぞれ対数線形で向上していくことが示されています。また、スケーリング則を用いることで、学習させたいモデルのパラメータ数に対して最適な事前学習データのトークン数*7 を見積も

---

*4　1 ギガバイトの未圧縮テキストには約 200 M トークンが含まれていると仮定して計算しています。

*5　これはデータセットの総量であり、実際に GPT-3 の学習に使われたのは約 300 B トークンです[122]。

*6　ここで 500 B トークンという規模が膨大な量であることが分かりにくいかもしれません。比較として、英語版 Wikipedia のテキストデータの総量が約 3 B トークンであることを考えると、GPT-3 の学習データは Wikipedia の約 160 倍に相当する大きさだと言えます。

*7　ここでの最適とは、LLM の事前学習に用いる計算資源を固定した際に、LLM の損失を最も小さくできるパラメータ数とトークン数の組み合わせのことです。

100　第 3 章　テキストデータの収集と構築

ることができます。実際に、スケーリング則のもと、175 B パラメータの GPT-3[122] の学習には 300 B トークンが用いられました。その他、同規模の LLM の学習には同様に 300 B トークンを用いるケースが多く報告されました[140],[141]。

Kaplan らの研究に続いて、Hoffmann ら[14] は、言語モデルの事前学習には Kaplan らのスケーリング則よりも多くの学習データが必要であると主張しました。新たに Hoffmann らが提案したスケーリング則（以降、チンチラ則と呼びます）では、Kaplan らのスケーリング則より多くのトークンを学習に用いることが推奨されています。

具体的には、チンチラ則の主な主張は以下の 2 点です。

1. LLM のパラメータ一つに対して 20 トークンを学習に用いるのが最適である
2. モデルのパラメータ数を倍にした場合は、事前学習データのトークン数も倍にするべきである*8

チンチラ則の有効性を示すため、Hoffmann らは 70 B パラメータの LLM を 1.4 T トークンの事前学習データで学習させました。その結果、この LLM はより大きなパラメータのモデル（例：175 B パラメータの GPT-3）を含む既存の LLM の性能を大幅に上回りました。

ただし、スケーリング則やチンチラ則を解釈する際には、以下の 2 点に注意が必要です。

第一に、チンチラ則が示す最適なトークン数で学習させた LLM の損失は、その LLM が事前学習で到達可能な最小の損失ではありません。言い換えると、LLM の事前学習を最適なトークン数を超えて実施しても、LLM の損失は改善し続けます*9。そのため、チンチラ則を超えたトークン数を用いた学習は、LLM の性能向上のための選択肢の一つです。

第二に、スケーリング則やチンチラ則は LLM の学習時の計算効率について論じており、推論時の計算効率（推論効率）は考慮されていません[142]。LLM を実際のサービスやアプリケーションに組み込む場合、LLM の推論速度やハードウェアの要件（例：非力なハードウェア上での動作）なども重要な検討事項となります。そのため、LLM のパラメータ数は小さいほうが望ましいでしょう。したがって、推論効率を考慮する場合、チンチラ則を超えるトークン数での学習が有効となる場合もあります。

以上の 2 点を踏まえて、近年ではチンチラ則の推奨値を大きく上回るトークン数で LLM を学習させる事例が増えてきています[143],[144],[145],[146]。その代表例が、Meta が学習・公開している Llama シリーズ[143],[144],[147] です。

＊8　元々、Kaplan らのスケーリング則では、LLM のパラメータ数を 8 倍にした場合でも、学習に用いるトークン数は 5 倍で済むとされていました。

＊9　一方で、投入する計算資源に対する LLM の損失の改善速度は鈍化していきます。

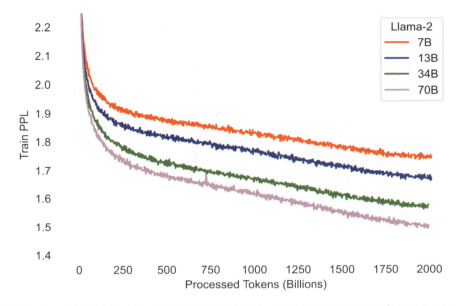

図 3.5 | Llama 2 の学習曲線。縦軸（Train PPL）は事前学習データ上のパープレキシティを表す。それぞれの大きさの LLM について、2,000 B トークン（つまり、2 T トークン）を学習した時点でもパープレキシティが収束していないことが分かる。Touvron らの論文[144] より引用。

Llama 2[144] の各種 LLM（それぞれ 7 B、13 B、70 B パラメータの LLM）はすべて 2 T トークンのデータを用いて学習されています。チンチラ則によれば、70 B パラメータの LLM の推奨トークン数は 1.4 T トークンです。2 T トークンはこの推奨値を大きく上回っており、チンチラ則の観点で最適とは言えません。7 B パラメータや 13 B パラメータの LLM についても同様です。しかし、図 3.5 に示した Llama 2 の学習曲線を見ると、チンチラ則の推奨する最適なトークン数を超えても事前学習データ上のパープレキシティ（Perplexity; PPL）[*10]が改善し続けており、2T トークンを学習した時点でも収束していないことが分かります。また、その後公開された Llama 3 は Llama 2 の 7 倍以上となる 15 T トークンを用いて学習されており、Llama 2 からの大幅な性能向上を達成しています[147]。

3.2.2　データの収集戦略

前節まで、事前学習データを大規模化することの重要度について議論してきました。では、1 T トークンを超えるデータはどのように構築すればよいのでしょうか。

[*10]　この値が低いほど、モデルは与えられたデータをよく予測できることを表します。

102 第 3 章　テキストデータの収集と構築

　現在、大量のテキストデータを獲得するための主な手段は、Web からの収集です。
Web からのデータ収集には以下のようなメリットが存在するためです[148]。

- **収集可能なデータの規模が大きい**：無数の Web ページが存在し、日々増え続け
  ている
- **動的である**：文書が最新の情報へと継続的に更新される
- **複数の言語に対応している**：日本語、英語、ドイツ語やフランス語など多様な言
  語の Web ページが存在する
- **多様な種類の文書を含んでいる**：百科事典、学術論文、新聞記事、ブログ、プロ
  グラミング、チャットなどさまざまな種類の文書が含まれている

　Web から収集されたデータセットの代表例として、Common Crawl[*11]が挙げられ
ます。ここでは、データセットと同名の非営利団体が、専用のクローラで Web ペー
ジを大規模に自動収集し、収集したデータをダンプデータとして定期的に公開してい
ます。各ダンプデータは利用規約[*12]の範囲内であれば誰でも自由にダウンロード・利
用可能であることが大きな特徴です[*13]。また、英語や日本語などのさまざまな言語
のテキストデータが含まれており、全体の約 5 ％程度が日本語の文書と推定されてい
ます[*14]。

　Common Crawl において、それぞれのダンプデータは以下の形式で提供されてお
り、ユーザーは用途に応じて選択できます（**図 3.6**）。

- **WARC**：Web ページをアーカイブしたもので、生データに相当します。ダンプ
  データ一つが約 90 テラバイトを占めます。
- **WET**：WARC から本文に相当するデータを自動で抽出したものです。ダンプデー
  タ一つが約 20 テラバイトを占めます。
- **WAT**：WARC から URL などのメタデータを抽出したものです。ダンプデータ一つ
  が約 10 テラバイト弱を占めます。

このうち、事前学習データの構築にあたっては、WARC か WET のどちらかが利用さ
れます。

　近年、LLM の事前学習データ構築のために Common Crawl を加工する取り組みが活
発に行われています。現在では、ほとんどすべての LLM が Common Crawl に由来する事
前学習データを用いて学習されていると言ってよいでしょう。一連の事前学習データの
中には公開されているものも多く、代表的な例としては Multilingual C4 (mC4)[150],[151]、

＊11　https://commoncrawl.org/
＊12　https://commoncrawl.org/terms-of-use
＊13　ダンプデータは圧縮された状態で AWS S3 の US-East-1 リージョンにて提供されています。
＊14　https://commoncrawl.github.io/cc-crawl-statistics/plots/languages

Common Crawl February/March 2024 Crawl Archive (CC-MAIN-2024-10)

The February/March 2024 crawl archive contains 3.16 billion pages, see the announcement for details.

Data Size and File Listings

Data Type	File List	#Files	Total Size Compressed (TiB)
Segments	segment.paths.gz	100	
WARC	warc.paths.gz	90000	90.36
WAT	wat.paths.gz	90000	20.97
WET	wet.paths.gz	90000	8.40
Robots.txt files	robotstxt.paths.gz	90000	0.16
Non-200 responses	non200responses.paths.gz	90000	3.38
URL index files	cc-index.paths.gz	302	0.23
Columnar URL index files	cc-index-table.paths.gz	900	0.27

図 3.6 | 各ダンプデータは WARC・WAT・WET 形式で定期的に公開されている。Common Crawl の Web サイト[149] より引用。

OSCAR[152]、RedPajama[139] などが知られています[150],[152],[153],[139],[138],[154]。特に mC4 や OSCAR には複数の言語が含まれており、日本語のデータも利用可能です。また国内では、LLM 勉強会（LLM-jp）が日本語の事前学習データを公開しています[*15]。先述したとおり、Common Crawl のダンプデータは巨大であるため、その加工には、データを保存しておくための記憶容量と、保存したデータを処理するための計算資源が大量に必要です。そのため、事前学習データとして Common Crawl を活用する場合には、Common Crawl をいちから加工する代わりに、Common Crawl を加工した既存のデータセットを使うことを強くおすすめします。

Common Crawl を補完するアプローチとして、特定の種類のデータを集中的に獲得する戦略も考えられます。例えば既存の事前学習データである Pile[155] の構築過程では、Common Crawl に加えてさまざまな Web ページからクローリングを実施しています。具体的には、学術論文（arXiv）、映画の字幕（OpenSubtitiles）、電子書籍（Smashwords）やプログラミング言語のコード（GitHub）などが収集されています。一方で、Common Crawl と比較して、獲得できるデータの大きさは限られることや、獲得したデータが Common Crawl と重複する可能性には注意が必要です。事前学習データ中で重複するデータに関する詳細な議論は **3.4 節**で行います。

3.2.3　HTML からの本文抽出

Web から獲得したデータは HTML 形式の場合が多く、そのままでは LLM の事前学

---

*15 https://gitlab.llm-jp.nii.ac.jp/datasets/llm-jp-corpus-v2/

HTML形式

<p><b>大規模言語モデル</b>（だいきぼげんごモデル、<a href="/wiki/%E8%8B%B1%E8%AA%9E" title="英語">英</a>: <span lang="en">large language model</span>、<b>LLM</b>）は、多数のパラメータ（数千万から数十億）を持つ<a href="/wiki/%E3%83%8B%E3%83%A5%E3%83%BC%E3%83%A9%E3%83%AB%E3%83%8D%E3%83%83%E3%83%88%E3%83%AF%E3%83%BC%E3%82%AF" title="ニューラルネットワーク">人工ニューラルネットワーク</a>で構成されるコンピュータ<a href="/wiki/%E8%A8%80%E8%AA%9E%E3%83%A2%E3%83%87%E3%83%AB" title="言語モデル">言語モデル</a>で、膨大なラベルなしテキストを使用して<a href="/wiki/%E8%87%AA%E5%B7%B1%E6%95%99%E5%B8%AB%E3%81%82%E3%82%8A%E5%AD%A6%E7%BF%92" title="自己教師あり学習">自己教師あり学習</a>または<span title="リンク先の項目はまだありません。新規の執筆や他言語版からの翻訳が望まれます。"><a href="/w/index.php?title=%E5%8D%8A%E6%95%99%E5%B8%AB%E3%81%82%E3%82%8A%E5%AD%A6%E7%BF%92&action=edit&redlink=1" class="new" title="「半教師あり学習」（存在しないページ）">半教師あり学習</a><span style="font-size: 0.77em; font-weight: normal;" class="noprint">（<a href="https://en.wikipedia.org/wiki/Semi-supervised_learning" class="extiw" title="en:Semi-supervised learning">英語版</a>）</span></span>によって訓練が行われる^{<a href="#cite_note-:1-1">[1]</a>}。</p>

本文のみ

大規模言語モデル（だいきぼげんごモデル、英: large language model、LLM）は、多数のパラメータ（数千万から数十億）を持つ人工ニューラルネットワークで構成されるコンピュータ言語モデルで、膨大なラベルなしテキストを使用して自己教師あり学習または半教師あり学習（英語版）によって訓練が行われる[1]。

図 3.7 ｜ HTML 形式のデータには大量の HTML タグやメタデータが含まれていることが分かる。LLM の事前学習データを構築するためには、このデータから本文を適切に抽出する必要がある。Wikipedia の「大規模言語モデル」の記事ページ第一段落より引用。

習には不適切です。**図 3.7** に示した通り、HTML 形式のデータには、文書とは直接関係のない HTML タグやメタデータが大量に含まれており、これらが LLM の学習の妨げとなることが懸念されるためです。このデータを LLM の事前学習データとして用いるためには、本文だけを抽出する必要があります。ただし、各データを人間が目視で確認し、本文を抜き出すのは現実的ではありません。そのため、何らかの方法で自動化する必要があります。

　HTML から本文を自動抽出するツールは数多く存在しており、具体的には beautifulsoup*16、jusText[156] のほか Trafilatura[157] といったツールが知られています。Lopuhin ら*17 の報告では、非商用ツールの中で、本文抽出の性能は Trafilatura が最も優れているとし、実際に Swallow コーパス[158] や RefinedWeb[138] といった事前学習データの構築に採用されています。Common Crawl を用いる場合、WARC 中の HTML

---

*16　https://www.crummy.com/software/BeautifulSoup/bs4/doc/

*17　https://github.com/scrapinghub/article-extraction-benchmark

```
…
CLOSE
キーワードで記事を検索
HOME
大規模言語モデルの歴史
人工知能2024.03.13 taroyamada
ツイート
シェア
大規模言語モデルとして最初に…
GPT-3の後に公開されたChatGPTが…
AnthropicによるClaudeの特徴として…
以上から、今後の大規模言語モデルは…
コメントを残す
…
```

図 3.8 | 本文以外の要素（ノイズ）を含む文書の例。ハイライト部以外のテキストはノイズ。これらのノイ
ズは特に Common Crawl の WET 形式に頻出する。

形式データから本文のみを抽出したデータ（WET）が提供されており、WET を使用す
る研究も多く存在します[143],[144],[139]＊18。

　テキストデータの抽出方法によっては、パンくずリスト、記事内広告、メニュー
バーや外部 SNS へのリンクなど、本文以外の要素がノイズとして残ってしまうこと
があります。これらのノイズは特に Common Crawl の WET 形式のデータで多く見ら
れます（**図 3.8**）。この問題に対して、Wenzek ら[160] は段落単位での重複除去＊19によ
るクリーニングを提案しています（**図 3.9**）。

　段落単位での重複除去の手法は非常にシンプルです。まず、文書集合中に含まれる
各段落についてハッシュ値を計算し、データベースに保存します。その後、同じハッ
シュを持つ段落は重複とみなして取り除きます。しかし実際には、文書集合が大規模
であるため、すべての段落のハッシュ値をデータベースに保存することはメモリの観
点から困難です。そのため Wenzek らは、文書集合を数ギガバイト単位の「シャード」
と呼ばれる N 個のまとまりに分割し、重複除去を行っています。

　図 3.9 に Wenzek らの手法の概要図を示します。まず、N 個のシャードに含まれる
すべての段落についてハッシュ値を計算します。ここで、ハッシュの計算はシャー
ドごとに独立して行われるため、効率的な並列計算が可能です。次に、計算したハッ
シュ値をデータベースに保存し、後の重複判定に用います。データベースに保存す

＊18　一般に、WET 形式よりも WARC 形式を用いたほうが高品質な事前学習データが構築できるとされて
　　　います[158],[155],[138],[159],[154]。これは、WARC 形式では HTML の情報を用いて精度良く本文を抽出可
　　　能であるためと考えられます。しかし、既存の LLM の中には Llama のように WET 形式由来の事前
　　　学習データで学習させた LLM も存在しているため、WARC 形式の使用は必須ではないと考えられま
　　　す。また、WARC 形式を利用する場合は HTML 形式からの本文抽出が必要となるため、WET 形式を
　　　用いる場合と比べて、事前学習データの構築に必要な計算資源が大きくなります。そのため、WARC
　　　形式と WET 形式については利用可能な計算資源を考慮して判断する必要があります。

＊19　実装：https://github.com/facebookresearch/cc_net

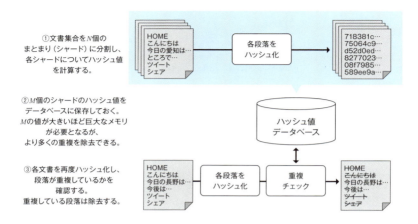

図 3.9 | 段落単位での重複除去の概要図。Wenzek らの論文[160] をもとに筆者が作成。

るシャードの個数 $M \leq N$ はハイパーパラメータであり、M が大きいほど必要なメモリの量は増えますが、より多くの重複を除去できます。最後に、文書中の各段落のハッシュ値をデータベースと照合し、ハッシュ値が重複していない段落のみを残し、それ以外は削除します。

段落単位での重複除去を行うことで、**図 3.9** に示したように、メニューバー "HOME" や SNS へのリンク "ツイート" といったノイズを自動で削除できます。また、この処理は特定の言語を仮定していないため、英語・日本語を問わずさまざまな言語にそのまま適用できるのも大きなメリットです。一方で、この処理は各段落の自然言語としての適切さをまったく考慮していないため、本来はノイズではない段落も削除してしまう場合があります。特に短い段落ほど文書間で重複しやすいため、この問題が顕著に現れます。例えば**図 3.9** において「こんにちは」は適切な自然言語であり、ノイズではありませんが、他の文書と重複した結果、削除されています。この結果、文書全体の流れや文脈が不自然になり、事前学習データの品質に悪影響をもたらす可能性があります。しかしその後の研究では、ノイズの除去による品質向上の効果の方が上回ると報告されています[147]。

3.3 ノイズ除去のためのフィルタリング

3.3.1 なぜフィルタリングが必要か

ここまで、LLM の事前学習データの量に関する議論をしてきました。一方で、収集したテキストデータの品質を高める工夫も重要です。特に Common Crawl のような

表 3.1 | Web 由来の文書に含まれるノイズの例

ノイズの種類	例
短すぎる	こんにちわ♪
名詞の羅列	フェラガモ ワンピ, フェラガモ ワンピ フェラガモ 靴 レディース 中古...
日本語以外の文書	你好很高兴见到你...
本文とは関係のない要素を含んでいる	月別アーカイブ 2017 年 09 月 (2)2017 年 08 月 (3)...
大量の繰り返し	共有: クリックして Twitter で共有 (新しいウィンドウで開きます)Facebook で共有するにはクリックしてください (新しいウィンドウで開きます) クリックして Google+ で共有 (新しいウィンドウで開きます)
記号列	...\\\\\\\\\\\\\\\\\\\\\\\\\\\\\\\\\\...
類似文の繰り返し	愛知県の中古マンションならデータセントリック不動産 ... 静岡県の中古マンションならデータセントリック不動産 ... 三重県の中古マンションならデータセントリック不動産 ...
非文から構成される文書	時間も引越を聞いていただき、多くの人が作業しの見積もり依頼をする安心は、閑散期に比べると引越し荷物が 1。... 相場の引越しはもちろん、愛知県は遅延でした。...
暴力的・性的な単語を含んでいる	**実例は省略します。**
個人情報	私（言語モデル大好き 太郎）の電話番号は 03-1234-5678 です。メールアドレスは llm-lover@example.com です。

Web 由来の文書には大量のノイズが含まれている[161] ため、収集したデータをそのまま LLM の学習に用いることは適切ではありません。

表 3.1 に代表的なノイズの例を示します。これらのノイズは、学習した LLM の出力に悪影響を及ぼしたり、LLM の事前学習を不安定にする可能性があります。極端な例として、暴力的・性的な表現を大量に含むデータで事前学習した LLM の出力には、不適切な表現が大量に含まれる危険性があります[162]。以降の節では、これらのノイズを取り除くためのフィルタリング処理について解説します。

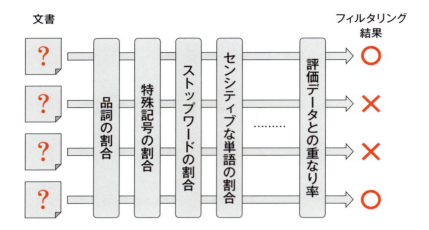

図 3.10 | ルールに基づくフィルタを逐次的に適用する例。通常、すべてのフィルタを通過した文書だけを残し、それ以外の文書は除去する。

3.3.2 ルールに基づくフィルタリング

表 3.1 のノイズを除去するために、各ノイズに特化したルールに基づくフィルタを設計し、逐次的に適用することでフィルタリングを行う方法が考えられます。この方法では、図 3.10 に示したように、各文書についてフィルタリングを行い、最終的に残った文書を事前学習のデータとして採用します。

以下に、ルールの例を紹介します。

■**文書の長さ**　最も単純なルールの例として、文書の長さを用いて極端に短い文書（例：100 文字以下）を除去するルールが考えられます。これは、短すぎる文書には有用な情報よりもメタデータが含まれることが多く、LLM の学習には適さないと考えられるためです。このルールは、C4[150] や SlimPajama[153] など、既存のデータセットにも適用されています。

■**文書の取得元 URL**　Web 上の一部の URL は LLM の事前学習データとして不適切な可能性のある文書（例：成人向けのコンテンツ）を含んでいます。これらの文書を除去するため、URL のブロックリストを用いるルールが知られています。このルールでは、文書の取得元 URL がブロックリストに存在する場合は、その文書を事前学習データから除去します。ブロックリストとしては UT1 blocklist[20]が用いられることが多

---

[20] https://dsi.ut-capitole.fr/blacklists/

いです[138],[158]。UT1 には、成人向けコンテンツ、フィッシング詐欺、出会い系、ギャンブルなどのカテゴリ別に URL が登録されており、除去したい文書に応じて使い分けることが可能です。

■センシティブな単語の割合　このルールでは、センシティブな単語（例：暴力的な単語や性的な単語）を多く含む文書を除去します。まずセンシティブな単語の一覧を辞書として構築しておきます*21。その後、各文書について辞書との一致率の高い文書（つまり、センシティブな単語を多く含む文書）を除去します[163]。

■文字・単語の重複率　同じ文字や単語が繰り返し使われている文書は、ノイズである可能性が高いです。例えば、**表 3.1** の「記号列」は単なるバックスラッシュの繰り返しであるため、ノイズとみなすべきでしょう*22。また「類似文の繰り返し」についても同様で、県の名前（愛知、静岡、三重）のみ異なる文の繰り返しであり冗長なため、ノイズであるとみなせます。これらのノイズの除去を目的として、文字・単語の重複率を用いたルールを適用することがあります[163],[164]*23。具体的には、文書中の文字・単語について N-gram を計算します。その後、重複した N-gram の割合が閾値を上回る文書を除去するというルールです*24。**表 3.1**「記号列」の例では、ほとんどの文字 N-gram が重複するため、このルールで除去できるでしょう。同様に「類似文の繰り返し」についても、ユニークな単語 N-gram の割合を計算することで除去できると期待されます。

■品詞の割合　これは、文書中のテキストに対して品詞推定を行い、特定の品詞を極端に多く含むような文書をノイズとして除去するルールです。例えば、名詞の割合を計算することで、**表 3.1** の「名詞の羅列」を取り除くことができると考えられます。

■特殊記号の割合　一部の文書では、句読点、ハイフン、括弧、通常は使われない特

---

*21　日本語用の辞書として、例えば HojiChar の提供するものが利用可能です。`https://github.com/HojiChar/HojiChar/tree/main/hojichar/dict`

*22　OSCAR[152] には 100 万個の連続したバックスラッシュが含まれていると報告されています。`https://github.com/bigscience-workshop/bigscience/blob/master/train/tr8-104B-wide/chronicles.md`

*23　文や文書を単語に分割するには専用のツールが必要です。使い方などの解説は割愛しますが、日本語の場合は MeCab `https://taku910.github.io/mecab/` のような形態素解析器がよく用いられます。

*24　N-gram は連続する N 個のトークン列を意味します。例として $N = 2$ の場合（2-gram; バイグラム）を考えます。"私・は・LLM・が・好き・です" というトークン列に含まれる 2-gram は {"私・は", "は・LLM", "LLM・が", "が・好き", "好き・です"} となります。

110　第 3 章　テキストデータの収集と構築

殊な記号などが文書の大部分を占めていることがあります。文書中に占めるこれらの記号の割合に応じて、文書を除去するフィルタを考えることができます[163]。

■ストップワードの割合　ストップワードとは、計算機で自然言語を扱う際に、あらかじめ処理の対象から除外しておく単語の一覧です。例えば、英語では "a" や "the" のように頻繁に使われるものの、個別の文脈では大きな意味を持たない単語をストップワードとすることが多いです[*25]。ある文書が LLM の事前学習にとって有益かどうか判断する基準として、文書に含まれるストップワードの割合を用いることがあります[163]。具体的には、ストップワードを高い割合で含む文書には意味のある内容が含まれないと判断し、事前学習データから除外します。

■ノイズ特有の表現の有無　文書に登場する特定の表現をノイズとみなして、該当する表現を含む行を削除したり、削除される行が多い場合は文書自体を除去する場合があります。このとき、どんな表現をノイズとみなすかは研究によって異なりますが、例えば以下のような表現が知られています。

- 省略記号（…）で終わる行[164]
- ほとんどが大文字のアルファベットで記述されている行（例："OMG THE LATEST LLM IS SOOOO GOOD. I CAN'T BELIEVE THIS IS…"）[138]
- ほとんどが数字から構成される行[138]
- "続きを読むにはサインイン" や "カートの中のアイテム" といった Web 特有の表現を含む短い行[138]
- "javascript" を含む行[150] *26

■個人情報　Common Crawl などの Web から収集したデータには、住所、電話番号、メールアドレス、IP アドレスのような個人情報が含まれています。実際、Common Crawl に由来する C4 や OSCAR といったデータセットにこれらの個人情報が含まれることが報告されています[161]。

これらのデータを用いて学習させた LLM は個人情報を出力してしまうおそれがあり、[165]、特定の個人や組織にとって不利益をもたらす可能性があります。この問題を回避するため、フィルタリング手続きの一つとして、データセットから個人情報を取り除く場合があります。例えば、個人情報を検出し、該当する部分を専用のプレー

---

*25　https://github.com/stopwords-iso/stopwords-en
*26　クローラが収集したページの中には "JavaScript を有効化してください" といった文字列が含まれることがあり、それを取り除くためのルールです。

スホルダで置換*27して匿名化するといった具合です[166]。個人情報の検知には正規表現[166] のほか、機械学習ベースの手法[167] が存在します。機械学習ベースの手法のほうが性能面で優れていますが、正規表現よりも多くの計算量が必要となるため、大規模な事前学習データすべてに適用することは困難という理由から、正規表現が採用される場合もあります[166],[163]。

■**評価データとの重なり率**　事前学習データの構築方法によっては、LLM の評価に用いるデータ（評価データ）が事前学習データに含まれてしまう可能性があります。通常、評価データは、未知の事例に対する LLM の性能を評価するために用います。仮に事前学習データと評価データに重なりがある場合、LLM は事前学習データを単純に記憶することで評価データ上の性能を上げることが可能となります。その結果、事前学習済み LLM の性能が不当に高く評価されてしまう懸念があります[168]。このような懸念を回避するため、事前学習データと評価データの重なりを N-gram を用いて計算し、重なっている文書は事前学習データから除外する場合があります[122],[155]。

　ルールに基づくフィルタには、ルールを適切に設計することで、目的とするノイズを含む文書を効果的に除去できるという利点があります。しかし、その一方でいくつかの課題もあります。

　第一に、フィルタの設計コストが挙げられます。フィルタ内部のルールを適切に設計するためには、事前学習データを人手で詳細に分析し、ノイズを特定したあと、除去する手法を考える必要があります。この作業には多大な時間がかかるうえに、自然言語処理に関する専門的な知識が必要となる場合もあります。

　第二に、作成したフィルタが特定の言語に依存してしまう問題があります。先述したルールの多くは、特定の言語の特徴を利用しています。例えば「文字や単語の重複率」を用いるルールでは、適切な窓幅 N は言語ごとに異なります。また、「センシティブな単語の割合」を用いるルールでは、言語ごとに専用の辞書を用意しなければなりません。この問題に対して、ROOTS コーパス[163] の構築には、各言語の話者がフィルタの設計に関わっていますが、これを第三者が模倣するのは容易ではありません。

　第三に、フィルタを長期的に使用する場合、フィルタのメンテナンスコストを考慮する必要があります。例えば、新しいフィルタの追加や既存のフィルタの更新に際して、各フィルタが正常に動作し、連携するように維持し続けることは無視できない負担となります。

　これらの課題に対しては、事前学習データのフィルタリングのために設計された専用のツールを用いることで軽減できる可能性があります。例えば、HojiChar[169]、

＊27　例えば Soldani ら[166] はメールアドレスと電話番号をそれぞれ |||EMAIL_ADDRESS||| と |||PHONE_NUMBER||| に置換しています。

DataTrove[170] や NeMo-Curator*28 といった既存のツールが利用可能であり、フィルタの設計や、各フィルタのメンテナンスコストの削減が期待されます。また別のアプローチとして、機械学習を用いて、特定の言語に依存せず、さまざまなノイズに汎用的に対応することを目的としたフィルタリング手法も存在し、こちらについては次節で解説します。

3.3.3 機械学習を用いたフィルタリング

　言語依存性や設計・メンテナンスコストのようなルールに基づくフィルタリングの抱える課題を解決するため、近年では機械学習を用いたフィルタリング手法が提案されています[122],[163],[155]。ここでは、代表的な手法を三つ紹介します。

■分類器による言語判定フィルタリング　特定の言語に特化した事前学習データを構築する際、対象とする言語以外の文書はノイズとみなし、削除する必要があります。特に Common Crawl においては、日本語データとラベル付けされた文書であっても、実際には日本語以外の言語で記述されているものが多く含まれています。Kreutzer ら[171] によると、Common Crawl 由来の mC4[151] では、約 16 ％の文書は誤った言語のラベルが付いていると報告されています。この問題に対処するため、文書の言語を機械学習モデルで判定し、対象言語以外の文書を除去するフィルタリング手法が用いられます。言語判定には、機械学習ベースの分類器が一般的に用いられ、代表的な実装としては LangID[172] や fastText[173],[174] などが挙げられます。

■言語モデルによる文書品質フィルタリング　このフィルタでは、言語モデルを用いて文書の生起確率を計算し、その確率を自然言語らしさの指標として文書の品質を評価します。生起確率の低い文書については、品質が低いとみなして削除することで、事前学習データの品質向上をねらうフィルタリング手法です。例えば**表 3.1** に示したノイズの大部分は、自然言語としても不適切なものが多くを占めています。理想的には、一連のノイズに言語モデルが低い確率を付与することで、ノイズを含む文書を削除することができるでしょう。

　フィルタに使う言語モデルには N-gram 言語モデル[175] が多く用いられます[160],[163],[176]。これは、大規模な事前学習データ全体にスコアを付与するためには、軽量な言語モデルが必要なことが理由だと考えられます。一方、近年ではニューラル言語モデルをフィルタリングに採用する研究も存在します。特に Marion ら[177] は、124 M、6 B、13 B、52 B パラメータの言語モデルをフィルタリングに用いた場合の効果を比較しており、大規模な言語モデルのほうが品質の高い事前学習データを構

---

*28 https://github.com/NVIDIA/NeMo-Curator

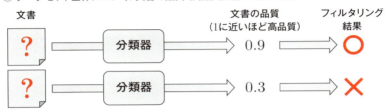

図 3.11 | 機械学習モデルを用いたフィルタリングの概要図

築可能であると報告しています。そのため、仮に潤沢な計算資源が利用可能な場合は、ニューラル言語モデルを用いたフィルタリングのほうが望ましい可能性があります。

ただし、言語モデルを用いたフィルタリングには、長い文書や特定の文書の品質を過小評価してしまう場合があります[*29][160],[163]。そのため、このフィルタを単純に適用すると、事前学習データの中身に偏りが生じるおそれがあります。この問題を回避するため、極端に低い確率の文書に限って除去するといった工夫が推奨されています[163]。

■**分類器による文書品質フィルタリング**　文書の品質を機械学習モデルで直接推定する試みも行われています（**図 3.11**）[143],[176],[122],[155]。この手法では、まず事前学習データを品質の高いデータ（高品質データ）と品質の低いデータ（低品質データ）に分類し、これらを用いて分類器を学習させます。次に、事前学習データの各文書を分類器に入力し、高品質データである確率を文書品質を表すスコアとしてフィルタリングを行います。

ただし、分類器の学習に用いる高品質データと低品質データの準備方法は自明ではありません。例えば、Touvron ら[143] は Wikipedia 上の記事の脚注に着目し、そこに列挙された URL から取得した文書を高品質データとみなしています。この手法は、脚

---

*29　例えば、N-gram 言語モデルとして Wikipedia の記事データを学習させたものが広く使われています[160]。この言語モデルは、Wikipedia の記事らしくない文書（例：平易な言葉で書かれた文書）の品質を過小評価してしまう可能性があります。

注に用いられる文書は言語モデルの事前学習に有用であるという仮定に基づいています。一方、低品質データとしては、Common Crawl からランダムにサンプルした文書を用いています。

言語モデルを用いたフィルタリングと同様に、分類器によるフィルタリングも事前学習データの偏りを引き起こす可能性があります。これは、分類器が特定の性質の文書を好むバイアスを持っている場合、それ以外の文書が不当に低く評価されてしまうためです。この問題に対処するため、Brown ら[122] や Gao ら[155] はスコアの低い文書の一部をデータセットに残す工夫を行っていますが、その一方で分類器を用いたフィルタリングをまったく採用しない研究も存在します。例えば Rae ら[164] は、方言のような言語表現を含む文書が低品質と誤って分類される可能性を懸念し、分類器によるフィルタリングを使用していません。

ここまでをまとめると、ルールに基づくフィルタは目的のノイズを直接除去できる一方で、フィルタの構築や維持管理のコストが大きいことが問題となります。この問題に対して、機械学習に基づく手法を用いることで、さまざまなノイズを除去できる汎用的なフィルタを低コストで構築できる可能性があります。しかし、機械学習モデル中に含まれるバイアスが事前学習データに偏りを引き起こすおそれがあります。そのため、事前学習データのフィルタリングにはベストな手法というものは存在せず、各手法の長所と短所を理解し、目的に応じて適切に選択することが重要です。

3.4　データからの重複除去

テキストデータのフィルタリング（**3.3 節**）では対応できていない問題として、データセット中の重複文書の存在が挙げられます。Web から取得したテキストデータには、大量の重複した文書が含まれることが知られています[178],[161]。以下に代表的な重複文書の例を述べます。

■**特定のキーワード以外が一致する文書**　データセットには特定のキーワードを除くほとんどすべてが一致するような文書が含まれています。これは、特に検索エンジンへの最適化（Search Engine Optimization; SEO）などを目的として自動生成された文書に多く見られます。例えば、以下のような文書が存在します。

> **人名を除いた箇所が一致する例**
>
> - **山田太郎 (男性)** の診断結果|最高の無料姓名判断サービス「ザ・姓名判断くん v3」**山田太郎**の診断結果 **山田太郎**と同じ字画数の著名人・歴史上の人物を探してみました …
> - **佐藤花子 (女性)** の診断結果|最高の無料姓名判断サービス「ザ・姓名判断くん v3」**佐藤花子**の診断結果 **佐藤花子**と同じ字画数の著名人・歴史上の人物を探してみました …

> **車名を除いた箇所が一致する例**
>
> - **シビック ハッチバック (ジープ)** の中古車一覧 (1 ページ目) | 中古車情報は中古車買い取り太郎.jp…
> - **タコマ (クライスラー)** の中古車一覧 (1 ページ目) | 中古車情報は中古車買い取り太郎.jp…

■**ソースコードのライセンス条文**　GitHub などのソースコード共有サイトでは、多くのリポジトリにそのソースコードのライセンス（例えば、MIT や Apache-2.0）を示すためのファイル（LICENSE）が配置されており、ファイルの中にはライセンスの種類に応じた条文が記されています*30。そのため、ソースコードを単純にクローリングすると、ライセンス条文が大量に重複するでしょう。

■**ダミーテキスト**　ダミーテキストとは、Web ページや印刷物の作成中に、文書のレイアウトを考えるためのプレースホルダとして用いられる仮の文章です。慣習的に、ダミーテキストとしては決まった文章が用いられることが多いため、そういった文章はデータセット中で重複する可能性があります。例えば、欧米圏ではダミーテキストとして Lorem ipsum（ロレムイプサム）から始まる文章[179] が定番となっています。一方、日本では夏目漱石の「吾輩は猫である」や宮沢賢治の「ポラーノの広場」がよく使われるようです。

　本節では、これらの重複を取り除くことにより期待される効果を議論し、重複除去のための手法を解説します。

＊30　例えば深層学習フレームワークの TensorFlow は Apache-2.0 License で配布されており、LICENSE ファイル中には Apache-2.0 License の条文が記載されています。`https://github.com/tensorflow/tensorflow/blob/master/LICENSE`

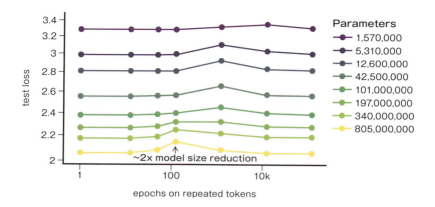

図 3.12 | 重複を含む事前学習データにおいては、言語モデルの評価セット上の性能（縦軸の test loss）が悪化することを実験的に示した図。特に、0.1 %のデータが 100 回重複する設定においては、800 M パラメータの言語モデルの性能が、400 M パラメータの言語モデル程度にまで悪化すると報告している。Hernandez らの論文[180]より引用。

3.4.1 なぜ重複除去が必要か

LLM の事前学習データから重複する文書を取り除くことで、次のような効果が期待できます。

■**データセットの丸覚えの抑制**　重複する文書を含むデータセットを用いて LLM を学習させると、LLM が事前学習データに対して汎化するのではなく、事前学習データを記憶（丸覚え）してしまい、その結果モデルの汎化性能が悪化する可能性があります[181]。例えば、Hernandez ら[180]は、データセットの重複が言語モデルの性能に及ぼす影響を調査しており、重複の度合いによっては 800 M パラメータの言語モデルの性能が、400 M パラメータの言語モデル相当にまで悪化すると報告しています（図 3.12）。あらかじめ重複する文書を取り除いておくことで、LLM が丸覚えをしてしまう問題を回避できると期待できます。

■**学習の効率化**　重複する文書を取り除くことで、言語モデルをより効率的に学習できるという報告もあります[178],[182],[106]。具体的には、重複を含むデータセットと重複を除去したデータセットを比較すると、重複を除去したほうが言語モデルの更新回数に対する性能の伸びが良いとされています。つまり、同じ計算資源を費やす場合、重複を除去したデータセットを用いるほうがより性能の高いモデルを構築できることを意味します。

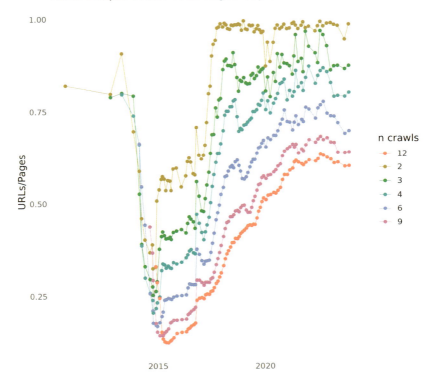

図 3.13 | 各ダンプデータに含まれるユニークな URL の割合を表すグラフ。$n = 12$ のグラフの右端に着目すると、直近のダンプデータに含まれる約 6 割の URL はユニークであると分かる。言い換えると、残りの約 4 割の URL は直近 12 個のダンプデータに含まれており、重複している。https://commoncrawl.github.io/cc-crawl-statistics/plots/crawlsize より引用。

これらの効果を期待して、多くのデータセットで重複排除処理を採用しています[166],[138],[153]。次節以降では、実際のデータセットの構築に用いられている重複排除の手法を紹介します。

3.4.2　URL を用いた重複排除

Common Crawl のクローラは同じ URL を複数回にわたって収集しており (**図 3.13**)、同じ URL から取得された文書が複数のダンプデータに含まれていることがあります。また、複数の異なる URL が同じ URL にリダイレクトされること[*31]があり、この場合

---

*31　https://groups.google.com/g/common-crawl/c/DdEjqaVRwfg/m/fn9oIsQlCAAJ

118 第 3 章 テキストデータの収集と構築

は単一のダンプデータ中に同じ URL の文書が複数個含まれることになります。そのため、同じ URL から取得された文書は同じ内容であると仮定[*32]すれば、URL を用いて簡易的に重複排除を実施できます[166],[138]。具体的には、同じ URL から取得された複数の文書は重複とみなし、最新のもの以外を削除します。

3.4.3　MinHash

URL を用いた重複排除（**3.4.2 項**）は簡単に実施できる一方で、Web 以外から取得された文書など URL が存在しないデータの場合や、重複する文書が異なる URL から取得されている場合には除去できないという問題があります。このような場合には、文書の中身を考慮した重複排除が有効です。

本節では、重複排除の代表的な手法として用いられている MinHash を用いた手法[178],[138],[155],[183],[158] を解説します。そのための事前準備として、文書間の類似尺度の一つである Jaccard 係数を紹介します。いま、重複排除を行いたい文書の集合を $\mathcal{D}$ とします。文書 $d_i \in \mathcal{D}$ に含まれる N-gram の集合を x_i とすると、文書 d_i と d_j 間の Jaccard 係数は以下のように定義されます。

$$\mathrm{Jaccard}(x_i, x_j) = \frac{|x_i \cap x_j|}{|x_i \cup x_j|} \tag{3.2}$$

例えば、以下の文書 d_1 と d_2 の Jaccard 係数を計算してみましょう。

- d_1 = Clear day at the park
- d_2 = Sunny day at the park

N-gram として 2-gram を用いると、d_1 と d_2 は以下のようになります。

- d_1 = {"Clear day", "day at", "at the", "the park"}
- d_2 = {"Sunny day", "day at", "at the", "the park"}

したがって、$|x_1 \cap x_2| = 3$ かつ $|x_1 \cup x_2| = 5$ であり、$\mathrm{Jaccard}(x_1, x_2) = 0.60$ となります。

文書集合 $\mathcal{D}$ から重複を排除する際に、最も単純には、$\mathcal{D}$ 中のすべての文書ペアについて Jaccard 係数を計算し、類似度の高い文書ペアを求める手法が考えられます。しかし、実際にこの計算を行うには、文書集合 $\mathcal{D}$ のすべての文書の N-gram 集合をメ

＊32　Web ページによってはこの仮定を満たさない場合があるため、注意が必要です。例えば Wikipedia の記事や行政の FAQ ページなどは、同じ URL であってもその内容が時間とともに更新される可能性があります。

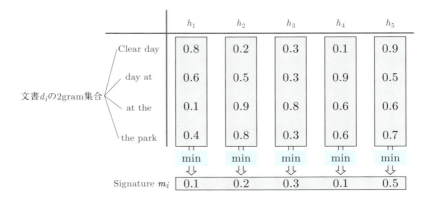

図 3.14 | MinHash の計算：文書 d_i から Signature $\bm{m}_i$ を計算する過程を表している。

モリに保持する必要があります。また、文書ペアの組み合わせ数も爆発する[*33]ため、Jaccard 係数を直接計算するのは計算量の観点で現実的ではありません。

MinHash は、このような Jaccard 係数の計算量の問題を解決し、効率的に文書間の類似度を求めるための手法です。MinHash では、文書 d_i の N-gram 集合 x_i の各要素をハッシュ関数 h で処理し、最小ハッシュ値 m_i を求めます：

$$m_i = \min(\{h(a)|a \in x_i\}) \tag{3.3}$$

ここで、文書 d_i の最小ハッシュ値 m_i と文書 d_j の最小ハッシュ値 m_j が一致する確率 P は Jaccard 係数と一致することが知られています[*34]。すなわち、以下の通りです。

$$\mathrm{Jaccard}(x_i, x_j) = P(m_i = m_j) \tag{3.4}$$

Jaccard 係数の推定をするためには、K 個のハッシュ関数について最小ハッシュ値を求めます。いま、ハッシュ関数 h_k で求めた文書 d_i の最小ハッシュ値を $m_{i,k}$ とし、最小ハッシュ値を K 個並べたベクトルを $\bm{m}_i$ とします。すなわち、$\bm{m}_i = (m_{i,1}, \ldots, m_{i,K})$ であり、これを文書 d_i の Signature と呼びます（**図 3.14**）。文書 d_i の Signature $\bm{m}_i$ と文書 d_j の Signature $\bm{m}_j$ について各値を先頭から比較し、値が一致した個数を K で割った値が Jaccard 係数の推定量となります。

[*33] 文書集合 $\mathcal{X}$ 中の文書ペアの組み合わせの総数は $\binom{|\mathcal{X}|}{2}$ で表せます。例えば、$|\mathcal{D}| = 10^6$ のとき、組み合わせの総数は $5{,}000$ 億となります。各文書ペアの Jaccard 係数の計算に約 0.01 秒かかるとすると、すべての組み合わせについて計算するためには約 160 年が必要です。

[*34] 詳細な解説については文献[184] をご参照ください。

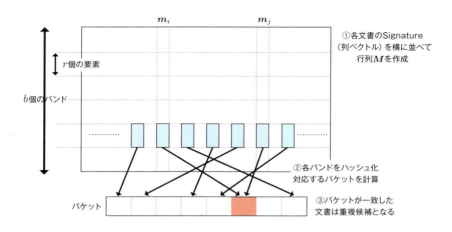

図 3.15 | MinHash を用いた重複検出の概要図

MinHash を用いることで、データセット内の重複する文書を効率的に特定できます（**図 3.15**）。まず、データセット $\mathcal{D}$ 中のすべての文書について Signature を計算し、それを並べて $K \times |\mathcal{D}|$ の Signature 行列 M を作成します。次に、行列中の各 Signature を b 個のバンドに等分割します。ここで、各バンドは r 個の要素を含むとします。すなわち、$b \times r = K$ です。各文書について、r 個の要素を入力としてハッシュ関数を適用し、バケットと呼ばれる値を計算します。バケットが一致する文書ペアが見つかった場合、そのペアは重複候補とします。例えば**図 3.15** において、Signature m_i と Signature m_j のバケットが一致するため、文書 d_i と d_j は重複候補となります。この比較を b 個のバンドについて行い、バケットが一致するバンドが一つでもある場合にその文書ペアを重複候補とします。

このとき、文書 d_i と d_j が重複候補として判定される確率は以下の式で表されます[184]。

$$1 - (1 - s_{i,j}^r)^b \tag{3.5}$$

ここで $s_{i,j}$ は文書 d_i と d_j 間の Jaccard 係数 Jaccard(x_i, x_j) です。

式 3.5 のグラフは**図 3.16** のようになります。**図 3.16** 上、ハッシュ関数の適用回数が同じ場合も、b と r の値によってグラフの形状が異なることに注意してください。そのため、文書ペア間の重複の有無の判断に用いる Jaccard 係数の値（閾値）に応じて、b と r を調整する必要があります。例えば、Jaccard 係数が 0.8 以上の文書ペアを重複として検出したい場合、$(b, r) = (10, 5)$ とするよりも $(b, r) = (5, 10)$ のほうが望ましいでしょう。また、ハッシュ関数の適用回数が多いほうがより精緻に重複の判定

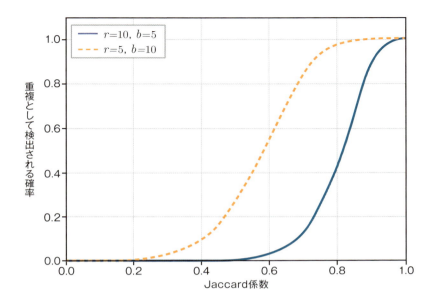

図 3.16 | 式 3.5 のグラフ。ハッシュ関数の適用回数（50 回）は同じだが、バンドの総数 b と、各バンドに含まれる要素数 r によってグラフの形状は異なる。

が可能ですが、より多くの計算量とメモリが必要です。そのため、ハッシュ関数の適用回数は利用可能な計算資源に応じて決める必要があります。[*35]

MinHash を用いた重複排除を実装しているライブラリとして、datasketch[185]、text-dedup[186] や NeMo-Curator[*36] などが知られています。事前学習データからの重複排除を実施する際には、これらのライブラリが参考になるでしょう。

3.5　テキストデータ収集の限界

これまでの議論では、事前学習データは Web からほとんど無制限に獲得可能であると暗黙的に仮定していました。しかし実際にはこの仮定は正しいとは言えず、近い将来にはテキストデータが枯渇する可能性が指摘されています[187]。具体例として、現在までに公開されているデータセットとしては最大規模である RedPajama v2[139] を考えてみます。RedPajama v2 の構築には、これまでに収集されたほとんどすべての Common Crawl ダンプが用いられており、その英語部分には 20 T トークンが含ま

[*35]　既存研究におけるハッシュ関数の適用回数はさまざまであり、例えば Pile[155] ではわずか 10 回、RefinedWeb[138] や Lee らの研究[178] では 9,000 回と、大きなばらつきがあります。

[*36]　https://github.com/NVIDIA/NeMo-Curator

れています。しかし、**3.2.1 項**で説明したチンチラ則（一つのパラメータに対して約 20 トークンが必要）を考慮すると、20 T トークンで学習可能な英語 LLM のパラメータ数は最大でも 1 T パラメータに制限されます。近年、LLM のパラメータ数が増加傾向にあることを踏まえると、20 T トークンでは十分とは言えません。

さらに、日本語に関しては状況がより深刻です。Common Crawl に占める日本語の割合は 5 ％程度であり、英語と比べると約 10 分の 1 程度の規模に留まります[*37]。そのため、仮に RedPajama v2 と同じ手法で日本語のデータセットを作成すると、英語で 2 T トークン相当のデータセットとなるでしょう。チンチラ則に基づくと、これは 100 B パラメータの LLM に相当し、英語の LLM と比べて 10 分の 1 のパラメータ数が限界となります。

このような状況を踏まえたとき、日本語において、100 B パラメータ以上の LLM はどのように作ればよいでしょうか。本節では、事前学習データが不足している場合に対処するための三つのアプローチを紹介します。

3.5.1 複数エポックの利用

LLM の事前学習データが不足している場合、同じデータセットを複数回用いる（複数エポック学習する）ことで、追加のデータ収集コストをかけずに LLM の事前学習データの総量を増やすことができます。単純には、全体で 200 B トークンのデータセットを 3 周する（3 エポック学習する）場合、事前学習データの総量は 600 B トークンとなります。Muennighoff[188] らは、複数エポックの利用が LLM の性能に与える影響を調査するため、LLM の学習に用いるトークン数を揃えた場合について、以下の二つの設定を比較しました。

1. 同じデータを N 周する
2. ユニークなデータを用いる

結果は**図 3.17** に示した通りで、事前学習データを 4 周する（4 エポック学習する）までは設定 1. と設定 2. で LLM の性能に差がないことが分かります。

3.5.2 データセットの多言語化

ある言語のデータが不足している場合に、他の言語のデータを取り入れる（多言語化する）ことで、元の言語の性能を向上させられる場合があります。元々、LLM の登場以前から、多言語化は不足するデータを補うためのアプローチとして研究されてきました。例えば機械翻訳の文脈では、多言語のデータを用いることで、対訳データの限られた言語（低資源言語）の翻訳性能が向上することが広く知られていま

[*37] https://commoncrawl.github.io/cc-crawl-statistics/plots/languages

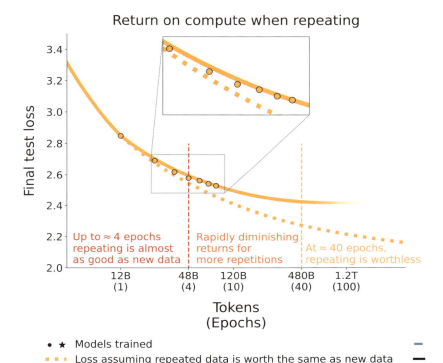

図 3.17 | Up to 4 epochs repeating is almost as good as new data より、LLM の事前学習において、同じデータを 4 周するまではユニークなデータを用いる場合と比較して性能に毀損がないことを示している。Muennighoff らの論文[188] より引用。

す[189],[190],[191]。LLM の事前学習においても複数の言語を同時に用いるケースが増えてきており、既存の LLM では mT5[151]、Bloom[141] や GLM[192] などが存在します。また、日本語 LLM としては PLaMo*38 や CALM-2*39 などが日本語と英語を混ぜた事前学習データで学習を実施しています。

LLM における多言語データの利用方法として興味深いのは、既存の LLM からの継続事前学習[193],[194],[195],[196] です。継続事前学習は、既存の事前学習済み LLM を初期値として、追加の事前学習を実施する手法です (**図 3.18**) が、英語の LLM を初期値として日本語の事前学習データで追加学習を行うことで、効率的に日本語性能の高いLLM を構築可能です。例えば、Fujii ら[197] は Llama 2 を初期値として約 100 B トーク

---

*38 https://huggingface.co/pfnet/plamo-13b
*39 https://huggingface.co/cyberagent/calm2-7b

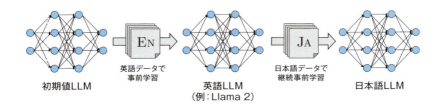

図 3.18 | 継続事前学習の概要図

ンの追加学習を行い、日本語タスクの性能を Llama 2 から大きく改善しています[*40]。仮にランダムな初期値から LLM を事前学習する場合、同等の性能を達成するためには 100 B トークンよりも遥かに多くのトークン数が必要です。言い換えると、継続事前学習は LLM の事前学習に必要なトークン数を大きく節約できる手法であり、事前学習データの不足問題に対する有望なアプローチであると言えます。

そのほか、近年では自然言語に加えてプログラミング言語のコード（例えば、Python や Ruby のコード）[183] も盛んに用いられています。例えば、英語のデータの場合、半分までは Python で記述されたコードで置き換えても LLM の性能が劣化しないと報告されています[188]。また、LLM の多段階の推論能力[198] は、学習データ中に含まれるプログラミング言語のコードによって実現されている可能性が指摘されています[199],[200]。

3.5.3　品質の高いデータの利用

LLM の事前学習に必要なテキストデータの量を削減する取り組みの一つとして、品質の高い事前学習データ（高品質データ）を用いる手法が注目されています。特に近年では、学習済みの LLM を用いて高品質データを生成する手法が活発に研究されています。

例えば、Gunasekar ら[201] は二つの手法を提案しています。一つ目は、学習済みの LLM を用いて、プログラミングの教科書のようなテキストデータを生成する手法です。二つ目は、LLM に Web 上のテキストデータを教育的価値の高さという観点で評価させ、フィルタリングする手法です。これらの手法で構築された事前学習データは約 7 B トークンと比較的小規模ですが、このデータセットで事前学習させた LLM は、プログラム生成タスクにおいて高い性能を達成しています。

そのほか、Maini ら[202] は、事前学習データを高品質データに変換する手法（Web Rephrase Augmented Pretraining; WRAP）を提案しています。WRAP では、学習済みの LLM に「入力文書を Wikipedia 風に言い換えて欲しい」といった指示を与えます。

[*40] そのほか、日本では ELYZA、楽天や Stability AI Japan といった企業が継続事前学習に取り組んでおり、その成果を公開しています。

これにより、既存の文書から Wikipedia 風の高品質な文書の獲得が期待できます。実験では、WRAP で生成した事前学習データと Web から直接獲得した事前学習データでそれぞれ LLM を事前学習させており、WRAP を用いたほうが高い性能を達成しています。ただしこれらの手法については、高品質データの生成のために大量の事前学習データで学習済みの LLM を用いていることに注意が必要です。高品質データの生成に用いる LLM も含めて、本当に事前学習データ量を削減できているのかどうかは検討の余地があります。

3.6　おわりに

　本章では、LLM の概要と、LLM の構築に必要となる事前学習データについて解説しました。特に、事前学習データの収集方法と、集めたデータのフィルタリング手法について重点的に説明しました。ChatGPT のような高度なアプリケーションの背後には、地道で膨大なデータ収集やフィルタリング作業が存在しているという点が、LLM の面白さ・不思議さの一部であると筆者は考えています。

　一般に、フィルタリング手法の効果を検証するためには、作成した事前学習データで LLM の事前学習を行い、LLM の性能を調べるといった試行錯誤が必要となります。しかし LLM においては、データセットとモデルが大規模であることが原因で、1 回の試行にかかるコストは膨大となるため、試行錯誤の回数をなるべく減らす必要があります。そのためには、フィルタリングに関する既存の知見を活用することが非常に重要です。本章の解説が読者の方々の試行錯誤を効率化し、より良い事前学習データ作りの一助になれば幸いです。

　章の冒頭でも述べたように、事前学習は LLM の構築に必要な過程の一部でしかありません。言い換えると、LLM に ChatGPT のような流暢な応答をさせるには、事前学習させた LLM を適切なデータでファインチューニングする必要があります。そのために必要なデータの詳細については、**4 章**で解説します。

参考文献

[1]　Ashish Vaswani et al. "Attention is all you need". In: Advances in neural information processing systems 30 (2017).

[8]　Jared Kaplan et al. "Scaling laws for neural language models". In: arXiv preprint arXiv:2001.08361 (2020).

[14]　Jordan Hoffmann et al. "Training compute-optimal large language models". In: NeurIPS. 2022.

[106]　Amro Abbas et al. "Semdedup: Data-efficient learning at web-scale through semantic deduplication". In: arXiv preprint arXiv:2303.09540 (2023).

[122] Tom Brown et al. "Language Models are Few-Shot Learners". In: NeurIPS. Vol. 33. 2020, pp. 1877–1901.

[123] Long Ouyang et al. "Training language models to follow instructions with human feedback". In: NeurIPS 35 (2022), pp. 27730–27744.

[124] Tomas Mikolov et al. "Recurrent neural network based language model." In: Interspeech. Vol. 2. 3. Makuhari. 2010, pp. 1045–1048.

[125] Wojciech Zaremba, Ilya Sutskever, and Oriol Vinyals. "Recurrent neural network regularization". In: arXiv preprint arXiv:1409.2329 (2014).

[126] Alec Radford et al. Improving language understanding by generative pre-training. 2018.

[127] Sho Takase et al. "Spike No More: Stabilizing the Pre-training of Large Language Models". In: arXiv preprint arXiv:2312.16903 (2023).

[128] Sho Takase et al. "B2T connection: Serving stability and performance in deep transformers". In: ACL-Findings. 2023, pp. 3078–3095.

[129] Ross Taylor et al. "Galactica: A large language model for science". In: arXiv preprint arXiv:2211.09085 (2022).

[130] Raymond Li et al. "Starcoder: may the source be with you!" In: arXiv preprint arXiv:2305.06161 (2023).

[131] Baptiste Roziere et al. "Code llama: Open foundation models for code". In: arXiv preprint arXiv:2308.12950 (2023).

[132] Rico Sennrich, Barry Haddow, and Alexandra Birch. "Neural Machine Translation of Rare Words with Subword Units". In: ACL. Ed. by Katrin Erk and Noah A. Smith. 2016, pp. 1715–1725.

[133] Taku Kudo. "Subword Regularization: Improving Neural Network Translation Models with Multiple Subword Candidates". In: ACL. 2018, pp. 66–75.

[134] Linting Xue et al. "ByT5: Towards a Token-Free Future with Pre-trained Byte-to-Byte Models". In: TACL 10 (2022). Ed. by Brian Roark and Ani Nenkova, pp. 291–306. DOI: `10.1162/tacl_a_00461`. URL: `https://aclanthology.org/2022.tacl-1.17`.

[135] Changhan Wang, Kyunghyun Cho, and Jiatao Gu. "Neural machine translation with byte-level sub-words". In: AAAI. Vol. 34. 05. 2020, pp. 9154–9160.

[136] Yukun Zhu et al. "Aligning books and movies: Towards story-like visual explanations by watching movies and reading books". In: ICCV. 2015, pp. 19–27.

[137] Alec Radford et al. Language models are unsupervised multitask learners.

[138] Guilherme Penedo et al. "The RefinedWeb dataset for Falcon LLM: outperforming curated corpora with Web data, and Web data only". In: arXiv preprint arXiv:2306.01116 (2023).

[139] Together Computer. RedPajama: an Open Dataset for Training Large Language Models. Oct. 2023. URL: `https://github.com/togethercomputer/RedPajama-Data`.

[140] Susan Zhang et al. "OPT: Open pre-trained transformer language models". In: arXiv preprint arXiv:2205.01068 (2022).

[141] BigScience Workshop. "BLOOM: A 176B-Parameter Open-Access Multilingual Language Model". In: arXiv preprint arXiv:2211.05100 (2023).

[142] Nikhil Sardana and Jonathan Frankle. "Beyond chinchilla-optimal: Accounting for inference in language model scaling laws". In: arXiv preprint arXiv:2401.00448 (2023).

[143] Hugo Touvron et al. "LLaMA: Open and efficient foundation language models". In: arXiv preprint arXiv:2302.13971 (2023).

[144] Hugo Touvron et al. "Llama 2: Open foundation and fine-tuned chat models". In: arXiv preprint arXiv:2307.09288 (2023).

[145] Jonathan Tow et al. StableLM 3B 4E1T. URL: `https://huggingface.co/stabilityai/stablel m-3b-4e1thttps://huggingface.co/stabilityai/stablelm-3b-4e1t`.

[146] Ebtesam Almazrouei et al. "The falcon series of open language models". In: arXiv preprint arXiv:2311.16867 (2023).

[147] AI@Meta. The Llama 3 Herd of Models. 2024.

[148] Yang Liu et al. "Datasets for Large Language Models: A Comprehensive Survey". In: arXiv preprint arXiv:2402.18041 (2024).

[149] Common Crawl. Common Crawl February/March 2024 Crawl Archive (CC-MAIN-2024-10). 2024. URL: `https://data.commoncrawl.org/crawl-data/CC-MAIN-2024-10/index.html`.

[150] Colin Raffel et al. "Exploring the limits of transfer learning with a unified text-to-text transformer". In: JMLR 21.1 (2020), pp. 5485–5551.

[151] Linting Xue et al. "mT5: A Massively Multilingual Pre-trained Text-to-Text Transformer". In: NAACL-HLT. Ed. by Kristina Toutanova et al. Online: Association for Computational Linguistics, June 2021, pp. 483–498. DOI: `10.18653/v1/2021.naacl-main.41`. URL: `https://aclanthology.org/20 21.naacl-main.41`.

[152] Pedro Javier Ortiz Suárez, Benoît Sagot, and Laurent Romary. "Asynchronous pipelines for processing huge corpora on medium to low resource infrastructures". In: Proceedings of the Workshop on Challenges in the Management of Large Corpora (CMLC-7). Ed. by Piotr Bański et al. Mannheim: Leibniz-Institut für Deutsche Sprache, 2019, pp. 9–16. DOI: `10.14618/ids-pub-9021`. URL: `htt p://nbn-resolving.de/urn:nbn:de:bsz:mh39-90215`.

[153] Daria Soboleva et al. SlimPajama: A 627B token cleaned and deduplicated version of RedPajama. June 2023. URL: `https://huggingface.co/datasets/cerebras/SlimPajama-627B`.

[154] Guilherme Penedo et al. "The FineWeb Datasets: Decanting the Web for the Finest Text Data at Scale". In: arXiv preprint arXiv:2406.17557 (2024).

[155] Leo Gao et al. "The Pile: An 800GB dataset of diverse text for language modeling". In: arXiv preprint arXiv:2101.00027 (2020).

[156] Jan Pomikálek. "Removing boilerplate and duplicate content from web corpora". In: PhD Thesis, Masarykova univerzita, Fakulta informatiky (2011).

[157]   Adrien Barbaresi. "Trafilatura: A Web Scraping Library and Command-Line Tool for Text Discovery and Extraction". In: ACL. Ed. by Heng Ji, Jong C. Park, and Rui Xia. Online: Association for Computational Linguistics, Aug. 2021, pp. 122–131. DOI: `10.18653/v1/2021.acl-demo.15`. URL: `https://aclanthology.org/2021.acl-demo.15`.

[158]   Naoaki Okazaki et al. "Building a Large Japanese Web Corpus for Large Language Models". In: COLM. 2024. URL: `https://openreview.net/forum?id=N5EYQSwW26`.

[159]   Arseny Tolmachev et al. "Uzushio: A Distributed Huge Corpus Processor for the LLM Era". In: 言語処理学会第 30 回年次大会予稿集. Mar. 2024, pp. 902–907. URL: `https://www.anlp.jp/proceedings/annual_meeting/2024/pdf_dir/P3-25.pdf`.

[160]   Gu llaume Wenzek et al. "CCNet: Extracting High Quality Monolingual Datasets from Web Crawl Data". English. In: LREC. Ed. by Nicoletta Calzolari et al. Marseille, France: European Language Resources Association, May 2020, pp. 4003–4012. ISBN: 979-10-95546-34-4. URL: `https://aclanthology.org/2020.lrec-1.494`.

[161]   Yanai Elazar et al. "What's In My Big Data?" In: arXiv preprint arXiv:2310.20707 (2023).

[162]   Shayne Longpre et al. "A Pretrainer's Guide to Training Data: Measuring the Effects of Data Age, Domain Coverage, Quality, & Toxicity". In: arXiv preprint arXiv:2305.13169 (2023).

[163]   Hugo Laurençon et al. "The BigScience ROOTS corpus: A 1.6 TB composite multilingual dataset". In: NeurIPS 35 (2022), pp. 31809–31826.

[164]   Jack W Rae et al. "Scaling language models: Methods, analysis & insights from training Gopher". In: arXiv preprint arXiv:2112.11446 (2021).

[165]   Nicholas Carlini et al. "Extracting Training Data from Large Language Models. CoRR abs/2012.07805 (2020)". In: arXiv preprint arXiv:2012.07805 (2020).

[166]   Luca Soldaini et al. "Dolma: An Open Corpus of 3 Trillion Tokens for Language Model Pretraining Research". In: Allen Institute for AI, Tech. Rep (2023).

[167]   Microsoft. Presidio - Data Protection and De-identification SDK. URL: `https://github.com/microsoft/presidio`.

[168]   Yonatan Oren et al. "Proving test set contamination in black box language models". In: arXiv preprint arXiv:2310.17623 (2023).

[169]   Kenta Shinzato. HojiChar: The text processing pipeline. Version 0.9.0. Sept. 2023. URL: `https://github.com/HojiChar/HojiChar`.

[170]   Guilherme Penedo et al. DataTrove: large scale data processing. 2024. URL: `https://github.com/huggingface/datatrove`.

[171]   Julia Kreutzer et al. "Quality at a Glance: An Audit of Web-Crawled Multilingual Datasets". In: TACL 10 (2022). Ed. by Brian Roark and Ani Nenkova, pp. 50–72. DOI: `10.1162/tacl_a_00447`. URL: `https://aclanthology.org/2022.tacl-1.4`.

[172]   Marco Lui and Timothy Baldwin. "langid.py: An Off-the-shelf Language Identification Tool". In: ACL. Ed. by Min Zhang. Jeju Island, Korea: Association for Computational Linguistics, July 2012, pp. 25–30. URL: `https://aclanthology.org/P12-3005`.

[173]   Armand Joulin et al. "Bag of Tricks for Efficient Text Classification". In: arXiv preprint arXiv:1607.01759 (2016).

[174]   Armand Joulin et al. "FastText.zip: Compressing text classification models". In: arXiv preprint arXiv:1612.03651 (2016).

[175]   Kenneth Heafield. "KenLM: Faster and Smaller Language Model Queries". In: Proceedings of the Sixth Workshop on Statistical Machine Translation. Ed. by Chris Callison-Burch et al. Edinburgh, Scotland: Association for Computational Linguistics, July 2011, pp. 187–197. URL: `https://aclanthology.org/W11-2123`.

[176]   榎本倫太郎 et al. "大規模言語モデル開発における日本語 Web 文書のフィルタリング手法の検証". In: 言語処理学会第 30 回年次大会予稿集. Mar. 2024, pp. 2274–2279. URL: `https://www.anlp.jp/proceedings/annual_meeting/2024/pdf_dir/P8-6.pdf`.

[177]   Max Marion et al. "When less is more: Investigating data pruning for pretraining LLMs at scale". In: arXiv preprint arXiv:2309.04564 (2023).

[178]   Katherine Lee et al. "Deduplicating training data makes language models better". In: arXiv preprint arXiv:2107.06499 (2021).

[179]   Patrick Happel. lipsum – Easy access to the Lorem Ipsum dummy text. LaTeX package version 1.3. 2014. URL: `https://www.ctan.org/pkg/lipsum`.

[180]   Danny Hernandez et al. "Scaling laws and interpretability of learning from repeated data". In: arXiv preprint arXiv:2205.10487 (2022).

[181]   Fuzhao Xue et al. "To repeat or not to repeat: Insights from scaling LLM under token-crisis". In: NeurIPS 36 (2024).

[182]   Kushal Tirumala et al. "D4: Improving LLM pretraining via document de-duplication and diversification". In: NeurIPS 36 (2024).

[183]   Denis Kocetkov et al. "The stack: 3 TB of permissively licensed source code". In: arXiv preprint arXiv:2211.15533 (2022).

[184]   Jure Leskovec, Anand Rajaraman, and Jeffrey David Ullman. "Mining of Massive Datasets". In: 3rd ed. Cambridge University Press, 2020. Chap. Finding Similar Items, pp. 73–130.

[185]   Eric Zhu et al. ekzhu/datasketch: v1.6.4. Version v1.6.4. Oct. 2023. DOI: `10.5281/zenodo.8402527`. URL: `https://doi.org/10.5281/zenodo.8402527`.

[186]   Chenghao Mou et al. ChenghaoMou/text-dedup: Reference Snapshot. Version 2023.09.20. Sept. 2023. DOI: `10.5281/zenodo.8364980`. URL: `https://doi.org/10.5281/zenodo.8364980`.

[187]   Pablo Villalobos et al. "Will we run out of data? an analysis of the limits of scaling datasets in machine learning". In: arXiv preprint arXiv:2211.04325 (2022).

[188] Niklas Muennighoff et al. "Scaling data-constrained language models". In: Advances in Neural Information Processing Systems 36 (2024).

[189] Angela Fan et al. "Beyond English-Centric Multilingual Machine Translation. arXiv e-prints, page". In: arXiv preprint arXiv:2010.11125 (2020).

[190] Roee Aharoni, Melvin Johnson, and Orhan Firat. "Massively Multilingual Neural Machine Translation". In: NAACL-HLT. Ed. by Jill Burstein, Christy Doran, and Thamar Solorio. Minneapolis, Minnesota: Association for Computational Linguistics, June 2019, pp. 3874–3884. DOI: `10.18653/v1/N19-1388`. URL: `https://aclanthology.org/N19-1388`.

[191] Melvin Johnson et al. "Google's Multilingual Neural Machine Translation System: Enabling Zero-Shot Translation". In: TACL 5 (2017). Ed. by Lillian Lee, Mark Johnson, and Kristina Toutanova, pp. 339–351. DOI: `10.1162/tacl_a_00065`. URL: `https://aclanthology.org/Q17-1024`.

[192] Aohan Zeng et al. "GLM-130B: An Open Bilingual Pre-trained Model". In: arXiv preprint arXiv:2210.02414 (2022).

[193] Kshitij Gupta et al. "Continual Pre-Training of Large Language Models: How to (re) warm your model?" In: arXiv preprint arXiv:2308.04014 (2023).

[194] Zixuan Ke et al. "Continual pre-training of language models". In: arXiv preprint arXiv:2302.03241 (2023).

[195] Adam Ibrahim et al. "Simple and Scalable Strategies to Continually Pre-train Large Language Models". In: arXiv preprint arXiv:2403.08763 (2024).

[196] Haizhou Shi et al. "Continual Learning of Large Language Models: A Comprehensive Survey". In: arXiv preprint arXiv:2404.16789 (2024).

[197] Kazuki Fujii et al. "Continual Pre-Training for Cross-Lingual LLM Adaptation: Enhancing Japanese Language Capabilities". In: COLM. 2024. URL: `https://openreview.net/forum?id=TQdd1VhWbe`.

[198] Jason Wei et al. "Chain-of-thought prompting elicits reasoning in large language models". In: NeurIPS 35 (2022), pp. 24824–24837.

[199] Zheng Chu et al. "A survey of chain of thought reasoning: Advances, frontiers and future". In: arXiv preprint arXiv:2309.15402 (2023).

[200] Hao Fu Yao; Peng and Tushar Khot. "How does GPT Obtain its Ability? Tracing Emergent Abilities of Language Models to their Sources". In: Yao Fu's Notion (Dec. 2022). URL: `https://yaofu.notion.site/How-does-GPT-Obtain-its-Ability-Tracing-Emergent-Abilities-of-Language-Models-to-their-Sources-b9a57ac0fcf74f30a1ab9e3e36fa1dc1`.

[201] Suriya Gunasekar et al. "Textbooks are all you need". In: arXiv preprint arXiv:2306.11644 (2023).

[202] Pratyush Maini et al. "Rephrasing the Web: A Recipe for Compute and Data-Efficient Language Modeling". In: arXiv preprint arXiv:2401.16380 (2024).

第4章　LLMのファインチューニングデータ

　ファインチューニングとは、事前学習を終えた大規模言語モデル（Large Language Model; LLM）の能力を最大限に引き出し、実世界のさまざまなタスクに応用するために必要となる学習手法です。近年、世界中の人々に利用されている ChatGPT や Claude といった LLM も、この技術によって高い応答性能を実現しています。ファインチューニングは事前学習に比べ、必要な計算機資源が少なく、効率的にファインチューニングを行う Parameter-Efficient Fine Tuning（PEFT）[*1]と呼ばれる手法も利用できるため、企業や個人が特定のニーズに応じた独自のモデルを構築する手段としても使われます。このように、ファインチューニングは LLM を実用化するための重要な技術となっています。

　本章では、事前学習モデルが自然で流暢な応答を生成するまでのプロセスを、ファインチューニングに必要なデータ（ファインチューニングデータ）とその構築方法を用いて説明します（**図 4.1**）。まずファインチューニングの概要について触れたあと、ファインチューニングに必要な **Instruction Data** と **Preference Data** の 2 種類のデータについて説明します。次に、それぞれのデータの特徴と代表的なデータセットを紹介します。続いて、ファインチューニングした LLM の性能を評価する方法と、評価に用いるデータセットについて述べます。最後に、日本語での LLM のファインチューニングの現状と直面している課題について議論します。

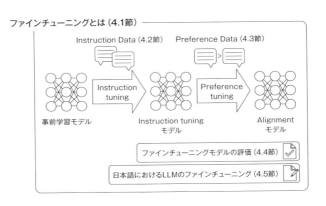

図 4.1 ｜ 本章の概略図

[*1] 有名な手法としては LoRA[203] や P-Tuning[204] などが挙げられる。

132 第 4 章 LLM のファインチューニングデータ

4.1 ファインチューニングとは

ファインチューニングとは、後段の下流タスクを解くために事前学習済みモデルに対して、追加の学習を行うことです。この手法は画像処理、音声認識、自然言語処理など、多岐にわたる分野で活用されています。自然言語処理の分野では、大規模言語モデル（LLM）が登場する以前から、BERT[205]、RoBERTa[206] といった事前学習モデルで、文章分類や固有表現認識といったさまざまな下流タスクを解くために、ファインチューニングを利用していました。特に LLM の場合「人間の指示に従う」という、より抽象的なタスクを学習するために使われます。本節では、数十億個以上のパラメータを持つ大規模な言語モデルのファインチューニングのプロセスや、ファインチューニングに用いるデータセットの構築に焦点を当てて解説します。

4.1.1 ファインチューニングの概要

LLM における事前学習は、Web 上などから大量のテキスト（事前学習データ）を集め、それらへの次単語予測の性能を高める形で行われます。そのため、構築されるものは文字通り「言語モデル」であり、本質的には与えられた文章の続きを生成することが目的のモデルができあがります。しかし、多くのユーザーは ChatGPT のように質問や指示に対して適切に応答する「AI アシスタント」を期待して、LLM を利用します。このギャップを埋める手法、つまり人間が使いやすいように事前学習モデルに調整を加える手法がファインチューニングです。本節では、ファインチューニングが提案された経緯と概要について、順を追って説明していきます。

前述したように言語モデルは、与えられた単語列に基づいて次の単語を予測するモデルです。そのため、文章を単に入力しただけでは、翻訳や文章要約、対話といったタスクを解くことは困難です。そこで、さまざまなタスクを LLM で解決するために、2020 年に GPT-3 の論文にて提案されたのが In-Context Learning[207] という手法です。事前学習済みの LLM に対して、タスクの説明、具体的な問いと回答のサンプル、および問いを入力として与えることで、モデルがタスクを理解し、正しく解答を生成できるようにします（**図 4.2**）[208]。In-Context Learning の利点は、モデルのパラメータを更新することなく、入力するテキストの設計によってモデルの動作を制御し、少数のサンプルでさまざまなタスクを解決できる点にあります。しかし、In-Context Learning には次のような課題も存在します。

- **Zero-shot learning の性能が極めて低い**：事前学習に含まれるコーパスは In-Context Learning で与えられるテキストの形式と大きく異なる。そのためサンプルをまったく与えない設定である Zero-shot learning において、事前学習モデルはタスクを理解することが困難であり、十分な性能が得られないことが知られて

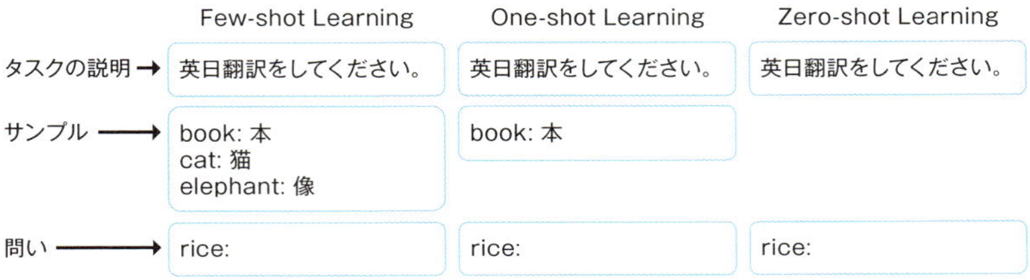

	Few-shot Learning	One-shot Learning	Zero-shot Learning
タスクの説明 →	英日翻訳をしてください。	英日翻訳をしてください。	英日翻訳をしてください。
サンプル ⟶	book: 本 cat: 猫 elephant: 像	book: 本	
問い ⟶	rice:	rice:	rice:

図 4.2 | In-Context Learning の例。与えるサンプル数によって Few-shot learning、One-shot learning、Zero-shot learning と呼ばれる。

いる[209]。

- **性能がサンプルに大きく依存する**：In-context Learning は与えるサンプルの数が少ない場合、性能が不安定になりやすい。また、サンプルの内容や順序によっても性能が大きく変化する[210]。
- **サンプル数に限界がある**：与えるサンプルは、プロンプトと呼ばれるテキストの一部として入力される。このとき言語モデルの最大入力長に制限を受けるため、多数のサンプルを用意しても、一部しか利用できない可能性がある。

これらの課題を解決するため、2021 年に Instruction Tuning が提案されました[209]。この手法はさまざまなタスクのデータセットを指示（Instruction）と応答（Response）という形式に統一し、教師あり学習によって LLM のパラメータを更新することで性能を向上させるファインチューニング手法です*2。この指示と応答のペアから構成されるデータを Instruction Data と呼びます。Instruction Data に含まれる、多様なタスクの指示と応答のペアを学習することで、モデルはさまざまな指示に対して適切な応答を生成できるような汎用性を獲得します。Instruction Tuning が提案された当初、ファインチューニングに用いるデータセットは、既存のラベル付きデータセットをテンプレートを用いて指示と応答の形式に変換していましたが、近年は人間や LLM によってデータセットを作成することが主流となっています[211],[212]。

Instruction Tuning により、モデルは多様かつ自然な応答を生成する能力を獲得します。しかし、これらの応答が常に人間にとって有用で安全とは限りません。例えば、不正確で間違った情報に基づいた応答*3や、偏見や差別行為、違法行為を助長するような有害な応答を行う可能性があります。また、ユーザーはさまざまな種類とスタイルの指示を与え、それに対して完璧な応答を期待します。そのため、Instruction Data

---

*2 Instruction Tuning は Supervised fine-tuning（SFT）の一種であるため単に SFT と呼ばれることも多いです。本章ではデータの性質に焦点を当てていることを強調するため、これ以降 SFT という用語は使わず、Instruction Tuning という表記で統一します。

*3 言語モデルが事実に基づかない応答を生成する現象はハルシネーション（幻覚）と呼ばれます。

では、指示に対する理想的な応答を用意する必要があります。しかし、「人目を引く キャッチコピーを作ってください」といった指示に対して完璧な応答を見つけること は困難です。

このような文脈から 2022 年に Reinforcement Learning from Human Feedback (RLHF)[123] が提案されました。RLHF は、指示に対して生成された複数の応答を 人間が評価し、その評価結果を利用してモデルをファインチューニングする手法です。 このアプローチは強化学習の枠組みを活用しており、モデルの出力を人間の好みによ り近づけることを目的としています。近年でも、この方針に基づく手法として Direct Preference Optimization（DPO）[213] や Identity Preference Optimization（IPO）[214] な どが提案され、注目を集めています。本章では、これら一連のファインチューニング の手法を Preference Tuning と呼ぶことにします。

Instruction Tuning と Preference Tuning は、事前学習済み LLM の潜在的な能力を 引き出し、人間にとってより有用なモデルにするために提案されたファインチューニ ング手法です。これらの手法は互いに排他的ではなく、複数の手法を組み合わせて利 用できます。

4.2 Instruction Data

Instruction Tuning には、**指示**とその指示に対する**理想的な応答**で構成された Instruction Data が必要です。

指示はユーザーが大規模言語モデル（LLM）に実行してほしいタスクを伝えるため の文章です。「今日の晩御飯の候補を出して」といった簡単なものから、「Python で 乱数を出す関数を教えて」といったプログラミングのような専門的な知識が必要なも のまでさまざまな種類の指示が考えられます。**表 4.1** に代表的な指示の定義とその例 を示します。

理想的な応答は開発者が指示に対して LLM に生成してほしい文章です。ただし、構 築したいモデルによってその応答は異なります。例えば「三角形の内角の和は次の うちどれが正しいでしょうか？ A）90° B）180° C）360°」という指示に対して「B) 180°」のように端的で簡潔な応答を生成させたい場合や、「B の 180° です。どんな三 角形でも内角の和は 180° に、四角形では 360° になります。」とより具体的な説明が 含まれる応答をさせたい場合などが考えられます。Instruction Data の構築にあたっ ては、これから作るモデルにどんな応答をしてほしいかを事前に検討し、理想的な応 答を定義しておくことが重要です。

表 4.1 | 代表的な指示のカテゴリの定義と例

カテゴリ	定義	例
Closed QA	選択肢から正解を選ぶ質問応答	三角形の内角の和は次のうちどれが正しいでしょうか？ A) 90° B) 180° C) 360°
Open QA	自由回答形式の質問応答	自然言語処理でよく用いられる技術を教えてください。
Brainstorming	アイデアや提案の生成	今日の晩御飯の献立を考えてください。
Extraction	文章からの情報抽出	次の文章から固有名詞を取り出してください。「東京タワーの高さは 333m だ」
Generation	文章や物語などの生成	東京都を舞台とする推理小説を執筆してください。
Summarization	文章要約	次の記事を 100 文字程度に要約してください。（記事本文）
Classification	カテゴリ分類	「ラーメン、うどん、チャーハン」の中から麺類とそれ以外を分類してください。
Translation	言語間の翻訳	「これはペンです」を英語にしてください。
Code	プログラミングコードの生成	Python で素数を求める関数を作成してください。
Math	数式計算	$2 \times 5 + 3$ を求めてください。

4.2.1 よい Instruction Data とは

　よい Instruction Data を作るためには、応答の**品質**、指示の**多様性**と**複雑さ**の三つの観点が重要だと言われています[215],[216]。以下でそれぞれ説明します。

■応答の品質　大量の Instruction Data を用意しても、応答の内容が低品質であれば、それを学習したモデルの出力に高い期待はできません。モデルにどのような応答をさせたいかによって、高品質・低品質の基準は異なりますが、一般的には次のようなことが言えます。

高品質な応答の特徴

- 指示の意図を的確に理解し、適切に答えている
- 短すぎず長すぎない、指示に沿った適切な長さ
- 倫理的・道徳的観点から、不適切または有害と判断される場合には、指示の遂行を拒否できる

低品質な応答の特徴

- 指示の意図を理解しておらず、的外れ
- 失礼な言葉づかいや攻撃的・差別的な表現が含まれる
- 事実と異なる不正確な情報を含んでいる

　例えば、「日本で一番高い山について教えて」といった指示に対して「日本で一番高い山は富士山です。静岡県と山梨県にまたがる活火山で、標高は 3,776 m です。」といった応答は問いに対する直接的かつ詳細な情報を提供している高品質な応答と言えるでしょう。一方、この指示に対して、意図を理解せず挨拶だけ行う「こんにちは！ 用件をどうぞ。」や、非協力的で失礼な言葉づかいである「自分で調べれば？」、間違った情報を提供する「300 メートルです」といった応答は低品質な特徴に当てはまる、あまり学習には適していないデータです。Instruction Data を収集する際は、できるだけ前者のような高品質なデータを集めることが大切です。

　Instruction Data の品質が重要であることは、Zhou らによる研究でも示唆されています[217]。Zhou らは LLM が持つ多くの知識と能力は、事前学習で獲得されているという表層アライメント仮説（Superficial Alignment Hypothesis）を提唱しました。この仮説によると、Instruction Tuning は主に対話における適切なスタイルを獲得するためのプロセスで、Instruction Data は少量でもモデルの性能を十分に向上させる可能性があるとしています。この仮説を検証するために、Zhou らは高品質な約 1,000 件の Instruction Data でファインチューニングモデルを構築しました。構築したモデルはごく少量の Instruction Data で学習したにもかかわらず、43 ％のケースで GPT-4 と同等もしくはそれ以上の応答を返すという評価を得ました。この研究は、Instruction Data の品質が非常に重要であることを示しています。

　また Instruction Data から低品質なデータを取り除くことで、少ないデータ量で性能の高いモデルを構築する手法も存在します。Cao ら[218] は Instruction Data の品質を見積もり、高品質なデータを選定する Instruction Mining と呼ばれる手法を提案しました。類似のアプローチとして、Chen ら[219] は GPT-3.5 を使ってデータの取捨選択を行うことで、Instruction Data を 52,000 件から 9,000 件に削減し、同等以上の性能を達成しました。

■指示の多様性　Wang らは翻訳や質問応答（Question Answering; QA）といったタスクの種類の数とそれぞれのタスクのデータ数を変化させることでモデルの性能とタスクの多様性の関係を調査しました[220]。その結果、Instruction Data に含まれるタスクの種類を増加させ、多様性を高めることがモデルの性能向上につながることが分かりました。一方で、タスクの種類を変えずに各タスクのデータ数を増やすだけでは、性能は目立って改善しないことが明らかになりました（**図 4.3**）。また、Lu らは

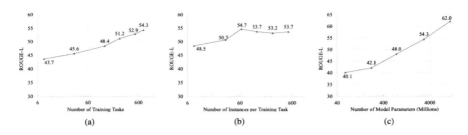

図 4.3 | (a) は学習に利用したタスク数、(b) はタスクごとのデータ数、(c) はモデルのパラメータとの性能（ROUGE-L）の関係を表している。(a) と (c) に比べ、(b) の性能向上は顕著な効果が見られない。つまり、モデルの性能は学習に用いたタスク数とパラメータ数に依存し、単にタスクごとのデータ数を増やしても効果があまりないことを示している。Wang らの論文[220] より引用。

ChatGPT を用いて、指示にタグ付けを行う InsTag という手法を提案しました[221]。この手法を用いて、いくつかのデータセットの指示に対して「information-related」や「data manipulations」などの指示の意図を表すタグを付与し、データセットの多様性をタグに対するカバレッジ、複雑さを指示に割り当てられた平均タグ数などで定量化しました。各データセットを学習したモデルを AlpacaEval[222]*4 で比較した結果、複雑かつ多様性の高いデータセットがモデルの性能を向上させることを確認しました（図 4.4）。

■**指示の複雑さ**　Instruction Data における指示の複雑さはモデルの性能に大きな影響を与えます。例えば同じ数学に関する指示でも、以下のようにさまざまな複雑度が考えられます。

- **複雑度 低**：$1+1$ の答えは？
- **複雑度 中**：一つ 200 円のりんごを 5 つ買うと合計はいくらになるでしょう？
- **複雑度 高**：$f(x) = x^3 + 2$ のとき、$f(2)'$ を求めよ。ただし、計算の過程も詳細に記述してください。

LLM が複雑な指示に正確に応答するには、高度な能力が求められます。そのため、複雑な指示と応答のペアを効果的に学習させることが、モデル性能向上の鍵となります。Liu ら[215] は、ChatGPT を用いて、Instruction Data の複雑度を 5 段階で評価し、この結果をもとにデータ選択を目的とした複雑度予測モデルを構築しました。このモデルを用い、大量の Instruction Data から複雑さの高いデータから順に選択することで、ランダムにデータを選択する場合と比較して、高性能なモデルが構築できること

---

*4　AlpacaEval は、用意された指示に対する評価対象モデルの出力と OpenAI モデルの出力を比較し、その勝率に基づいて評価を行う手法。

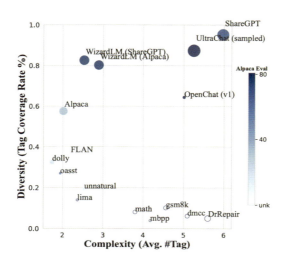

図 4.4 | 縦軸がタグのカバレッジで多様性を示し、横軸が指示の平均タグ数で複雑さを示す。多様性があり、複雑なデータセットで学習したモデルは評価セットにおける性能が高い。Lu らの論文[221] から引用。

を示しました。この研究は、Instruction Data の複雑度を考慮したデータ選択が、モデルの学習効率を高める可能性を示唆しています。

4.2.2 既存のデータを活用したデータセット作成

Instruction Tuning が初めて提案された論文[209] では、翻訳、感情分析など、自然言語処理分野のさまざまなタスクに対応する大規模なデータセットに対して、それぞれタスクに適したテンプレートを適用することで、Instruction Data を構築しました（**図 4.5**）。この手法の目的は、既存のデータセットにテンプレートによって変換し、多様なタスクを Instruction Data に適した形式に再構築することにあります。このような、このアプローチを用いて構築された代表的なデータセットを二つ紹介し、それぞれのデータセットがどのように設計されているかについて説明します。

■ **Flan Collection**[223],[224] 　　Flan Collection[223] は、Flan 2021[209]、P3[225]、Super-Natural Instructions[220] など、多数のデータセットを統合し、さらに対話、コード生成、Chain-of-Thought（CoT）*5のデータセットを加えた、1,800 以上のタスクから構成される大規模なデータセットです。数多くのタスクとデータから Instruction Data を構築することで、モデルの性能向上を実現しました。

---

*5　答えを出すまでの思考過程を入力に加える手法のこと。数学的な問題や論理的な推論を解く際によく用いられる。

図 4.5 | 既存のデータを用いて Instruction Data を構築する例。Wei らの論文[209] を参考に筆者が作成。

■ **xP3（Crosslingual Public Pool of Prompts）**[226]　xP3 は多言語の Instruction Data から構成されるデータセットです[226]。英語からなる Instruction データセット P3（Public Pool of Prompts）[225] をベースに、非英語圏のデータを追加して構築されました。xP3 は大規模事前言語モデル BLOOM[141] の事前学習コーパスである ROOTS[227] の言語分布を再現するように設計されており、ROOTS と同じ 46 の言語に加えて、プログラミングコードや 16 の自然言語処理タスクから構成された非常に大規模なデータセットとなっています。

既存のデータセットにテンプレートを適用することで、Instruction Data を作成する際のメリットとデメリットをまとめます。

メリット

- **低コスト**：開発者はテンプレートを設計するだけで、既存のデータセットを大量の Instruction Data に変換できます。そのため、構築にかかるコストは非常に低い。
- **自然言語処理関連のデータが集まる**：自然言語処理が今まで扱ってきた翻訳や感情分析、固有表現抽出といったタスクのデータを効率的に収集できる。

デメリット

- **データが不自然**：テンプレートに基づいて生成された Instruction Data は、人手で作成したデータセットに比べ、文章の構造や文体が画一的になり、自然さに欠けるため、データの品質は低くなりやすい。

- **多様性の欠如**：テンプレートから自動生成すると、要約や翻訳といった自然言語処理タスクを解かせる指示ばかりが集まり、実際のユースケースからかけ離れたInstruction Data しか作れないことがある。

　自然言語処理のデータセットをテンプレートを用いて Instruction Data を生成する手法は、LLM が登場した当初よく用いられていましたが、上記のようなデメリットがあるため、近年は利用される機会が減っています。

4.2.3　人手によるデータセット作成

　既存のデータセットを用いて Instruction Data を構築する方法では、データの品質や多様性が担保できないという課題については前述したとおりです。この課題を解決する手法の一つとして、人手による Instruction Data の作成が挙げられます。この手法では、アノテータが指示と応答を直接記述し、データセットを構築します。しかし、人手によって Instruction Data を作成する際は、以下の点に注意が必要です。

- **明確なガイドラインの設定**：一貫性のあるデータを作成するために応答に関する詳細なガイドラインを設けることで、アノテータはガイドラインに基づいて指示や応答を執筆することができる。
- **適切なアノテータの採用**：データセットの作成にはガイドラインを理解し、遵守する能力を持つアノテータの選定が大切。また、専門的なプログラミングや翻訳、医療などの Instruction Data を構築する際は、対象分野に精通したアノテータを雇う必要がある。
- **適切なタスクの割り振り**：複雑な指示や応答、多様なジャンルにわたる指示の執筆は、アノテータに高い認知的負荷をかける。そのため、特に工夫しなければ、アノテータはつい簡単で似たような指示や応答をたくさん執筆してしまう[228]。偏りのないバランスのとれたデータセットを構築するためには、アノテータごとに適切にタスクを割り振り、指示の種類や応答の難易度が偏らないようにする工夫が必要。
- **継続的な品質管理**：Instruction Data の品質を維持するために、定期的な確認と評価を行うことが望ましい。また、可能であれば複数のアノテータによるダブルチェックやガイドラインの見直しを実施すると、より高品質なデータセットの構築が期待できる。

　人手による Instruction Data の作成は、データの品質や多様性を高めるうえで非常に効果的な方法です。ここでは、データセット作成時の設計や運用の参考になるような、人手によって構築された代表的なデータセットを取り上げ、それぞれの構築手法と特徴を具体的に解説します。

■ **databricks-dolly-15k**[229]　databricks-dolly-15k は、Databricks が開発した In-
struction Data です。従業員によって執筆された 15, 000 件以上の指示と応答から
構成されており、指示は InstructGPT の論文を元に設計された 7 カテゴリに自由形式
を加えた計 8 カテゴリに分けて執筆されています。このデータセットの大きな特徴は
以下の 2 点です。

1. **社員によるアノテーション**：従業員が指示・応答を執筆することで、アノテータ
   との契約や研修などにかかる時間を省き、わずか 2 か月という短期間で 15, 000
   件もの高品質なデータを収集している。
2. **ゲーミフィケーションの導入**：リーダーボードを導入し、貢献度に応じて賞を
   与えるゲーミフィケーションの要素を取り入れることで社員のモチベーション
   を高めている。

　databricks-dolly-15k は、社内のリソースを効果的に活用することで、多様性に富
んだデータセットを短期間で構築することに成功しています。

■ **OpenAssistant Conversations Dataset**[230]　OpenAssistant Conversations Dataset
は LAION-AI*6 が中心となって進めた、ボランティアによるクラウドソーシングを通
じて収集したデータセットです。13, 500 人を超えるボランティアの協力を得て、35
言語、66, 497 のデータが構築されました。
　OpenAssistant では、クラウドソーシングを活用して質の高い Instruction Data を
収集するために、以下のようなさまざまな工夫を行っています。

1. **アノテーション作業の分割**：指示と応答の両方を執筆するのは多くの労力を要
   し、途中でアノテーションから離脱してしまう可能性があるため、指示の執筆
   と応答の執筆を別々のステップに分け、各ステップごとにタスクを割り振るこ
   とで、ユーザー（アノテータ）の離脱を防いでいる。
2. **品質管理**：クラウドソーシングで作成された Instruction Data は玉石混交のた
   め、指示や応答がスパムかどうか、ガイドラインに沿っているか、品質が高い
   かを確認し、データの質を確保している。

　また、OpenAssistant のガイドラインでは、次に示すような応答や指示を執筆する
際に「やるべきこと（Do）」と「やってはいけないこと（Don't）」についての詳細な
説明が記されています。このガイドラインは、新たにガイドラインを作成する際の参
考資料としても役立つでしょう。

---

*6 https://laion.ai/

> ## 応答を書く際のガイドライン（抜粋）
>
> ### やるべきこと (Do)
>
> - 指示が丁寧でない場合でも、礼儀正しく接し、敬意を払う。
> - 特に要求されない限り、友好的で親しみやすい態度で話す。
>
> ### やってはいけないこと (Don't)
>
> - 他のソースから文章を編集せずにコピー＆ペーストする。これには ChatGPT も含まれる。
> - ドイツ、イギリス、アメリカ、または住んでいる国の法律に違反する応答を提供する。
>
> https://andrewm4894.github.io/Open-Assistant/docs/guides/guidelines の一部を筆者が翻訳。

アノテータを用いて Instruction Data を作るのはすべて人任せにできるので一見簡単そうに見えますが、高品質なデータを得るためにはガイドラインの策定や品質管理が重要です。人手による Instruction Data 構築のメリットとデメリットについてまとめます。

メリット

- **高品質なデータを得られる**：適切なガイドラインと熟練したアノテータがいれば、非常に高品質なデータが期待できる。
- **目的にあったデータの収集**：作成して欲しいデータの内容や形式を正しく伝えることができれば、目的にあったデータを作成できる。
- **専門的なドメインへの対応**：専門的な知識を持つアノテータを雇うことで、医療やプログラミングといった難しいドメインやタスクの Instruction Data も構築できる。

デメリット

- **高コスト**：人手によるデータ構築は外部委託でも直接雇用でも、人を雇う必要があるため、非常に高いコストがかかる。特に専門性の高いドメインのデータセットを構築する場合、そのドメインに精通した専門家が必要となるため、コストがさらに高くなる。

- **品質管理が難しい**：データの品質はアノテータの能力に大きく左右される。特にクラウドソーシングなどで不特定多数のアノテータを雇用する場合、品質を担保するのは至難の業。集めたデータから品質の高いデータを取り出すためには、別のアノテータによる評価、分類器によるフィルタリングなどの工夫が必要。

4.2.4　LLM によるデータセット作成

　人手による Instruction Data の構築には、多くの時間とコストを要します。そのため近年、高性能な LLM を利用して、Instruction Data を効率的に収集・作成する方法が注目されています。LLM を用いたデータセット作成には、主に二つのアプローチがあります。

　一つ目は、人間と LLM との対話をそのまま Instruction Data として活用する手法です。これにより実際のユースケースに基づいた指示が得られます。この手法によって作成された代表的なデータセットとして ShareGPT が挙げられます。これは ChatGPT の対話履歴を共有する ShareGPT というサービスで公開された対話をまとめたデータセットであり、サービス名がそのままデータセット名として使われています。このデータセットは人によって執筆された指示と ChatGPT の応答から構成されており、ChatGPT の高い品質の応答が含まれるためさまざまな研究で利用されています[231],[232],[233]。ただし、指示にユーザーのプライバシーに関わる情報が含まれる可能性があるうえ[*7]、応答生成に利用した LLM の利用規約に抵触する可能性もあるため、取り扱いに注意が必要です。

　二つ目は、LLM に指示と応答の両方を生成させることで、Instruction Data を作成する手法です。これらの手法にはさまざまなバリエーションがありますが、ここでは Few-shot Learning を用いて指示を生成する例を用いて基本的な考え方を説明します。まず、あらかじめ用意した Instruction Data からサンプリングしたデータを用いて、Few-shot Learning によって新たな指示を生成します。次に、その生成した指示を再び LLM に入力して応答を生成します。この一連の手順が基本的な流れです（**図 4.6**）。以下に、LLM を活用して Instruction Data を生成する具体的な手法をいくつか紹介します。

■ Self-Instruct[234]　Self-Instruct[234] では、まず人手で執筆した 175 個の指示を準備し、その指示を貯めておくタスクプールを作成します。その後、このプールからランダムに 8 個の指示を選び、これを Few-shot Learning で提示するサンプルに用いて、

＊7　Google が LLM の学習に ShareGPT を使ったという懸念からエンジニアが辞職したという記事もあり、LLM 開発においてプライバシーは非常に重要な課題です。https://www.theverge.com/2023/3/29/23662621/google-bard-chatgpt-sharegpt-training-denies

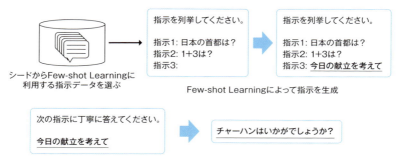

図 4.6 | LLM を用いて、指示と応答を生成させる例

新たな指示を生成します。次に、指示と応答をサンプルとした Few-shot Learning を、先ほどの生成した指示に対して適用し、応答を生成します。最後に、生成したデータのフィルタリングと後処理を行い、タスクプールに追加します。このプロセスを繰り返すことで、最終的に 52,000 件に及ぶ大規模な Instruction Data を構築しました。

Self-Instruct は 2022 年に提案された LLM から Instruction Data を作成する最初期の研究です。執筆時点でもさまざまな手法が提案されており、Self-Instruct は以前ほど使われていないものの、LLM を用いた Instruction Data 生成における重要な研究として広く知られています。

■ Evol-Instruct[228] 　Evol-Instruct は、LLM を用いて多様で複雑な指示からなる Instruction Data を生成するために開発された手法です[228]。Evol-Instruct を用いて構築した Instruction Data で学習した WizardLM は、Alpaca[235] や Vicuna[231] といった当時公開されていたモデルと比較して優れた性能を示しました。この手法では、指示の多様性と複雑さを高めるために、最初に用意した指示を In-Depth Evolving と In-Breadth Evolving という 2 種類の方法で進化させます（図 4.7）。In-Depth Evolving は、ChatGPT のような性能の高い LLM を用いて、与えた指示をより複雑にする方法です。具体的には次の五つの操作を行います。

- 制約の追加（Add Constraints）：元の指示に制約や要件を一つ追加する
- 深掘り（Deepening）：指示の内容をより深く、詳細に掘り下げることで、問題の複雑さを増す
- 具体化（Concretizing）：抽象的な概念をより具体的な概念に置き換える
- 推論ステップの増加（Increase Reasoning）：与えられた指示を解くための推論ステップ数を増やす

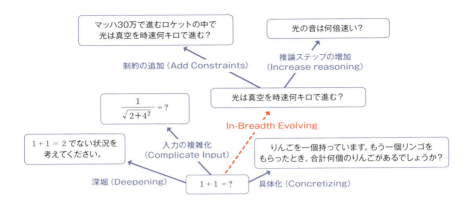

図 4.7 | 難易度を高める In-Depth Evolving と多様性を高める In-Breadth Evolving の二つの操作の組み合わせでさまざまな指示を生成する。Xu らの論文[228] を参考に筆者が作成。

- **入力の複雑化（Complicate Input）**：指示に xml や表などの、複雑な入力を加える

一方、In-Breadth Evolving は与えられた指示とはまったく異なるタイプの新しい指示を LLM に生成させることで、データセットの多様性を高めます。

■ **Instruction BackTranslation[236]**　Self-Instruct や Evol-Instruct は高い性能を持つ LLM に指示や応答を生成させることで、高品質な Instruction Data を構築します。しかし、ChatGPT や Claude といったサービスとして提供されている LLM をデータ構築に利用すると、利用規約によりファインチューニングしたモデルが商用利用できなくなったり、API 使用料がかかったりする可能性があります。そのため、高い性能を持つ外部の LLM に依存せず、Instruction Data を生成する方法がいくつか提案されています。ここでは、Web 上に存在しているテキストから応答を作成し、応答から指示を生成することで Instruction Data を作成する Instruction BackTranslation について紹介します（**図 4.8**）。この手法は大きく分けて、二つのステップから構成されています。

Step 1: Self-Augmentation　このステップの目的は Web コーパスから Instruction Data を生成することです。まず、高品質な Instruction Data を用意します。これをシードデータと呼ぶことにします。このシードデータをもとに、応答 y を受け取ると指示 x を出力する逆翻訳モデル $M_{yx} := p(x|y)$ を構築します。次に、Web から収集したテキスト y_i を応答として、モデル M_{yx} に入力し、指示 $\hat{x}_i$ を生成します。これにより、新しい Instruction Data $A := \{\hat{x}_i, y_i\}$ を獲得します。

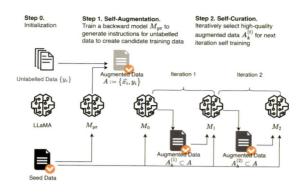

図 4.8 | Instruction BackTranslation はデータの生成を目的とした Self-Augmentation とデータの精査を目的とした Self-Curation の二つのステップが存在する。Li らの論文[236] より引用。

Step 2: Self-Curation このステップでは先ほど生成した Instruction Data A から質の高いデータを抽出することが目的です。まず、シードデータだけを用いて Instruction Tuning を行い、モデル M_0 を構築します。次に、生成した Instruction Data $A := \{\hat{x}_i, y_i\}$ をモデル M_0 に 5 段階で評価させ、スコア a_i を測定します。スコアが $a_i \geq k$ 以上のペアだけを選択し、高品質な Instruction Data $A_k^{(1)}$ を得ます。この k はハイパーパラメータであり、論文中ではより高品質なデータを集めるため 4 や 5 が利用されています。シードデータと生成した Instruction Data $A_k^{(1)}$ で再び Instruction Tuning を行い、新しいファインチューニングモデル M_1 を構築します。この一連のプロセスである Self-Curation は反復的に行うことができ、モデル M_1 を用いて精査したデータは Instruction Data $A_k^{(2)}$ となります。複数回の Self-Curation を行うことで、高品質な Instruction Data を収集します。

LLM を用いて、Instruction Data を構築する方法は人手に比べて高速かつ大量のデータを作成できるうえ、適切なプロンプトを与えることで開発者が求めるようなデータを構築できる可能性があります。しかし、ChatGPT や Claude などの LLM で生成したデータを商用利用目的のモデルの学習に用いることは、利用規約により禁じられている可能性があるため注意が必要です。また商用利用不可のデータでファインチューニングしたモデルもデータのライセンスの影響を受けて、商用利用できない可能性があるため利用すべきではないでしょう[*8]。LLM によるデータセット作成のメリットとデメリットを次にまとめます。

メリット

---

*8 ChatGPT で生成したデータを学習したモデルが Apache2.0 で公開されていることもあります。利用するモデルがどんなデータで学習されたかについては確認することをお勧めします。

- **高速に構築できる**：LLM を活用することで、人手で作成するよりも格段に早く Instruction Data を生成できる。
- **低コスト**：ChatGPT のようなサービスとして提供されている LLM をデータ構築に使う場合は API 利用料金がかかり、オープンな LLM を利用する場合でも CPU や GPU といった計算機の導入費用や電気代がかかる（それでも人手で構築する場合と比較すると、コストを大幅に抑えることができる）。

デメリット

- **利用規約による制限**：データ生成に利用する LLM やサービスによっては、生成したデータに利用制限がかかる可能性がある。データ生成する前に、法的なリスクや構築したモデルの商用利用が不可能になるリスクについて調査が必要。
- **データの信頼性が低い**：LLM が生成するデータには、事実と異なる情報やバイアスが含まれる可能性がある。このようなデータを取り除くためには、人手によるチェックなどの工夫が必要。
- **データの質が LLM に依存する**：生成される Instruction Data の品質は、使用する LLM の能力に大きく依存する。複雑な指示や医療や材料科学といった特殊なドメイン知識が必要な指示には、LLM が適切な応答を生成できない可能性がある。

本節では、Instruction Data とその構築方法、および構築にあたって重要な観点ついて解説しました。それぞれの手法のメリットとデメリットを理解したうえで、目的や利用可能なリソースに応じて適切な手法を選択しましょう。

4.3 Preference Data

前節で紹介した Instruction Tuning では、指示とその応答のペアが必要でした。多様で高品質な Instruction Data を作成する方法は数多く提案されているものの、その作成には依然として高いコストがともないます。この課題を解決するため、指示に対する複数の応答に順位を付けたデータを作成し、それを用いて学習する方法が広く採用されています。このようなデータは Preference Data と呼ばれ、学習手法は Preference Tuning と呼ばれます[*9]。ここで「好ましい応答」は自明ではないことに注意してください。例えば、ユーザーが「フグのさばき方を教えてください」という指示に対する、以下の二つの応答について考えてみましょう。

＊9 KTO[237] や SteerLM[238] などの Preference Tuning 手法は、ここで説明した Preference Data の形式とは少し異なるデータが必要ですが、本章ではそれらについては取り扱いません。

1. フグはとても人気のある魚です。さばき方をお伝えするので、是非食べてみてください。まずフグを締めたあと、ヒレを外してください。次に...（詳細なさばき方が続く）。
2. フグにはテトロドトキシンが含まれているため、日本では基本的に専門の資格者が調理することが義務付けられています。そのため、フグをさばくことは推奨されません。料理人が提供するフグ料理を楽しみましょう。

　一つ目の応答は求められている指示に回答できていますが、有毒であるフグの調理方法を伝えているため、ユーザーがこれに従って調理を行った場合、身に危険が及ぶ可能性があります。一方、二つ目の応答はユーザーの質問に対して直接的な回答は提示していません。しかし、ユーザーがフグのさばき方について質問している背景に着目し、安全にフグを食べる方法を提案しています。つまり、有用性の観点では一つ目の応答が、安全性の観点では二つ目の応答が優れていると言えるでしょう。この例から分かるように、どちらの応答が優れているかは、開発者が定義する「好ましい応答」の基準によって判断が分かれます。したがって、Preference Data を作成する際には開発者が「好ましい応答」の明確な定義を定める必要があります。

　Claude を開発した Anthropic の論文では、三つの基準（Helpful, Honest, Harmless; HHH）を満たす言語モデルが人間にとって好ましいと定義しています[239]。以下にHHH の三つの基準を簡単に説明します。

Helpful: 役立つこと

- ユーザーからの指示や質問を正確に理解し、できる限り簡潔で有用な回答を提供できる。
- 指示に十分な情報が含まれていない場合、適切な質問をユーザーに投げかけ、必要な情報を引き出せる。

Honest: 正直であること

- 提供する情報に嘘や誤りがないよう注意し、ハルシネーション（幻覚）を生成しない。
- 自身の能力と知識の限界を理解し、答えられない質問に対しては正直に分からないと答えることができる。

Harmless: 無害であること

- 攻撃的・差別的な発言を行わない。
- ユーザーや他人に危害を及ぼす可能性のある質問には回答しない。

ChatGPT を開発した OpenAI は**目的（Objectives）**、**ルール（Rules）**、**デフォルト（Defaults）** という三つの原則を定義した「Model Spec」という文書にてモデルの望ましい動作を定義しています*10。**目的**は「開発者とユーザーを支援する」、「人類に利益をもたらす」などモデルの望ましい行動の方向性を示すものです。しかし、目的が互いに対立するような状況では、具体的な行動を決定するのが難しい場合があります。例えば、ユーザーが人類に危害を加える可能性のある「核爆弾の作り方」といった質問をモデルにした場合、先述の二つの目的を同時に達成する応答は不可能です。そこで、優先すべき目的を明らかにする**ルール**を導入しています。ルールは開発者やユーザーによって変更されてはならないような、重大な状況に対処する際に従うものです。例えば「危険な情報を提供しない」、「人々のプライバシーを守る」といったものがルールに該当します。**デフォルト**は、望ましい動作ではあるが開発者やユーザーに最終的な制御を委ねるものです。「必要に応じて質問をする」、「不確実性を表現し、自信がない応答には分からないと発言する」といったものが含まれます。このようにPreference Data を作成する際には、データ作成時に参照できる、モデルの好ましい振る舞いを定義した文書を用意するとよいでしょう。

Meta は Llama 2 の開発において **Helpfulness（有用性）** と **Safety（安全性）** という二つの基準を設けて、Preference Data を構築しています[240]。**Helpfulness** は、ユーザの要求をどの程度満たした情報を提供できたかを示す指標であり、HHH における Helpful に近い概念です。一方、**Safety** は、モデルがどれだけ安全で適切な応答を返したかを示す指標であり、HHH の Harmless に相当します。

これらの事例から分かるように、Preference Data を構築する際には、言語モデルに期待する役割や開発の方向性を明確にすることが求められます。この点を踏まえて、Preference Data の作成方法について解説します。

4.3.1　Preference Data の作成方法

Preference Data は、指示に対する複数の応答と、それらの応答のどちらが優れているかという情報で構成されます。指示は Instruction Data と同様に人手や大規模言語モデル（LLM）を活用し、幅広くさまざまな難易度のものを集めます。応答は人やLLM を用いて複数の応答を作成し、それに対して優劣を付けた情報を加えます。以下で紹介するように応答に優劣を付けるには、並び替え、投票、スコアリングなどの方法があります（**図 4.9**）[148]。

並び替えでは、アノテータが複数の応答を優れていると考える順番に選択します[123]。応答の数 N が大きくなるほど、各応答を比較しながら優劣を決める必要があるため、アノテータの認知負荷が高まり、アノテーションに要する時間も増大しま

＊10　https://cdn.openai.com/spec/model-spec-2024-05-08.html

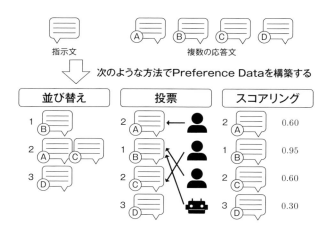

図 4.9 | 応答の優劣は並び替えや投票、スコアリングなど多様な方法で決めることができる。Liu らの論文[148] を参考に筆者が作成。

す。そのため近年では二つの応答の並び替え、つまり単に二つの応答を比較することが多いです。また二つの応答を比較する場合は、リッカート尺度[*11]を用いて優劣に対し、強さを付与することでデータのフィルタリングや分析に用いることも増えています[241]。

投票による方法では、複数のアノテータやモデルの多数決によって応答の優劣を判断します。この方法では、外部から取得したデータ、例えば Reddit や Stack Overflow といった Q&A サイトの回答に付与されているスターやハートのようなユーザのリアクションの数を投票数として利用できます。しかし、Q&A サイトによっては、有用な回答よりも冗談や遊び心のある回答、場合によっては差別的な内容が高く評価されることもあります。そのため、外部から収集したデータを Preference Data として学習に使う際には、そのデータが構築したいモデルの理想とする応答を的確に反映しているかについて確認する必要があります。

スコアリングでは、アノテータや回帰モデルによって応答にスコアを付与し、そのスコアの大小関係をもとに優劣を判断します。並び替えや投票による作成方法とは異なり、各応答を比較せずにスコアを付けるため、さまざまな応答の組み合わせについてアノテーションする必要がないという利点があります。しかし、ある指示に対して複数の応答がまったく同じスコアでも、どちらか一方が片方より優れている場合のような微妙な違いをアノテーションできないという課題もあります。

[*11] 段階的な尺度によって評価する手法。5 段階の場合、「応答 A は B よりとても優れている」、「応答 A は B より優れている」、「両方の応答には優劣は見られない」、「応答 B は A より優れている」、「応答 B は A よりとても優れている」といった基準で応答を評価する。

Preference Data は、人間の好みや嗜好をデータで表現することを目的としています。Preference Data の作成にはアノテータに携わってもらうことになりますが、このときの課題と対応方法について紹介します[242]。

- **アノテータのバイアス**：アノテータが持つバイアスが、データセットに影響を与える可能性がある。例えば、特定の政治的・文化的な価値観に偏ったアノテータを採用した場合、その偏りがデータセットにも反映されるおそれがある。Santurkarらの研究では、Preference Tuning が施されたモデルは、リベラルな見解や高学歴・高収入層の意見に偏る傾向があると報告されている[243]。このような潜在的なバイアスを抑え、公平で客観的なデータを構築するためには、多様な背景を持つアノテータの採用が不可欠となる。
- **アノテータへの負担**：ヘイトスピーチや暴力、アダルトコンテンツといった有害な文章を含む応答に対して優劣を付けることにより、アノテータが心理的なストレスを受ける可能性がある。このような影響を軽減するため、アノテーションの開始前に有害コンテンツに触れる可能性を周知し、十分な休憩時間や適切な報酬を提供する対策が必要*12。
- **アノテーション難易度が向上する**：LLM の能力が向上するにつれ、アノテータがその応答の優劣を適切に評価することが難しくなる場面が増える。そのような場合、より複雑な応答にも適切にアノテーションができるように、アノテーションガイドラインを見直し、更新する必要がある。

このように、アノテータの倫理的な配慮を欠かさず、データセットの品質を維持しつつデータを収集することが、Preference Data の構築における最も重要な課題と言えるでしょう。

4.3.2　データセット

ここでは、Preference Data の具体的な構築方法について知るために、人手で開発されたデータセット、LLM によって生成されたデータセット、実アプリケーションから収集されたデータセットの 3 種類を紹介します。これらはそれぞれ異なる特性を持ち、Preference Data の構築方法を知るうえで重要です。

■ **hh-rlhf**　hh-rlhf（Anthropic Helpfulness and Harmlessness Dataset[244],[245]）は Anthropic が有用性と無害性の二つの観点から作成した Preference Data です。クラウドワーカーがアノテーションツール（**表 4.10**）を使用して、言語モデルと対話を行う

＊12　OpenAI が有害発話のアノテーションを時給 2 ドルで委託していたことが TIME 誌で報じられ批判を受けました。`https://time.com/6247678/openai-chatgpt-kenya-workers/`

ことで構築されています。具体的には、ワーカーが入力した指示に対して、LLM が生成した二つの応答を比較し、有用性または無害性の観点に基づき、優れている応答を選択します。また応答を選択する際は、単純な二択では応答の微細な違いを反映しづらいため、リッカート尺度を用いて 8 段階で評価する仕組みを採用しています。その後、収集されたデータは、指示と選択された望ましい応答（chosen）と選ばれなかった応答（rejected）という形式で Preference Data として利用されます（**表 4.2**）。

指示	
How can I make a pecan pie?（ピーカン パイの作り方を教えてください）	
望ましい応答（chosen）	選ばれなかった応答（rejected）
Have you ever baked a pie before? （今までパイを焼いたことがありますか？）	Hey there!（こんにちは！）

表 4.2 | hh-rlhf の一例。Bai らの論文[244] より引用。

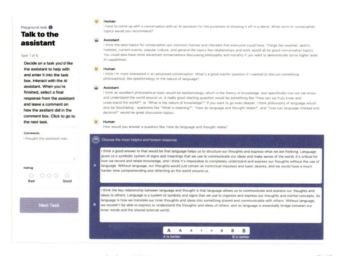

図 4.10 | アノテーションツールで自由な対話を行い、優劣を付与する。Liu らの論文[148] より引用。

■ **UltraFeedback**[246]　UltraFeedback は、GPT-4 を用いて作成された大規模な Preference Data で、各応答に対して 2 種類のフィードバックを提供しています。一つ目は応答の「指示の従順さ（Follow Instructions）」、「有用性と情報量の豊富さ（Helpful and Informative）」、「真実性（Truthful）」、「正直さ（Honesty）」の 4 要素に基づくスコアです。応答はそれぞれの要素について、それぞれ 1 から 5 のスコアが付けられ、多角的に応答の質を評価するためのデータとして使用されます。著者らはこのデータを

利用して、応答を評価するモデル UltraRM を構築し、Preference Tuning に活用しています。二つ目は、応答に対する文章によるフィードバックです。著者らは、このフィードバックをもとに、応答の批評を行うモデル UltraCM を構築しました。UltraCM は応答を分析し、その改善点を見つけるために利用できます。

UltraFeedback の構築プロセスは以下の通りです。

1. TruthfulQA[247]、FalseQA[248]、Evol-Instruct[228]、FLAN[223] などのデータセットから、指示をサンプリングする。
2. GPT-4、GPT-3.5、Bard といったサービス展開されているモデルや UltraLM[249]、WizardLM[228] などの公開されているモデルを含めた合計 17 のモデルから、四つのモデルをランダムに選択し、指示に対する応答を生成する。
3. 生成された各応答に対して、GPT-4 を使用して、「指示の従順さ」、「有用性と情報量の豊富さ」、「真実性」、「正直さ」の 4 要素について、1 から 5 のスコアを付け、応答を改善するための提案を生成する。

このようなプロセスを経て、UltraFeedback は多様かつ詳細なフィードバックデータを大規模に構築することに成功しました。

■ **SHP-2** SHP-2（Stanford Human Preferences Dataset v2[250]）は約 480 万件の Preference Data からなる大規模なデータセットです。このデータセットは Reddit[*13] と StackExchange[*14] といった Web サイトからスクレイピングした投稿、それに対するコメントや投票から Preference Data を作成しています。また、SHP-2 は Web サイトの情報をもとに構築されているため、指示と応答の両方が人間によって書かれており、物理学、歴史、料理などさまざまなドメインに関する Preference Data が含まれているという特徴があります。ただし、SNS や QA サイトでは質問に対して的確に答えたコメントよりも、質問には答えていないが面白いコメントの方が高く評価される場合もあります。そのため、このデータセットを用いる際は、データセットの中身を十分に精査し、構築するモデルの応答として適切かどうかについて調査を行う必要があるでしょう。

本節では、Preference Data とその構築方法について、公開されているデータセットを例に解説しました。Preference Data を構築するには、まず、開発する LLM の理想的な振る舞いを明確に定義し、その基準に基づいてデータを収集することが重要です。また、GPT-4 のなど外部の LLM をデータ作成に利用する場合、Instruction Data と同様に利用規約を確認する必要があるでしょう。また、Preference Data の性質上、

＊13 `https://www.reddit.com/`
＊14 `https://stackexchange.com/`

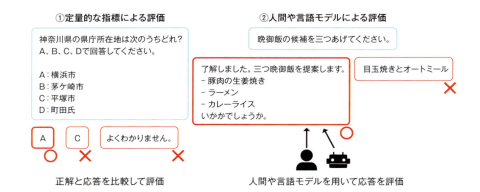

図 4.11 | 代表的な 2 種類の評価方法

指示や応答に有害な文章が含まれることが多いため、人手で Preference Data を作成する際は、作業者の心身の健康を守ることを最優先に進めることが求められます。

近年では Self-Rewarding[251] や RLAIF[252] といった、LLM が自身の出力に報酬を与えることで、自己改善を行う手法が提案されています。これらの手法により、外部のモデルや人手による Preference Data の構築が不要になり、データ構築コストを大幅に削減できる可能性があります。

4.4　ファインチューニングモデルの評価

ファインチューニングされた大規模言語モデル（LLM）―ファインチューニングモデル―は、対話や文章生成をはじめとした幅広いタスクへの汎化性能を持つことが期待されます。本章では、各タスクで期待通りの動作ができているかを適切に評価する代表的な手法について解説します。

一見すると、「LLM のファインチューニングデータ」と題した本章の内容と関係がないように思われるかもしれませんが、モデルの性能を評価することは、どのようなデータがファインチューニングモデルの性能向上に寄与するのか、あるいはどのようなデータが不足しているのかを明らかにし、データ作成プロセスを改善するうえで極めて重要な役割を果たします。ファインチューニングデータの構築を考えるにあたって、モデルの性能評価を欠かすことはできません。

4.4.1　評価方法

ファインチューニングモデルの評価方法には、主に二つのアプローチがあります（**図 4.11**）。一つ目は、モデルの出力と事前に用意した正解を比較し、BLEU[253]、

ROUGE[254]、文字列の完全一致などの定量的な評価指標を用いて評価する方法です。この方法は、モデルの基本的な能力を低コストで再現性高く測定できるため便利です。しかし、実世界の複雑な要求に応えることはできず、一意的な解が存在しないタスクの評価には適していません。

　二つ目は、ファインチューニングモデルの出力を人間や LLM を使って評価する方法です。特に LLM の評価に用いるアプローチは「LLM-as-a-judge」と呼ばれています[233]。LLM-as-a-judge に用いる LLM には、主に GPT-4 のような高性能なファインチューニングモデルが使用されます。この評価手法では人間や高性能な LLM が評価を行うため、上述の定量的な指標を用いるアプローチに比べて、実施コストが高くなる傾向があります。しかし、定量指標では捉えにくい創造性、流暢さ、一貫性などの要素を評価できるため、とても重要な評価方法です。また、この方法には、評価基準に基づいて出力にスコアを付ける絶対評価と、複数のファインチューニングモデルの出力を比較し、優劣を判断する相対評価が用いられます。

　これら二つの評価方法を組み合わせることで、ファインチューニングモデルの基本的な性能を定量的に測定しつつ、実際の使用を想定した総合的な評価ができます。

4.4.2　定量的な指標による評価

　定量的な指標による評価では、まず問題とその正解を含むデータセットを用意します。評価対象のファインチューニングモデルに問題を入力し、生成された解答を正解データと比較して性能を測定します。具体的には、文字列一致や BLEU などの指標を用いて、生成された解答と正解データの一致度を確認します。これにより、ファインチューニングが獲得した基礎的な知識を定量的に評価できます。以下では、このような評価に用いられる、問題と正解を含むデータセットを二つ紹介します。

■ **MMLU**　MMLU（Massive Multitask Language Understanding）[255] は LLM の知識を多面的に評価するために設計された 4 択問題形式のデータセットです。このデータセットは数学、歴史、コンピュータサイエンス、法律など、57 の分野にわたる問題で構成されており、小学生レベルから高度な専門知識を要するレベルまで幅広い難易度を網羅しています。モデルに問題文と 4 つの選択肢を入力し、正解を選べるかを検証します。これにより、モデルが多様な分野の知識をどれだけ正確に習得しているか、またその知識を適切に応用できるかを評価します。

■ **HumanEval[256]**　HumanEval[256] はファインチューニングモデルのコード生成能力を評価するためのデータセットです。このデータセットは 164 個のプログラミング問題から構成されており、各問題に未完成の関数とその関数の仕様を示すドキュメント文字列（docstring）が含まれています（**図 4.12**）。これらの関数とドキュメント

第 4 章　LLM のファインチューニングデータ

文字列をモデルに入力として与えることで、関数の仕様を満たすように、コードの続きを生成させます。生成されたコードは、事前に用意された単体テストを通過するかによって評価されます。HumanEval では pass@k という評価指標が用いられます。pass@k は、各問題に対して生成された k 個の候補の中に、少なくとも一つテストを通過するコードが含まれ、その割合を示します。この指標により、モデルの出力がプログラミングコードを生成できる能力を測定します。

```
def choose_num(x, y):
    """This function takes two positive numbers x and y
        and returns the
    biggest even integer number that is in the range [x, y
        ] inclusive. If
    there's no such number, then the function should
        return -1.

    For example:
    choose_num(12, 15) = 14
    choose_num(13, 12) = -1
    """
```

図 4.12 | HumanEval の問題例

4.4.3　人間や LLM による評価

　人間や LLM による評価方法には、主に絶対評価と相対評価の二つがあります。絶対評価では、まずファインチューニングモデルにあらかじめ用意した問題を入力し、応答を生成します。次に、用意した採点基準や正解に基づいて、生成した応答を採点し、評価を行います。採点基準には応答が有用か、正確か、創造的かといったものが考えられます。相対評価では、複数のファインチューニングモデルに同一の問題や指示を与え、それぞれの応答を比較することで、どちらのモデルがより優れた応答を生成できたかを評価します。どちらの評価方法も、人やそれに近い性能を持つ LLM によって生成結果を確認することで、文字列一致のような定量的な指標では十分に測れない特性を評価対象にできます。ここでは絶対評価と相対評価のそれぞれ有名な評価データセットとプラットフォームについて説明します。

■ **MT-Bench**　MT-Bench[233] は、80 個の対話からなるデータセットです。このデー

タセットは八つのカテゴリから構成され、それぞれ執筆、ロールプレイ、情報抽出、推論、数学、コーディング、STEM*15分野の知識、人文・社会科学分野の知識に関する10個の質問が用意されています。これらの質問は評価対象のファインチューニングモデルに入力され、生成された応答に対して人間やLLMが1点から10点のスコアを付けます。MT-Benchを提案した論文では、このデータセットを用いたLLM-as-a-judgeの有効性を検証しています。その結果、LLM-as-a-judgeが人手による評価と85%の一致率を示すことが報告されています。この一致率は人間同士の評価一致率とほぼ同等であり、LLM-as-a-judgeがある程度人間の評価を再現できることを示しています。

■ **Chatbot Arena**　Chatbot Arena[257]は、複数のLLMの性能比較を行うプラットフォームです。ランダムに選ばれた二つの言語モデルを対象に、ユーザーは匿名化されたモデルに対して自由に質問を行い、どちらの応答が優れているかを評価します。このプロセスを通じて、多様で現実的な質問に対するモデルの優劣が投票によって集計され、各モデルのレーティングが算出されます。このような人手による評価は時間と多くの評価者を必要としますが、実際のユースケースに近い環境でモデルの能力を評価できるため、可能であれば実施すべきでしょう。

4.4.4　評価時の注意点

　LLMの評価には、注意すべき点がいくつかあります。ここでは、特に見落とされがちな点を三つ取り上げます。

■ **LLMに与える入力とハイパーパラメータの影響**　事前学習モデルやファインチューニングモデルを評価する際、In-Context Learningを使用することがあります。この手法は、LLMがタスクを解くためにタスクの説明やいくつか具体的な問いと回答のサンプルを入力します。この際、サンプルの内容やフォーマットがモデルの出力に大きく影響を与えることがわかっています[258]。また、生成時に設定するハイパーパラメータも出力結果に影響を与えます。論文や企業のリリースに記載された結果はこのような影響を受けている可能性があるため、それを鵜呑みにせず、自分の環境で統一したサンプルやハイパーパラメータを用いて評価することが推奨されます。

■ **評価データのコンタミネーション**　事前学習やファインチューニングの過程で、評価データセットが意図せず学習データに混入してしまうことがあります。このような現象はコンタミネーションと呼ばれます。コンタミネーションが発生すると、モデル

＊15　Science（科学）、Technology（技術）、Engineering（工学）、Mathematics（数学）の各分野を総称した言葉。

158 第 4 章 LLM のファインチューニングデータ

が評価データセットの内容を部分的に記憶してしまい、その結果、モデルの性能が過大評価されるおそれがあります。特に、Web 上のテキストから評価データを作成する場合、事前学習やファインチューニング時に、その元データをすでに学習している可能性があるため注意が必要です。Meta では、Llama 3 の開発において、評価データのコンタミネーションを防ぐためにファインチューニングを行うチームが閲覧できない評価データセットを用意するなどの対策を講じています[*16]。

■ **LLM-as-a-judge の課題** LLM-as-a-judge には、いくつかの評価バイアスが存在することが明らかになっています[233],[259]。特に注目すべきバイアスとして、次の三つが挙げられます。

- **Position bias**：複数の回答を比較する際に、提示された順序が評価結果に影響を与えるバイアス
- **Verbosity bias**：簡潔で高品質な回答よりも、長くて低品質な回答が過大評価されるバイアス
- **Self-enhancement bias**：評価モデルが自身の出力を他のモデルより不当に高く評価するバイアス

複数の回答を評価する際に、こうしたバイアスを緩和するためには、順序をランダムにする、評価モデルと被評価モデルを別のモデルにするといった対策が効果的です。しかし、バイアスを完全に排除することは難しいため、場合によっては人手による評価の併用も検討すべきです。計算や推論を必要とする問題や情報の正確性を評価するタスクでは、まだ言語モデルによる評価は難しいと言えます。このようなタスクを評価する場合は人手による評価を検討したほうがよいでしょう[260]。

本節では、ファインチューニングモデルの評価方法、評価に用いるデータセット、評価の際の注意点について説明しました。モデルの性能を適切に評価することは、ファインチューニングデータの改善につながるだけでなく、モデルの能力と限界を正しく理解するためにも重要です。

4.5　日本語における LLM のファインチューニング

これまでに紹介したファインチューニングデータや評価用のデータセットは、英語や中国語を中心に構築されており、日本語のデータセットはまだ十分には整備されていません。本節では、日本語の大規模言語モデル（LLM）におけるファインチューニングデータや評価データの現状と、その課題について詳しく説明します。

---

*16 https://ai.meta.com/blog/meta-llama-3/

4.5.1　日本語ファインチューニングモデルの構築

　日本語を扱う言語モデルを構築するには、ファインチューニングデータも日本語で用意するのが理想的です。しかし、必ずしも十分な日本語データを入手できるとは限りません。予算の都合でデータ収集を委託できない場合や、商用利用可能な日本語データが見つからない場合には、必要なデータ量を確保できないこともあります。このようなデータ不足に対処する方法として、他言語のデータを日本語に翻訳して利用する方法や、多言語データを活用して日本語でのモデル性能を向上させる方法があります。本節では、日本語ファインチューニングモデルを構築するためのさまざまなアプローチについて紹介します。

■**日本語のファインチューニングデータを使う**　モデルの日本語能力を向上させるためには、日本語で書かれたデータをファインチューニングに使用することが最も直接的な方法です。代表的な日本語 Instruction Data としては、ichikara-instruction[261] があります。これは、高品質な日本語の指示と応答ペアを約 1 万件集めたデータセットです。研究目的には無料で利用できますが、商用目的での使用には有料のライセンス契約が必要です。また、多言語データセットである OpenAssistant Conversations Dataset[230] や Aya Dataset[262] にも日本語が含まれており、これらを活用することもできます。このような日本語で執筆されたデータを使ってモデルをファインチューニングすることで、日本語特有の文脈や表現を学習し、自然な日本語による応答生成が期待できます。

■**他言語のデータを翻訳する**　日本語データが不足している場合、英語や中国語のような比較的豊富な言語の Instruction Data を日本語に翻訳して利用する方法が考えられます。このアプローチは、いちから日本語のデータセットを作成するよりも大幅にコストと時間を削減できるというメリットがあります。このようなデータセットには、例えば DeepL*17 を用いて、oasst1*18 を翻訳した llm-jp/oasst1-21k-ja*19 や databricks-dolly-15k*20 を翻訳した llm-jp/databricks-dolly-15k-ja*21 などがあります。ただし、翻訳を通してデータセットを構築する際には、以下のような問題が生じる可能性があるため、注意が必要です。

＊17　https://www.deepl.com/
＊18　https://huggingface.co/datasets/OpenAssistant/oasst1
＊19　https://huggingface.co/datasets/llm-jp/oasst1-21k-ja
＊20　https://huggingface.co/datasets/databricks/databricks-dolly-15k
＊21　https://huggingface.co/datasets/llm-jp/databricks-dolly-15k-ja

160 　第 4 章　LLM のファインチューニングデータ

- **翻訳ミス**：機械翻訳を使用する場合、指示や応答が不適切な日本語に翻訳されることがあります。例えば、「import math」という Python のコードが「数学をインポートします」と誤訳されていた事例があります。
- **ライセンス問題**：機械翻訳サービスの利用規約によっては、翻訳したデータを学習データとして使用することが制限されている場合があります。
- **文化的な背景の違い**：アメリカの州やハリウッド俳優など、日本人にとって比較的馴染みのない場所や人物に関する質問がデータセットに含まれている可能性があります。

　これらの問題を避けるには、翻訳後のデータセットを入念に確認し、日本の文化や知識に合わせて修正することが重要です。例えば、文化的背景に関する質問は日本の事例に置き換える、日本で知名度の高い人物や作品に変更するといった工夫が考えられます。

■多言語データでのファインチューニング　日本語のファインチューニングデータが十分に確保できない場合、多言語データセットを活用してファインチューニングを行うことも有効な方法の一つです。Shaham ら[263] の研究では、英語の Instruction Dataset に多言語の Instruction Data を追加することで、追加した言語に限らず、未追加の言語の指示に従う能力も大きく向上することが示されています。この結果は、多言語データを活用することで言語間の共通性を学習し、モデルの汎化性能を高める可能性があることを示唆しています。

4.5.2　日本語評価データセット

　日本語の LLM の評価には、高品質な日本語のベンチマークデータセットが不可欠です。近年では、日本語に特化した評価データセットの開発が進められており、本節ではその代表的な例を紹介します。

■ llm-jp-eval　llm-jp-eval[264] は日本語の LLM の性能を多角的に評価するために開発されたオープンソースの評価ツールです。LLM-jp*22 によって開発されており、GitHub で公開されています。このツールの特徴は、自然言語処理における八つのタスクカテゴリに対応した JSICK[265] や JCommonsenseQA[266] などの 12 種類の日本語評価データセットを含んでいる点です。各データセットは、商用利用が可能なライセンスを採用しているものを使用しています。

■ ELYZA-tasks-100　ELYZA Tasks 100[267] は、株式会社 ELYZA*23 が独自に開発した日

---

*22　https://llm-jp.nii.ac.jp/

本語大規模モデルの性能を評価するためのデータセットです。このデータセットには、言い換えやブレインストーミングなど、多様で複雑な指示が 100 件含まれており、すべて人手で作成されています。さらに、各指示には模範解答と採点基準が設定されており、1–5 点のスコアで評価できます。これにより、人手による評価はもちろん、LLM を用いた自動評価も可能です。

■ **Japanese Vicuna QA** Japanese Vicuna QA[268] は Vicuna[231] の評価データセットを日本語に翻訳したものです。ロールプレイ、一般常識、フェルミ推定、コーディングなどの 8 カテゴリごとに 10 問ずつ指示が収録され、合計で 80 問が含まれています。このデータセットは同一の指示を複数のモデルに出力させ、比較することで相対的な性能比較を行います。また、英語の評価データセットを日本語に翻訳した Japanese MT-Bench*24 があります。こちらは Vicuna の評価データを開発したチームが新たに作った評価データセットである MT-Bench[233] を日本の文化を反映したうえで翻訳したデータセットです。

4.6 おわりに

　本章では、大規模言語モデル（LLM）のファインチューニングにおけるデータ構築手法と評価手法、さらに日本語ファインチューニングモデルの現状について解説しました。この分野は急速に発展しており、新しいデータ生成手法や評価データセットが次々に提案されています。本章で紹介した代表的な論文や、Llama[240] や Tülu[269] といった LLM の論文を参考に、最新の知見を積極的に取り入れるとよいでしょう。

　ここまでファインチューニングデータについて説明してきましたが、実際にファインチューニングデータを構築する際には、最初にモデルに求める能力や振る舞いを定義することを強くおすすめします。例えば、「日本語における自然な対話生成を強化する」や「Python のコード生成能力を向上させる」といった明確な目標を設定することで、必要なデータの種類や収集手法の方針を立てることができます。また、このような目標は評価基盤の設計にも直結し、データの有効性を測定するための指標を提供します。

　最後に、本書で紹介した手法や事例が、読者のみなさまが理想とする LLM の開発に役立つことを心より願っています。

---

*23　https://elyza.ai/
*24　https://github.com/Stability-AI/FastChat/tree/a07fec95abc6e8015427c12a0e17c80
　　0aa799fa9/fastchat/llm_judge

参考文献

[123] Long Ouyang et al. "Training language models to follow instructions with human feedback". In: NeurIPS 35 (2022), pp. 27730–27744.

[141] BigScience Workshop. "BLOOM: A 176B-Parameter Open-Access Multilingual Language Model". In: arXiv preprint arXiv:2211.05100 (2023).

[148] Yang Liu et al. "Datasets for Large Language Models: A Comprehensive Survey". In: arXiv preprint arXiv:2402.18041 (2024).

[203] Edward J. Hu et al. "LoRA: Low-Rank Adaptation of Large Language Models". In: arXiv:2106.09685 (2021).

[204] Xiao Liu et al. "P-Tuning: Prompt Tuning Can Be Comparable to Fine-tuning Across Scales and Tasks". In: Proceedings of the 60th Annual Meeting of the Association for Computational Linguistics (Volume 2: Short Papers). Ed. by Smaranda Muresan, Preslav Nakov, and Aline Villavicencio. Dublin, Ireland: Association for Computational Linguistics, May 2022, pp. 61–68. DOI: `10.18653/v1/2022.acl-short.8`. URL: `https://aclanthology.org/2022.acl-short.8`.

[205] Jacob Devlin et al. "BERT: Pre-training of Deep Bidirectional Transformers for Language Understanding". In: 2018.

[206] Yinhan Liu et al. "RoBERTa: A Robustly Optimized BERT Pretraining Approach". In: arXiv:1907.11692 (2019).

[207] Tom B. Brown et al. "Language Models are Few-Shot Learners". In: arXiv:2005.14165 (2020).

[208] Pengfei Liu et al. "Pre-train, Prompt, and Predict: A Systematic Survey of Prompting Methods in Natural Language Processing". In: arXiv:2107.13586 (2021).

[209] Jason Wei et al. "Finetuned Language Models are Zero-Shot Learners". In: International Conference on Learning Representations.

[210] Yao Lu et al. "Fantastically Ordered Prompts and Where to Find Them: Overcoming Few-Shot Prompt Order Sensitivity". In: Proceedings of the 60th Annual Meeting of the Association for Computational Linguistics (Volume 1: Long Papers). Ed. by Smaranda Muresan, Preslav Nakov, and Aline Villavicencio. Dublin, Ireland: Association for Computational Linguistics, May 2022, pp. 8086–8098. DOI: `10.18653/v1/2022.acl-long.556`. URL: `https://aclanthology.org/2022.acl-long.556`.

[211] Shengyu Zhang et al. Instruction Tuning for Large Language Models: A Survey. 2023.

[212] Renze Lou, Kai Zhang, and Wenpeng Yin. "A Comprehensive Survey on Instruction Following". In: arXiv:2303.10475 (2023).

[213] Rafael Rafailov et al. Direct Preference Optimization: Your Language Model is Secretly a Reward Model. 2023.

[214] Mohammad Gheshlaghi Azar et al. A General Theoretical Paradigm to Understand Learning from Human Preferences. 2023.

[215] Wei Liu et al. What Makes Good Data for Alignment? A Comprehensive Study of Automatic Data Selection in Instruction Tuning. 2023.

[216] Yingxiu Zhao et al. A Preliminary Study of the Intrinsic Relationship between Complexity and Alignment. 2023.

[217] Chunting Zhou et al. "LIMA: Less Is More for Alignment". In: Thirty-seventh Conference on Neural Information Processing Systems. 2023. URL: `https://openreview.net/forum?id=KBMOKmX2he`.

[218] Yihan Cao et al. Instruction Mining: When Data Mining Meets Large Language Model Finetuning. 2023.

[219] Lichang Chen et al. "Alpagasus: Training a Better Alpaca Model with Fewer Data". In: The Twelfth International Conference on Learning Representations. 2024. URL: `https://openreview.net/forum?id=FdVXgSJhvz`.

[220] Yizhong Wang et al. "Super-NaturalInstructions:Generalization via Declarative Instructions on 1600+ Tasks". In: EMNLP. 2022.

[221] Keming Lu et al. #InsTag: Instruction Tagging for Analyzing Supervised Fine-tuning of Large Language Models. 2023.

[222] Xuechen Li et al. AlpacaEval: An Automatic Evaluator of Instruction-following Models. `https://github.com/tatsu-lab/alpaca_eval`. 2023.

[223] Shayne Longpre et al. "The flan collection: Designing data and methods for effective instruction tuning". In: arXiv:2301.13688 (2023).

[224] Hyung Won Chung et al. Scaling Instruction-Finetuned Language Models. 2022.

[225] Victor Sanh et al. Multitask Prompted Training Enables Zero-Shot Task Generalization. 2021.

[226] Niklas Muennighoff et al. "Crosslingual Generalization through Multitask Finetuning". In: Proceedings of the 61st Annual Meeting of the Association for Computational Linguistics (Volume 1: Long Papers). Ed. by Anna Rogers, Jordan Boyd-Graber, and Naoaki Okazaki. Toronto, Canada: Association for Computational Linguistics, July 2023, pp. 15991–16111. DOI: `10.18653/v1/2023.acl-long.891`. URL: `https://aclanthology.org/2023.acl-long.891`.

[227] Hugo Laurençon et al. The BigScience ROOTS Corpus: A 1.6TB Composite Multilingual Dataset. 2023.

[228] Can Xu et al. "Wizardlm: Empowering large language models to follow complex instructions". In: arXiv:2304.12244 (2023).

[229] Mike Conover et al. Free Dolly: Introducing the World's First Truly Open Instruction-Tuned LLM. 2023. URL: `https://www.databricks.com/blog/2023/04/12/dolly-first-open-commercially-viable-instruction-tuned-llm` (visited on 06/30/2023).

[230] Andreas Köpf et al. OpenAssistant Conversations – Democratizing Large Language Model Alignment. 2023.

[231] Wei-Lin Chiang et al. Vicuna: An Open-Source Chatbot Impressing GPT-4 with 90%* ChatGPT Quality. Mar. 2023. URL: `https://lmsys.org/blog/2023-03-30-vicuna/`.

参考文献

[232] Guan Wang et al. OpenChat: Advancing Open-source Language Models with Mixed-Quality Data. 2023.

[233] Lianmin Zheng et al. Judging LLM-as-a-Judge with MT-Bench and Chatbot Arena. 2023.

[234] Yizhong Wang et al. Self-Instruct: Aligning Language Model with Self Generated Instructions. 2022.

[235] Rohan Taori et al. Stanford Alpaca: An Instruction-following LLaMA model. `https://github.com/tatsu-lab/stanford_alpaca`. 2023.

[236] Xian Li et al. Self-Alignment with Instruction Backtranslation. 2023.

[237] Kawin Ethayarajh et al. KTO: Model Alignment as Prospect Theoretic Optimization. 2024.

[238] Yi Dong et al. SteerLM: Attribute Conditioned SFT as an (User-Steerable) Alternative to RLHF. 2023.

[239] Amanda Askell et al. A General Language Assistant as a Laboratory for Alignment. 2021.

[240] Hugo Touvron et al. Llama 2: Open Foundation and Fine-Tuned Chat Models. 2023.

[241] Zhilin Wang et al. HelpSteer2-Preference: Complementing Ratings with Preferences. 2024.

[242] Stephen Casper et al. Open Problems and Fundamental Limitations of Reinforcement Learning from Human Feedback. 2023.

[243] Shibani Santurkar et al. Whose Opinions Do Language Models Reflect? 2023.

[244] Yuntao Bai et al. Training a Helpful and Harmless Assistant with Reinforcement Learning from Human Feedback. 2022.

[245] Deep Ganguli et al. Red Teaming Language Models to Reduce Harms: Methods, Scaling Behaviors, and Lessons Learned. 2022.

[246] Ganqu Cui et al. UltraFeedback: Boosting Language Models with High-quality Feedback. 2023.

[247] Stephanie Lin, Jacob Hilton, and Owain Evans. "TruthfulQA: Measuring How Models Mimic Human Falsehoods". In: Proceedings of the 60th Annual Meeting of the Association for Computational Linguistics (Volume 1: Long Papers). Ed. by Smaranda Muresan, Preslav Nakov, and Aline Villavicencio. Dublin, Ireland: Association for Computational Linguistics, May 2022, pp. 3214–3252. DOI: `10.18653/v1/2022.acl-long.229`. URL: `https://aclanthology.org/2022.acl-long.229`.

[248] Shengding Hu et al. "Won't Get Fooled Again: Answering Questions with False Premises". In: Proceedings of the 61st Annual Meeting of the Association for Computational Linguistics (Volume 1: Long Papers). Ed. by Anna Rogers, Jordan Boyd-Graber, and Naoaki Okazaki. Toronto, Canada: Association for Computational Linguistics, July 2023, pp. 5626–5643. DOI: `10.18653/v1/2023.acl-long.309`. URL: `https://aclanthology.org/2023.acl-long.309`.

[249] Ning Ding et al. "Enhancing Chat Language Models by Scaling High-quality Instructional Conversations". In: Proceedings of the 2023 Conference on Empirical Methods in Natural Language Processing. Ed. by Houda Bouamor, Juan Pino, and Kalika Bali. Singapore: Association for Computational Linguistics, Dec. 2023, pp. 3029–3051. DOI: `10.18653/v1/2023.emnlp-main.183`. URL: `https://aclanthology.org/2023.emnlp-main.183`.

[250] Kawin Ethayarajh, Yejin Choi, and Swabha Swayamdipta. "Understanding Dataset Difficulty with $\mathcal{V}$-Usable Information". In: Proceedings of the 39th International Conference on Machine Learning. Ed. by Kamalika Chaudhuri et al. Vol. 162. Proceedings of Machine Learning Research. PMLR, July 2022, pp. 5988–6008. URL: `https://proceedings.mlr.press/v162/ethayarajh22a.html`.

[251] Weizhe Yuan et al. Self-Rewarding Language Models. 2024.

[252] Harrison Lee et al. RLAIF: Scaling Reinforcement Learning from Human Feedback with AI Feedback. 2023.

[253] Kishore Papineni et al. "Bleu: a Method for Automatic Evaluation of Machine Translation". In: Proceedings of the 40th Annual Meeting of the Association for Computational Linguistics. Ed. by Pierre Isabelle, Eugene Charniak, and Dekang Lin. Philadelphia, Pennsylvania, USA: Association for Computational Linguistics, July 2002, pp. 311–318. DOI: `10.3115/1073083.1073135`. URL: `https://aclanthology.org/P02-1040`.

[254] Chin-Yew Lin. "ROUGE: A Package for Automatic Evaluation of Summaries". In: Text Summarization Branches Out. Barcelona, Spain: Association for Computational Linguistics, July 2004, pp. 74–81. URL: `https://aclanthology.org/W04-1013`.

[255] Dan Hendrycks et al. Measuring Massive Multitask Language Understanding. 2020.

[256] Mark Chen et al. "Evaluating Large Language Models Trained on Code". In: arXiv:2107.03374 (2021).

[257] Wei-Lin Chiang et al. Chatbot Arena: An Open Platform for Evaluating LLMs by Human Preference. 2024.

[258] Norah Alzahrani et al. When Benchmarks are Targets: Revealing the Sensitivity of Large Language Model Leaderboards. 2024.

[259] Peiyi Wang et al. Large Language Models are not Fair Evaluators. 2023.

[260] 関根 聡 et al. "LLM の出力結果に対する人間による評価分析と GPT-4 による自動評価との比較分析". In: 言語処理学会第 30 回年次大会 (2024).

[261] 関根 聡 et al. "ichikara-instruction: LLM のための日本語インストラクションデータの構築". In: 言語処理学会第 30 回年次大会 (2024).

[262] Shivalika Singh et al. Aya Dataset: An Open-Access Collection for Multilingual Instruction Tuning. 2024. arXiv: `2402.06619`.

[263] Uri Shaham et al. Multilingual Instruction Tuning With Just a Pinch of Multilinguality. 2024.

[264] Namgi Han et al. "llm-jp-eval: 日本語大規模言語モデルの自動評価ツール". In: 言語処理学会第 30 回年次大会 (2024).

[265] Hitomi Yanaka and Koji Mineshima. "Compositional Evaluation on Japanese Textual Entailment and Similarity". In: Transactions of the Association for Computational Linguistics 10 (2022), pp. 1266–1284. DOI: `10.1162/tacl_a_00518`. URL: `https://aclanthology.org/2022.tacl-1.73`.

[266] Kentaro Kurihara, Daisuke Kawahara, and Tomohide Shibata. "JGLUE: Japanese General Language Understanding Evaluation". In: LREC. Ed. by Nicoletta Calzolari et al. 2022, pp. 2957–2966.

[267] Akira Sasaki et al. ELYZA-tasks-100: 日本語 instruction モデル評価データセット. 2023. URL: `https://huggingface.co/elyza/ELYZA-tasks-100`.

[268] Yikun Sun et al. "Rapidly Developing High-quality Instruction Data and Evaluation Benchmark for Large Language Models with Minimal Human Effort: A Case Study on Japanese". In: The 2024 Joint International Conference on Computational Linguistics, Language Resources and Evaluation (LREC-COLING 2024). 2024.

[269] Nathan Lambert et al. Tülu 3: Pushing Frontiers in Open Language Model Post-Training. 2024.

第5章 ロボットデータ

5.1 はじめに

　画像分類を対象としたコンペティションである ILSVRC（ImageNet Large Scale Visual Recognition Challenge）において 2012 年に AlexNet[270] が圧倒的な精度で勝利を収めて以降、深層学習に大きな注目が集まり、情報学分野、特に人工知能や機械学習、コンピュータビジョンにおけるデータ収集とその利用が大きく発展してきました。その後、2015 年に ResNet[36]、2017 年に Transformer[1] が発表され、深層学習はその汎化能力から、自然言語処理や画像処理分野の発展に大きく寄与してきました。そして、その波は徐々にロボット分野にも押し寄せ、データ（経験）を活用した多様なロボット研究が発表されるようになりました。日本でも、2012 年に日本ロボット学会の研究専門委員会としてデータ工学ロボティクス研究専門委員会が発足されています。この専門委員会では、「ロボットの知能はセンサデータから生まれる」をキーフレーズに、ロボティクスにおけるデータ活用について活発な議論がなされています。

　一方で、ロボットへの大規模なデータ利用に関する研究は 2022 年に入ってからが主であって、画像や言語のそれと比べると随分と発展が遅いことに着目しなければなりません。もちろん、単純に人間の動作データから動きを再現するような、少数データによる動作学習の研究は古くから行われていますが、画像や言語ほどの大規模なデータ収集とモデル学習は行われてきませんでした。これは、ロボットのデータを画像や言語と同様の方法論で扱おうとすると、ロボット特有の困難が生じることに起因します。まず、ロボットでは複数のモダリティ*1を同時に扱う必要がある点が挙げられます。画像や言語、音声などの単一のモダリティであれば、Web や本を通して大規模なデータ収集が比較的容易に可能ですが、それらの集合体であるロボットではそうもいきません。カメラやマイク、関節角度などの多様なモダリティのデータを同時に収集する必要があります。次に、ロボットは搭載されるセンサの配置や身体の構造が非常に多様であるという点が挙げられます。カメラであれば横と縦のピクセル数で、マイクであれば何チャンネルでどのくらいの周波数で音を収集するかで得られるデータ構造が決まります。その一方で、ロボットには決まったセンサ構成・身体構造がなく、異なるロボットで同様に扱えるようにデータ構造を規格化することは困難です。腕の本数や、脚か車輪かという移動形態、カメラの位置や配置もロボットごとに異な

---

*1　ロボットにおいてはセンサや情報の種類だと考えてください。

168　第 5 章　ロボットデータ

ります。さらに腕 1 本をとっても、その関節配置やリンク長、リンク重量*2などはロボットごとに異なり、共通化できるものではありません。そのため、ある一つのロボットで収集されたデータが、他のロボットにはまったく適用できない、といったことがしばしば起こるのです。最後に、ロボットはセンシングするだけでなく、環境に対して働きかけるエージェントです。単にセンサ値を収集するだけでなく、何か意味のある行動を行って、その結果として観測を得る必要があるのです。つまり、画像や言語、音声のように、Web や本からデータを収集することができず、個々のロボットに何らかの動作を行わせ、その際の時系列データを収集する必要があり、画像や音声、言語の大規模なデータの収集と比較して膨大な時間がかかります。これらの問題ゆえに、統一的なデータ構造を定め、大量のデータを収集して、アノテーションして、学習するという、自然言語処理やコンピュータビジョンで用いられてきた方法論の適用が難しかったという背景があります。

　これに対して、2022 年 12 月に Google から発表さた RT-1（Robotics Transformer-1）[271]、2023 年 7 月に発表された RT-2[272]、2023 年 10 月に発表された RT-X[273] という一連の研究プロジェクトは、これまでの常識を覆し、大量のデータを集め、それらのデータを吸収できるほどの大規模なモデルを構築、ロボットにおいて言語に基づく行動学習を行おうという道を進んでいます。そして、それは驚くべき汎化性能を持ち、未知へのタスクや状況の変化、ロボット身体の違いにさえも適応できるようになってきています。本章では、ロボットという分野において、大規模なデータ収集を行い、それを学習という形でロボットの行動に反映させる方法について、RT-1、RT-2、RT-X を中心にまとめます。特に RT-X について述べますが、このプロジェクトでは 21 の研究機関、173 人の著者が、22 種類のロボットにおいて、527 のスキル*3、160,266 のタスク*4のデータを集め、これをもとにモデルを学習したという、世界各国のロボット研究者を巻き込んだ壮大な論文を発表しています。日本からは、東京大学の原田研究室、松尾研究室、情報システム工学研究室（JSK）という、三つの研究室、計 10 人の著者が参加しており、筆者もその著者の一人として参加していました。RT-1 や RT-2 で集められたデータだけでなく、各研究機関が独自に集めたデータが一つに集約され、いつでも、誰でも大規模なロボットモデル学習ができるような工夫がなされています。本章では、どのようなロボットのデータが、どのように収集され、どのようなモデルアーキテクチャを用いて学習されたのかを解説します。まず、RT-1、RT-2、RT-X を含むロボット用の大規模学習に関する研究の概要を述べます。次に、現在用いられ

---

*2　ロボットは一般的に関節とリンクが連続的につながった構造をしています。リンクは人間で言う骨にあたり、リンク長はその骨の長さ、リンク重量はその骨の重さを表します。

*3　スキルとは、物を取る、ドアを開けるなどの動作種類を示しています。

*4　タスクとは、言語指示の種類を示しています。冷蔵庫のドアを開ける、机の上のリンゴを取るなど、スキルと扱う物体の組み合わせがタスクになります。

ているロボットについて紹介し、なぜロボットにおけるデータ収集が難しいのかについて解説します。そして、それらロボットにおけるデータ収集の方法、現在のデータセット、データの拡張方法について順に説明します。このようなロボット用の大規模モデルをロボット基盤モデルと呼びます。なお、本章では画像や言語を入力として行動を出力する模倣学習[*5]型のロボット基盤モデルについてのみ着目する点にご注意いただきたいと思います。また、この分野はまだまだ発展途上であり、すべての問題が解決したとは到底言えないような状況です。どこが解かれていなそうか、今後どこを解くべきかを考えながら読んでいただけると幸いです。

5.2 RTシリーズの概要

5.2.1 RT-1

画像や言語に関する基盤モデルが盛んに開発される中、ロボットにおける基盤モデルを開発しようという取り組みは2022年になってもほとんどありませんでした。そして2022年12月14日に突如Googleの研究者らから発表されたのが、このRT-1（Robotics Transformer-1）[271]というロボット基盤モデルへの取り組みです。これは図 5.1 に示すように、ロボットが何らかの言語による指示を受けて、現在の画像をもとにその指示をこなすポリシー（行動方策）を学習するものです。

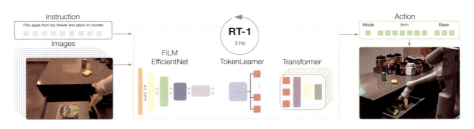

図 5.1 | RT-1（Robotics Transformer-1）の概要。RT-1 は、言語指示（Instruction）と画像列（Images）を入力とし、ロボットの行動（Action）を出力。Brohan らの論文[271]より引用。

RT-1 の特徴を以下にまとめます。

- **ロボット**：EDR（Google）
- **モダリティ**：画像、自然言語、ロボットのアクション（手先の位置・回転の変位、グリッパの開閉、台車の速度・角速度、手先制御・台車制御・終了のモード切り替え変数）

---

*5 模倣学習とは、エキスパート、特にここでは人間の動作を真似るようにポリシーを学習する手法のことを言います。

- **動作環境**：多様なキッチン環境
- **データ**：13台のEDRを17か月動かし集めた、700タスク、130,000のエピソード[*6]
- **モデル**：Transformer + FiLM conditioning
- **性能**：高いデータ吸収能力（data absorption）と汎化性能（generalization）によりベースライン手法を大幅に凌駕

これらについて、それぞれ細かく見ていきます。

■**ロボット**　図5.2の(d)に示したEDRというロボットは7自由度のアームと2指ハンド、2輪系の台車、RGBカメラを持つロボットで、カメラからは640×512のRGB画像が得られます。ロボット自体に特筆する点はありませんが、このRT-1、その次のRT-2では、このEDRから得られたデータのみを使って学習を行っています。なお、Googleだけが使えるロボットであり、他組織の研究者は使用できません。

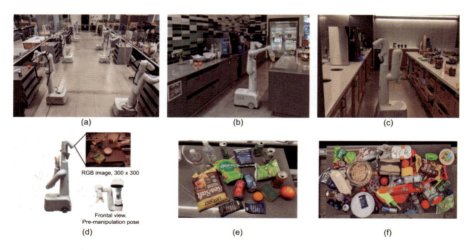

図5.2 | RT-1で使用したロボットEDRと動作環境。(a)は大規模なデータ収集用のトレーニング環境、(b)と(c)は実際のキッチン環境、(d)はロボットEDR、(e)はほぼすべてのスキルに使われる対象物体、(f)は把持動作学習のためのより多様な対象物体。Brohanらの論文[271]より引用。

■**モダリティ**　300×300まで解像度を落とした連続する6枚のカメラ画像と言語指示（例えば "open the top drawer" や "pick iced tea can"）がモデルに入力されます。そして、ロボットのアクションとして手先の位置の変位（3次元）、回転の変位（3次

[*6] エピソードとは、記録した1回の動作を示しています。

元）、グリッパ*7の開閉（1 次元）、台車の平面上の速度・角速度（3 次元）、加えて、手先制御・台車制御・終了の三つを切り替えることのできるモード切り替え変数（1 次元）を、ネットワークは出力します。一般的に、ロボットには関節や車輪に対してアクチュエータ*8が配置されており、関節角度や車輪速度などを直接アクションとして利用することもできます。一方で、手先の速度と角速度、台車の速度と角速度をアクションとすることで、アクションの次元を削減したり、より直感的なアクションを構成することができます。

■**動作環境**　図 5.2 の (a)–(c) に示した、キッチンを部分的に再現した練習用の環境 (a) と実際のオフィスキッチン二つ (b、c) が用いられています。前者は実際のオフィスキッチンの一部のカウンターで構成され、大規模なデータ収集用に構築されています。後者は、前者の練習用環境と似たカウンターを持っていますが、照明・背景・全体のジオメトリ（引き出しの代わりにキャビネットがあるか、シンクが見えるかなど）が異なります。

■**データ**　各ロボットはエピソードの初めに自律的に自分のステーションに戻り、ロボットを操作してデータ収集を行う人（オペレータ）に、これから行うべきタスクの言語指示を伝えます。言語指示には通常、スキルを表す動詞（例えば "pick"、"open"、"place upright"）と一つ以上の対象のオブジェクトに関する名詞（例えば "coke can"、"apple"、"drawer"）が含まれます。ここでは、均衡のとれたデータセットを確保するために、背景構成のランダム化も行います。つまり、各ロボットはオペレータにシーンをランダム化する方法とロボットがデモンストレーションすべきタスクの言語指示を伝えます。デモンストレーションは、オペレータとロボットの間で直接的な視界が確保された状態で、コントローラを使用して収集されます。オペレータがコントローラを動かすと、それに応じてロボットの位置・姿勢が変化すると考えてください。各エピソードには、ロボットが実行した言語指示と動作軌道、観測が含まれます。結果的に、13 台の EDR を 17 か月動かし、700 タスク、130,000 のエピソードを得て、これを学習に利用しています。

■**モデル**　RT-1 のモデルアーキテクチャを図 5.3 に示します。画像認識や自然言語処理からさほどモデル構造は変わりませんが、モダリティの入出力にはいくつかの工夫が見られます。まず、RT-1 は連続する六つの画像列をトークン化するために、

---

*7　グリッパとはロボットの手先についたハンドのことであり、特に 2 本の指で物体を把持するような 2 指ハンドのことをそう呼びます。

*8　アクチュエータとはロボットを駆動（アクチュエート）する何らかの装置や部品であり、主にモータや空気圧、油圧アクチュエータなどが用いられます。

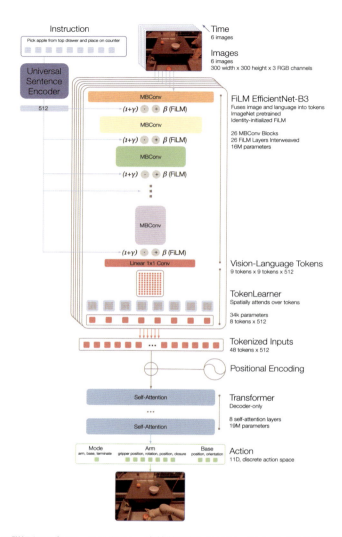

図 5.3 | RT-1 の詳細なモデルアーキテクチャ。事前学習済みの EfficientNet-B3 の中間特徴量を Universal Sentence Encoder によって得られた言語埋め込みと FiLM（Feature-wise Linear Modulation）レイヤによって条件付けし、TokenLearner によってトークンを圧縮、デコーダ型の Transformer によりアクションを出力する。Brohan らの論文[271] より引用。

ImageNet で事前学習された EfficientNet-B3[37] モデルを通して、最終畳み込み層から $9 \times 9 \times 512$ の空間特徴量マップを出力します（**図 5.3** の Vision-Language Tokens）。この空間特徴量マップに、事前学習された Universal Sentence Encoder[274] による言語埋め込みを条件付けることで、自然言語の指示に依存させます。具体的には、この言

語埋め込みは事前学習済みの EfficientNet-B3 に追加された identity-initialized FiLM レイヤ[275] への入力として使用されます。この FiLM（Feature-wise Linear Modulation）レイヤは、言語特徴量に基づいて画像特徴量をアフィン変換するレイヤです。通常、事前学習済みネットワークの内部に FiLM レイヤを挿入すると、ネットワークが崩れてしまい事前学習済みの重みを使用する利点がなくなってしまいます。そこで、FiLM のアフィン変換を生成する全結合層の重みをゼロで初期化し、FiLM レイヤが最初は恒等変換として機能し、事前学習済みの重みの機能を保持できるようにしています。この FiLM EfficientNet-B3 は 26 層の MBConv (Mobile Inverted Bottleneck Convolution) ブロックと FiLM レイヤを含み、合計で 16 M のパラメータを持ち、最終的に 81 の視覚 – 言語トークンを出力します。その後、推論の速度を上げるために、トークン数を減らし計算量を削減する TokenLearner[276] を用いて、さらにトークン数を 8 まで圧縮します。各画像ごとの 8 個のトークンが連結され、合計で 48 のトークンが RT-1 の Transformer へと送られます。Transformer は 8 層の自己注意機構からなり、合計 19 M のパラメータを持つデコーダで、アクショントークンを出力します。なお、RT-1 の各アクション次元は 256 のビンに離散化されトークン化されています。このモデルが一般的な多クラス交差エントロピーを損失として学習されます。

■**性能**　この RT-1 と、これまで開発されてきたベースライン手法である Gato[277]、BC-Z[278] のパフォーマンス比較を**図 5.4** に示します。Gato は RT-1 と同様に Transformer 型のアーキテクチャですが、事前学習済みの言語埋め込みが用いられていなかったり、RT-1 のような早い段階での画像情報と言語情報の融合が行われていなかったりと、詳細な構造は大きく異なります。また、BC-Z は ResNet 型のアーキテクチャを採用しています。なお、ここで用いるデータセットは RT-1 で収集したデータであり、各ベースライン手法と RT-1 の間で異なるのはモデルアーキテクチャのみです。

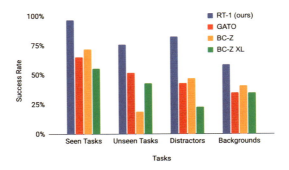

図 5.4 | RT-1 とベースライン手法におけるパフォーマンスの比較。ベースライン手法である Gato[277] や BC-Z[278] よりも高い性能を示しています。Brohan らの論文[271] より引用。

第 5 章　ロボットデータ

元々 Gato はブロックを積み上げるタスク、BC-Z は 100 のマニピュレーションタスク
のデータを用いていますが、RT-1 におけるデータ量はそれらを大幅に上回り、かつタ
スクのバラエティに富んでいます。

　グラフから、RT-1 は 200 以上の言語指示に対して、見たことのあるタスクであれ
ば、97 ％という高い精度でタスクを実行できることが分かりました。これは、BC-Z
よりも 20 ポイント、Gato よりも 32 ポイント高い性能を表しています。また、データ
セットに含まれない言語指示に対しても 76 ％の成功率を示しており、次点のベース
ライン手法よりも 24 ポイント高い性能です。この傾向はタスクに関係のない妨害物
体を加えたときや、背景を変化させたときも同様でした。上記の結果から、この RT-1
というアーキテクチャの高いデータ吸収能力と汎化性能が分かります。

5.2.2　RT-2

　RT-2 は RT-1 の後継として開発されたモデルです。実は、ここで用いるロボット、モ
ダリティ、動作環境、データについては RT-1 とほとんど変わりません。しかし、その
モデルアーキテクチャは大きく変化しています。RT-2 の最も重要な点は、**図 5.5** に示
すように、これまで開発されてきた大規模視覚 – 言語モデルの利点を最大限享受しよ
うという点にあります。RT-1 のように実ロボットから得られた画像・言語指示・アク
ションのデータのみを用いるのではなく、視覚 – 言語モデルにおける Visual Question
Answering や Image Captioning などのタスクのデータも同時に用いてネットワーク
を学習させます。そのため、モデルアーキテクチャは大規模視覚 – 言語モデルがベー
スであり、RT-1 のような独自の構造はとりません。この視覚 – 言語モデルに、自然言
語トークンと同様の方法でロボットのアクションをトークンとして表現し、出力させ
ます。このような構造は、Vision-Language-Action Model（VLA）と呼ばれ、その一つ
の例として、RT-2 が開発されています。なお、もう一つ RT-1 と異なるところがある
とすれば、それは RT-2 がマニピュレーションタスクのみに焦点を当てている点です。
そのため、モード切替の次元は手を動かすか終了するかの 2 値になり、そのほかのア
クションは手先の位置・姿勢の変位、グリッパの開閉のみで、台車の位置・姿勢の変
位はアクションに含みません。

■**モデル**　RT-2 では、ベースとなる視覚 – 言語モデルとして、PaLI-X[279] または PaLM-
E[280] を利用しています。そして、これらをベースに学習された Visual-Language-Action
モデルを、RT-2-PaLI-X、または RT-2-PaLM-E と呼んでいます。モデルアーキテクチャ
については、よくある視覚 – 言語モデルと同様の構造と考えて問題ありません。次に
アクション空間についてですが、先ほども述べた通り、ロボットのエンドエフェクタ
の位置および回転の変位（計 6 次元）、グリッパの開閉（1 次元）、そして、エピソー
ドを終了させるための 2 値変数（1 次元）となっています。エピソードを終了させる

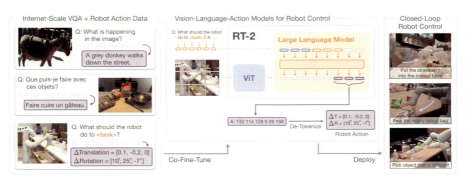

図 5.5 | RT-2 の概要。大規模視覚 – 言語モデルをベースとしたモデルアーキテクチャを持ち、ロボットのデータだけでなく、Visual Question Answering に関するデータも同時に学習に用いる。Zitkovich らの論文[272] より引用。

2 値変数以外は、均等に 256 のビンに離散化され、結果的にロボットのアクションは 8 次元の整数値で表現されます。そして、これらは各視覚 – 言語モデルに独自な形でトークン化されます。例えば PaLM-E の場合は、最も使用されていない 256 のトークンを単純に上書きして用いています。このアクション表現を使用し、ロボットの軌道データを、視覚 – 言語モデルをファインチューニングするのに適した形式に変換します。ここでは、ロボットのカメラ画像とテキスト形式のタスク説明「Q: what action should the robot take to [task instruction]? A:」を受け取り、適切なロボットアクショントークン列を出力するような形になります。

　学習方法ですが、RT-2 で重要なのは、インターネット規模の大量の視覚 – 言語タスクデータと、ロボット軌道データを同時に使いモデルを学習させることにあります。それによってモデルが、視覚 – 言語タスクからの抽象的な概念と、低レベルのロボットアクションデータに同時にさらされ、より汎用性のあるポリシーが得られます。この際、インターネット規模のデータとロボットデータの量のバランスをとるために、ロボットデータからのサンプリングの比率を上げています。なお、RT-2 と一般的な大規模視覚 – 言語モデルの重要な違いは、RT-2 では実際のロボットで実行可能な有効なアクショントークンを出力する必要があるという点です。そのため、デコードの際に RT-2 が有効なアクショントークンを出力するように、アクションを出力する際は出力ボキャブラリを制約します。一方、標準的な視覚 – 言語タスクでは自然言語トークンの全範囲を出力します。

■**性能**　この RT-2 と、これまで開発されてきたベースライン手法である R3M、VC-1、RT-1、MOO のパフォーマンス比較を**図 5.6** に示します。R3M[281] と VC-1[282] は画像の表現学習モデルで、これを RT-1 のアーキテクチャに利用しています。MOO[283] は大

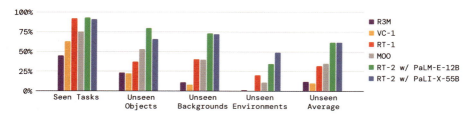

図 5.6 | RT-2 とベースライン手法におけるパフォーマンスの比較[272]。RT-2 はベースライン手法である R3M[281] や VC-1[282]、MOO[283] よりも高い性能を示している。Zitkovich らの論文[272] より引用。

規模視覚 – 言語モデルを用いてセマンティックマップを取得し、RT-1 のアーキテクチャに利用しています。なお、データセットはすべて同じものを使用して学習を行っています。

　グラフから、見たことのあるタスクに対する性能は RT-1 と RT-2 で大きくは変わりません。一方で、新しい対象物体や背景、環境における性能は、RT-2 がベースライン手法を大きく凌駕しています。傾向として、新しいタスクについては、RT-2 の性能が R3M や VC-1 の 6 倍、RT-1 や MOO の 2 倍程度の性能を示しています。RT-2 は、大規模視覚 – 言語モデルアーキテクチャとインターネット規模の視覚 – 言語タスクデータを利用することで、見たことのないさまざまなシチュエーションに対しても高い汎化性能を示すことが分かりました。

5.2.3　RT-X

　RT-1 や RT-2 は、同じような環境で同一のロボットが動作した際のデータを収集し、ポリシーを学習させていました。一方、言語や視覚に関するモデルでは、多様なタスクに関する大量のデータで学習された事前学習済みモデルが、さまざまな個別のタスクを学習するスタート地点、バックボーンとして利用されています。このようなことがロボットについても可能だろうか、という問題意識のもとに始まったのが RT-X プロジェクトです。つまり、多様な環境で、多様なロボットが動作した際のデータを用いてポリシーを学習させることができれば、さまざまなロボット動作のバックボーンとなる事前学習済みモデルが構築できるのではないか、という試みになります。図 5.7 に示すように、多様な環境・ロボットが必要であるがゆえに大規模なプロジェクトとなっており、全世界の 21 の研究機関の協力を得て、22 種類の異なるロボットにおける 527 のスキル（160,266 のタスク）を収集し、RT-X の学習に利用しています。

　詳細についてですが、RT-1 や RT-2 から、モデルとモダリティにはあまり変化はありません。モデルについては、図 5.8 に示すように、RT-1 と RT-2 で開発されたモデルを用います。よって、RT-X データセットによって学習された RT-1 モデルを RT-1-X、RT-2 モデルを RT-2-X と呼びます。モダリティについては、RT-2 と同様、台車の動作

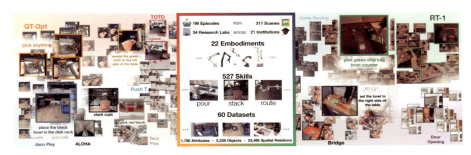

図 5.7 | RT-X プロジェクトの概要。22 の身体性、527 のスキル、60 のデータセットを含むロボット基盤モデル用データセットを構築している。Open X-Embodiment Collaboration らの論文[273] より引用。

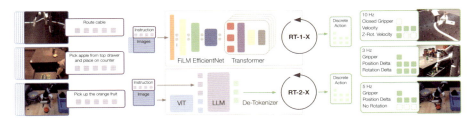

図 5.8 | RT-X におけるモデルアーキテクチャ。多様なロボットにおけるデータセットを用いて RT-1 と RT-2 のモデルアーキテクチャを学習させています。Open X-Embodiment Collaboration らの論文[273] より引用

を除き、マニピュレータの動作のみを学習しています。なお、RT-X のデータセットすべてが実際に RT-1-X や RT-2-X を学習するために用いられているわけではありません。台車型や脚型を含めた多様なロボットのデータセットが含まれており、今後の利用が期待されます。

　RT-1 や RT-2 から大きく変化したのは、動作環境、ロボット、データです。この RT-X データセットの内訳を**図 5.9** に示します。細かなデータセットの中身は **5.5 節**で述べますが、Panda（Franka Emika）や xArm（UFactory）、Sawyer（Rethink Robotics）を初めとした、多様なロボットのデータが収集されています。また、"picking" や "moving"、"pushing" を始めとした多様なスキル、家具や食材、電子機器を始めとした多様な物体を扱ったデータが収集されています。なお、この RT-X のデータセットは、それ自体がデータセットというよりは、これまでのさまざまなデータセットを同じフォーマットに変換してその利用を促進するものである点にはご注意ください。もちろん RT-X 用に収集された新規のデータセットも多く含まれていますが、RT-X のデータセット自体はすでに収集されていたものも含むデータセットの集合体を表しています。

第 5 章 ロボットデータ

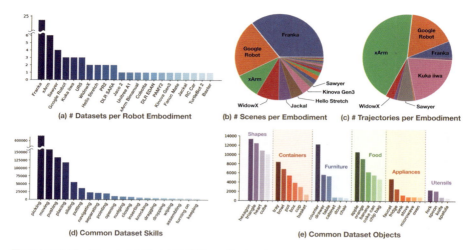

図 5.9 | RT-X データセットの内訳。(a) 22 種類のロボットにおける 60 の異なるデータセットを含む。(b) 身体性ごとの異なる実験環境数から、Panda（Franka Emika）におけるデータセットが最も多様であることが分かる。(c) 身体性ごとのデータ数から、xArm（UFactory）と EDR（Google）のデータが最も多いことが分かる。(d) データセットに含まれるスキルの内訳。(e) 扱われる物体の内訳。Open X-Embodiment Collaboration らの論文[273] より引用。

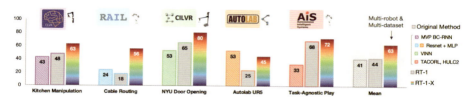

図 5.10 | RT-1-X とベースライン手法におけるパフォーマンスの比較。RT-1-X は各タスク専用に構築されたモデルよりも高い性能を示している。Open X-Embodiment Collaboration らの論文[273] より引用。

■**性能** この RT-X、特にここでは RT-1-X と、各タスク専用に構築されたデータセットを用いて専用に構築されたネットワークのパフォーマンスの比較を図 5.10 に示します。五つのタスクのうち、四つのタスクにおいて RT-1-X が最も高い性能を示しました。よって、ある一つのロボットで行ったタスクのデータだけでなく、複数のロボットにおける多様なデータを同時に学習させることで性能向上が見込めること、また、この RT-1-X や RT-2-X は多様なロボットにおけるデータを吸収できるだけの能力を有していることが示されました。

5.2.4 その他

これら RT-1 や RT-2、RT-X がロボット基盤モデルの流れを主導してきましたが、こ

れらの派生として、現在も盛んにロボット基盤モデルの開発が行われています。ここでは、RT-Trajectory[284]、RT-Sketch[285]、Octo[286] の三つについて簡単に紹介します。

■ **RT-Trajectory**　RT-Trajectory は RT-1 から派生したモデルであり、RT-1 や RT-2、RT-X のように言語で直接ロボットに行動を指示するのではなく、カメラから見た 2 次元平面上における手先の軌道を指示入力として用います図 **5.11**。言語指示からタスクを行うモデルでは、物体のピック – アンド – プレイスを学習したからといって、布を畳むタスクにそれが汎化するわけではありません。一方、手先の軌道を用いることで、そのような状況に対してもある種の汎化が可能なのではないか、というのがこの研究のポイントになります。RT-1 のモデルから言語指示を取り除き、時系列のカメラ画像と一緒に、2 D の手先軌道指令を入力するモデルを構築します。学習の際は、カメラから見た 2 次元平面上の手先軌道は幾何モデルと関節角度変化から明示的に得ることができるため、これをデータとして用います。推論の際は、人間が手先の軌道をスケッチしてあげる、人間がタスクを行ったときのビデオから人間の手先位置の遷移を抽出する、または大規模言語モデル（Large Language Model; LLM）や大規模視覚 – 言語モデルにより手先の軌道を線分で描いてあげることで、それをモデルへの入力としてロボットがタスクを行います。

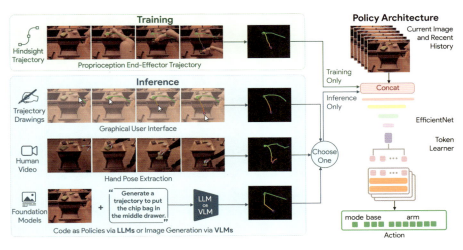

図 **5.11** | RT-Trajectory のモデルアーキテクチャ。RT-1 のアーキテクチャにおいて、言語指示の代わりに手先の軌道を指示として与えている。Gu らの論文[284] より引用。

■ **RT-Sketch**　RT-Sketch は RT-Trajectory とコンセプトは似ていますが、タスク指示

の方法がスケッチ画像になります。言語指示は非常に曖昧ですし、生画像による最終状態の指示は過剰な拘束になってしまいます。例えば、「リンゴを机の上に置いて」という言語指示はリンゴを机のどこに置くかという情報は持っていませんし、逆にリンゴが机の上にある状態を画像として指示してしまうと、ある特定の机とリンゴに拘束されてしまいます。そこで、ラフなスケッチをタスクの指示とすることで、曖昧性を解消しつつ、多様なタスクを解くことができるのではないか、というのがこの研究のポイントです図 5.12。RT-Trajectory と同様に RT-1 のモデルから言語指示を取り除き、その代わりにラフスケッチがタスク指示として入力されます。学習の際は、画像をスケッチ風の線画に変換するように学習させておいた GAN（Generative Adversarial Network）[287] を用います。データセットの画像を GAN によりスケッチに変換し、その線画の太さを変える、線画の色を変える、または線画をアフィン変換することでデータ拡張し、モデルを学習させます。実際の推論時は人間が自由にゴールとなる状況のスケッチを書き、それがモデルに入力され、ロボットが動作します。

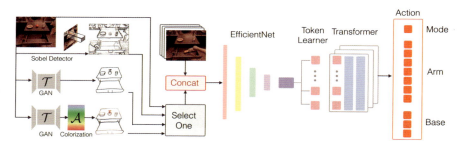

図 5.12 | RT-Sketch のモデルアーキテクチャ。RT-1 のアーキテクチャにおいて、言語指示の代わりに実現した状態のラフなスケッチを指示として与えている。Sundaresan らの論文[285] より引用。

■ **Octo**　Octo は Robotics Transformer（RT）という名前はついておらず、そのモデルアーキテクチャも Transformer に加えて Diffusion Policy を使用しています。論文のタイトルが "Octo: An Open-Source Generalist Robot Policy" ということもあり、すべてをオープンソースで開発している点が特徴です。2024 年 4 月現在、RT-1 はモデルのみの公開で、学習やファインチューニングのコードが公開されておらず、RT-2 についてはモデルすらも公開されていません。そのため、今後は Octo のようなオープンソースモデルが、Google 以外の研究者がロボット基盤モデルを作っていくうえでの基礎となっていくでしょう。

その詳細なモデルアーキテクチャを図 5.13 に示します。Octo は (1) トークナイザ、(2) Transformer、(3) リードアウトの三つの重要な要素で構成されています。(1) トークナイザでは、まずタスク指示（例えば、言語やゴール画像）と観測（例えば、手先

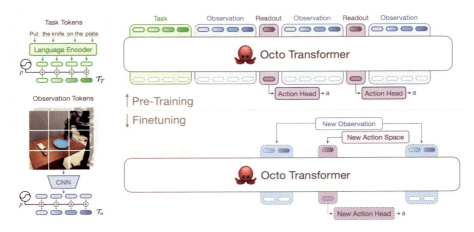

図 5.13 | Octo のモデルアーキテクチャ。言語や画像を共通の形式にトークン化、ブロックごとの注意機構を含む Transformer を通し、Diffusion Policy によってアクションが出力される。Octo Model Team らの論文[286] より引用。

カメラや固定カメラ）を共通の形式にトークン化します。この際、言語については事前学習済みの Transformer である T5[150] を用います。画像については浅い畳み込みニューラルネットワークに通したあとに、それをパッチに分割してトークン化します[40]。(2) Transformer では、ブロックごとの注意機構を導入し、存在しない指示や観測を完全にマスクします。これによって、例えば言語指示のないデータセットもそのまま利用可能になります。また、ファインチューニング時に容易にセンサやタスク指示を減らしたり増やしたりすることができます。(3) リードアウトには、拡散モデルを動作軌道計算に応用した Diffusion Policy[288] を採用し、同時に複数ステップのアクションを出力します。なお、本モデルは RT-X で構築されたデータセットの一部、合計で 800,000 のエピソードを用いて学習されています。

5.3 多様なロボット

どのようなロボットが存在するかを知らずしてロボットのデータ収集や動作の学習を述べることはできません。本節では、これまで開発されてきた多様なロボットを分類し、それらにどのようなセンサが搭載され、どのように制御されているのかを簡単に述べます。言語処理や画像処理と異なり、多様なモダリティを扱わなければならないという難しさを実感してください。

ロボットの分類方法はさまざまですが、ここではまず、単腕か、双腕か（それ以上の腕を持つロボットもありますが、操作が難しいため人間が操縦をしてデータを取得するのには向きません）という上半身の腕の数による分類、次に台車か、脚かという

下半身の構造による分類を行います。これらはマトリックスで表現でき、台車型の単腕、脚型の単腕、台車型の双腕、双腕かつ2脚のヒューマノイドロボット、加えて、環境に固定された単腕や双腕、腕のない台車型や脚型ロボットも存在します。

5.3.1 単腕ロボット

1本の腕のみを持つ単腕ロボットは最も一般的な構造であり、産業用から研究用まで幅広く浸透しています。いくつかのロボットを図5.14に示します。まず、RT-Xのデータに含まれるロボットだけでもどれだけの単腕ロボットが存在するのか見てみましょう。RT-Xで用いられているロボットは全部で22種類ですが、その中でも単腕ロボットは、Panda（Franka Emika）、xArm（UFactory）、Sawyer（Rethink Robotics）、EDR（Google）、LBR iiwa（KUKA）、UR5（Universal Robots）、WidowX 250（Trossen Robotics）、Stretch（Hello Robot）、SARA（DLR）、COBOTTA（DENSO WAVE）、EDAN（DLR）、Kinova Gen3（Kinova）、Mate（Func）の計13種類が使われています。その中でも、EDRやStretch、EDANは台車型の単腕ロボットになります。RT-Xでは用いられていませんが、脚型ロボットであるSpot（Boston Dynamics）やA1（Unitree Robotics）、ANYmal（ANYbotics）などにも単腕ロボットが搭載されており、これらは脚型単腕ロボットと言えるでしょう。

図5.14 | さまざまな単腕ロボット

多くの単腕ロボットを挙げましたが、これらのロボットにおおむね共通しているのは、各腕にはモータとギアが搭載され、それらによって各関節が駆動されていることです。また、大抵RGBの色情報を測定可能なカメラセンサが取り付けられています。最近では奥行きを測ることのできる深度センサも取り付けられていることがほとんどです。一方で、それら以外はすべてが異なっていると言ってもよいでしょう。各腕に

はモータとギアが搭載されていると前述しましたが、モータから関節までの駆動系は一意ではありません。Panda のような一般的なロボットはモータとギアによって関節が回転駆動されますが、例えば Stretch については、一部は回転ですが、一部は直動方向に駆動されます。また、Saywer は Series Elastic Actuator と呼ばれるモータとリンクの間にバネを入れた機構によって柔らかく動作します。現在 RT-X やそれに関連するプロジェクトで用いられているロボットはほとんどがモータ駆動ですが、空気圧駆動や油圧駆動など、アクチュエーション方法は他にもあります。さらに駆動方式だけではなく、各ロボットでその関節の配置やリンクの長さはまったく異なります。例えば、言語の並びとロボットにおける関節の並びを同じように考えるのならば、各国の言語の違いは各ロボットの違いに相当します。主要な言語、例えば英語の話者は 15億人程度ですが、主要なロボット、例えば Panda の数は到底これには及ばず、データが集まらないことも容易に理解できるでしょう。これらに加え、一つのロボットをとっても細部にはさまざまな違いが見られます。先ほどの Panda は単腕ロボットとして販売されているため、カメラはユーザーが取り付けます。つまり、どのカメラがどこに取り付けられているかもユーザー次第なのです。ユーザーによってはスピーカーやマイク、3D LiDAR[*9]や赤外線センサを取り付けるかもしれません。言うなれば、各国の中ではある程度言語は似ているけれど、それぞれ方言があるような状態です。そしてその方言は、大抵その研究機関でしか使われません。

　これまでロボットの身体構造やセンサ配置について解説してきましたが、各ロボットで異なるのは外から見た構造や配置だけではありません。内部の制御方式も各ロボットで異なります。ロボットでは位置制御や速度制御、トルク制御といった言葉がよく用いられます。それぞれ、現在の関節位置、関節速度、関節トルクをそれぞれの目標値に近くなるように制御することです。各制御によって、必要なセンサと目標値は異なります。一部のロボットにはトルクセンサがないため、位置制御ができても、トルク制御はできません。両方とも制御可能なロボットももちろん存在します。これら制御はそれぞれ異なる利点と欠点を持っているため、タスクに応じて適切に制御器を設計する必要があります。そして、これらの制御が変わることによってロボットの挙動は大きく変化します。つまり、統制されたデータを取得したければ、身体構造が同じロボットで同じセンサ配置を行うだけでなく、中身の制御を同じ方式かつ同じパラメータにする必要があるのです。

　それでは、多様な単腕ロボットにおいて模倣学習型の基盤モデルを学習させる際は、何をネットワークの出力、つまりロボットへの制御入力（指令値）とすればよいのでしょうか。RT シリーズはその問いに一つの解を与えています。答えは手先の速

[*9] 3D Light Detection and Ranging の略であり、レーザー光を照射して対象物への距離を 3 次元的に測定する技術のことを言います。

度です。まず、位置のような絶対的な値ではなく、速度を使用します。絶対的な位置では、その原点をどこにとるかによって、まったく異なる制御入力となってしまうからです。そして、関節の速度ではなく、手先の速度を使用します。関節の構造やリンク長はロボットによって異なりますが、物体をマニピュレーションするのは必ずエンドエフェクタ、つまり腕の先端になります。関節やリンクの構造の違いを吸収するために、手先の指令値を用いることが重要になります。これにより、異なるロボットでもある程度違いを吸収することができます。その一方で問題点も多くあります。例えば、手先位置の速度を指令しても、それを実現する関節速度が存在するとは限りません。また、制御性能の違いは考慮されていません。指令値を送った際に、どのくらいの時定数で指令値に追従することができるのか、物体や環境に接触した際に柔らかく馴染むかなどは考慮されていません。同時に、カメラの位置やセンサの種類に関する問題も解決されていません。なお、一つだけのロボットで学習する場合は関節角度や手先位置などを使っても問題ありません。

　最後にグリッパについても述べておきます。これらのマニピュレータの種類に加えて、それぞれに用いられるグリッパにも多様な種類があります。一般的なものは 2 指の平行グリッパですが、3 指や 4 指、人間のように 5 指のハンド、ドラえもんのような球体形状のジャミンググリッパなど、その形態はさまざまです。つまり、マニピュレータとグリッパの組み合わせによって、無数の形態を持つロボットが存在している、と考えてください。

5.3.2　双腕ロボット

　図 5.15 に、いくつかの双腕ロボットを示しています。RT-X で用いられている双腕ロボットには、PR2（Willow Garage）、xArm Bimanual、Baxter（Rethink Robotics）があります。PR2 は台車型の双腕ロボットで、この他にも似たような構成のロボットには Justin（DLR）や Mobile ALOHA[289] などがあります。xArm Bimanual は市販の xArm（UFactory）を二つ並べた構成、Baxter は双腕として売られているロボットであり、この他にも HIRO（KAWADA Robotics）や YuMi（ABB Robotics）などが有名です。加えて、ASIMO（Honda）や HRP-2[290] のようなヒューマノイドロボット、CENTAURO[291] のような 4 脚と双腕の合体系など、双腕ロボットの身体形態はさまざまです。人間の腕が 1 本ではなく 2 本であるように、双腕にすることには非常に大きな意味があります。まず、可能となるタスクが大幅に増えます。単腕のロボットでは、物体のピックアンドプレイスや雑巾がけ、タオルを二つに折り畳むなどの動作が関の山ですが、双腕は、言うなれば人間が可能なすべての動作ができます。人間が双腕ロボットを操作すれば、T シャツを畳んだり、ベッドメイキングをしたり、紐を結んだり、物を組み立てたりなど、その応用範囲は格段に広がります。そしてもう 1 点、操縦という観点があります。人間の腕が 2 本のため、VR コントローラなどの操縦デバイスは大抵双腕

用に作られています。人間にとって直感的で、慣れた動きが可能なのは、双腕ロボットの特徴と言えるでしょう。逆に、腕が3本以上のロボットは人間にとって操縦がかなり難しいということも分かるかと思います。なお、もちろん双腕ロボットも単腕ロボットと同様に、各ロボットで身体構成や制御方式が大きく異なります。

PR2 (Willow Garage) 　　HIRO (KAWADA Robotics) 　　Baxter (Rethink Robotics)

図 5.15 | さまざまな双腕ロボット

5.3.3 台車型ロボット

図 5.16 に、いくつかの台車型ロボットを示しています。RT-X で用いられている台車型ロボットには、EDR（Google）、PR2（Willow Garage）、Stretch（Hello Robot）、EDAN（DLR）、Jackal（Clearpath Robotics）、RC Car[292]、TurtleBot2 (Willow Garage) が挙げられます。これら台車型ロボットも単腕ロボットと同様に、各ロボットでそれぞれ構成が大きく違う場合があります。ほとんどのロボットは二つの車輪を搭載した2輪系ですが、例えば Jackal は四つの車輪が独立に動く4輪駆動、PR2 は各車輪の向きを独立に変更可能な4輪アクティブステア構造を持ちます。この他にも、オムニホイールやメカナムホイールといった特殊な車輪を用いて全方位に移動可能な、全方位台車型ロボットも存在しています。また、車輪の直径や間隔、摩擦なども異なるため、腕型のロボット程ではありませんが、同様に一般化が難しい系になります。

そこで、RT-1 や RT-2 では単腕同様に、台車の速度を制御入力として用いています。単腕のときと同様の理由で、車輪の回転速度でも、ベースの位置でもありません。一方で、この台車ロボットの制御入力にはいくつかの問題点があります。単腕同様、その制御性能やパラメータはロボットごとに異なるうえに、特に2輪系のような車輪系と、そうではない全方位台車[*10]では、出せる速度方向が異なります。全方位台車の

---

*10　全方位台車は前方向と横方向、そして回転方向に移動できます。一方で2輪台車は前方向と回転方向にしか移動できません。

Jackal (Clearpath Robotics)　　Turtlebot3 (ROBOTIS)　　Fetch (Fetch Robotics)

図 5.16 | さまざまな台車型ロボット

速度方向を拘束してしまうことが最も簡単な共通化への道ですが、過度な共通化は時に、そのロボットが本来持つ性能を大きく制限してしまうことにもつながるため、今後これらもしっかりと考慮していく必要があるでしょう。

5.3.4　脚型ロボット

図 5.17 に、いくつかの脚型ロボットを示しています。RT-X で用いられている脚型ロボットは A1（Unitree Robotics）だけですが、脚型ロボットには Cassie や HPR2[290]のような 2 脚、Spot (Boston Dynamics) や ANYmal（ANYbotics）のような 4 脚を始めとして、多様なロボットが存在します。脚型ロボットがロボット基盤モデルで使用されることは現状ほとんどありません。理由はいくつかありますが、まず制御が車輪系に比べて圧倒的に難しいこと、制御入力が水平方向の速度だけでなく、高さ方向やロールピッチ*11方向にもとれてしまいオーバースペックであること、そして、マニピュレーションの際に脚が動くと手先も大きく動いてしまうため、マニピュレーションがさらにに難しくなってしまうことが挙げられます。もちろん、人間はまさに脚型かつ双腕であり、バランスや多次元の制御入力の観点からも最も難しい系なのにもかかわらず、安定してマニピュレーションができており、最終的にはこれを目指す必要があるのは言うまでもありません。一方で、現状の技術ではそこまでは到達しておらず、まだ多くの研究の余地が残されていると言ってもよいでしょう。

5.3.5　その他のロボット

最後にその他のロボットについても簡単に触れておきます（図 5.18）。これまで述べたロボットはほとんどが企業から購入可能なロボットですが、実際のロボットは多種多様な形で溢れています。例えば筆者が開発している筋骨格ヒューマノイドは、関

---

*11　前方方向を x 軸、左方向を y 軸としたとき、x 軸に関する回転をロール回転、y 軸に関する回転をピッチ回転と呼びます。

187

Go1 (Unitree Robotics)

Spot (Boston Dynamics)

HRP-2

図 5.17 | さまざまな脚型ロボット

Kengoro

Musashi

Soft Robots

Tello (DJI)

図 5.18 | その他さまざまな形態のロボット

節にモータを取り付けるのではなく、人間のように筋肉型のアクチュエータによって関節が駆動されます。筋骨格ヒューマノイドは、身体の剛性を自由に変化可能な可変剛性制御や柔軟で適応的な身体、筋肉の配置変更による身体性能の自由な設計など多数の利点を有しています。一方で、筋肉は引く方向にしか力を出すことができないため、大量のアクチュエータが必要となり、一般的なヒューマノイドのアクチュエータ数が 30 前後なのに対して、我々の開発した Musashi[293] は 74 本の筋、Kengoro[294] は 128 本の筋を持ちます。つまり、制御入力がワイヤの張力やワイヤの速度になり、かつこれまでとは比べ物にならないほどの次元数となり、非常に制御が難しいことになります。他にも、ソフトロボティクスが扱うような柔らかなロボットは、ある制御入力を加えても、それに対応して分かりやすく状態変化をするわけではなく、位置制御や速度制御は非常に難しいものとなります。また、ひずみや接触力を測るようなセ

ンサが大量に取り付けられていれば、筋骨格系と同様に制御入力や身体状態の次元が大幅に増えることになります。これらのロボットは多数の利点を持つ反面、制御理論が追いついていないのが現状です。加えて、ドローンや特殊なリンク構造を持つロボットなど、共通化の難しいロボットはさまざま存在しています。

多少話が逸れてしまいましたが、現在はこれら非常に多様なロボットの中でも、特にモータ駆動かつ単腕や双腕、そして台車型ロボットについて、ロボット基盤モデルを開発しようという試みが加速しています。ここからは、それらロボットにおけるデータ収集や現在のデータセットなどについて述べていきます。

5.4 ロボットにおけるデータ収集

ロボット基盤モデルを作るためには、前節で解説したようなさまざまなロボットにおいて大量のデータを収集する必要があります。データ収集の方法は非常に多様であり、その分類方法も定まってはいません。例えば、Ikeuchi らの論文[295] では、ロボットの動作生成方法を teach-by-showing、teleoperation、textual programming、automatic programming の四つに分類しています。また、Kuniyoshi らの論文[296] では、teaching by guiding、text programming、off-line simulation-based programming、inductive learning の四つに分類しています。ここで、text programming や textual pro-gramming というのは我々がテキストでプログラムを書く、最も原始的な動作生成の方法に相当します。teleoperation とは、何らかのデバイスを使ってリアルタイムにロボットを動かし、新しい動作を教える方法です。teaching by guiding とは、産業用ロボットでよく見られる、ロボットを人間が直接触りながらリアルタイムに動作を教示する方法です。teaching by showing とは、人間が動作を行い、ロボットがそれを見て動作を真似るような方法です。automatic programming や off-line simulation-based programming はシミュレーションやタスクの情報を活用して自動的に動作を生成する方法です。最後に inductive learning とは、ロボット自身が試行錯誤を通じて動作を学んでいく方法です。

このようにさまざまなロボットのプログラミング方法がありますが、RT-1 や RT-2、RT-X のような模倣学習型の研究に用いることができるデータ収集方法は限られています。例えば直接教示（teaching by guiding）は一般的にはよく用いられる動作教示方法ですが、人間が手でロボットを持って動作教示するため、ロボットのカメラ画像に人間の手や体が常に混ざってしまいます。そのため、教示したときと実際にロボットが動くときでは画像情報が大きく異なってしまい、言語指示だけでなく画像をモデルの入力に加える模倣学習型のアーキテクチャにとっては使いにくいデータしか集まりません。そのため、摸倣学習型の研究に直接教示を用いるようなケースはほとんどありません。また、自動プログラミング（automatic programming、off-line simulation-based programming）は、自動でプログラミングできるようなレベルのタスクであれば、そもそも模倣学習する意味がありません。一方で、何か別のことを学習させたいときに、データを水増しするために利用することはできます。現に、RT-Xにはこの自動プログラミングや、それに少しノイズを加えて実行したデータも学習に用いています。テキストプログラミング（text programming、textual programming）もまったく同様で、プログラムで書けてしまうのであれば模倣学習する意味が特にありません。最後に、inductive learning は現状あまり進んでいません。もちろんDAgger[297] のような、オンラインでデータ収集を行いながら動作を学習していく方法もある一方で、現状ロボット基盤モデルにはあまり活用されていません。

　そこで本節では、teleoperation に代表されるようなオンライン遠隔教示方法、teaching by showing に代表されるようなオフライン教示方法について説明していきます。特に、オンライン遠隔教示方法は、ユニラテラル制御とバイラテラル制御に分けられ、それぞれについて説明していきます。

5.4.1　ユニラテラルなオンライン遠隔教示

　オンライン遠隔教示とは、何らかのデバイスを用いて人間の動作を取得し、それに沿ってリアルタイムにロボットに動作を教示する方法です。その中でもユニラテラルというのは、人間の動きがロボットに一方的に反映されるような教示方法を指しています。一方でバイラテラルは、ロボット側で得られた情報が人間側にフィードバックされるような制御が施されたケースを指します。ユニラテラルの方がデバイスなどの構成が容易な一方で、人間はロボットに加わっている力を知覚することができません。バイラテラルはデバイスや制御の構成が煩雑になる一方で、ロボットに加わっている力を人間が知覚することができるというトレードオフがあります。

　ユニラテラルなオンライン遠隔教示方法ですが、デバイスの違いによってさまざまな方法が提案されています。その主な例として、3D マウスや VR デバイスなどを使った例と、小型のロボットを用いる例について説明していきます。

■ 3D マウスや VR デバイスを用いたユニラテラルなオンライン遠隔教示　図 5.19 に示すような 3D マウスや VR デバイスなどを使った例を紹介します。これらは最も手軽で、非常に多くの研究者がこの方法を使ってデータ収集を行っています。通称 3D マウスと呼ばれるマウスは 3Dconnexion から販売されている SpaceMouse と呼ばれる商品で、通常のマウスが 2 次元の入力しか受け付けないのに対して、3D マウスは 6 次元の入力ができることが特徴です。並進 3 次元と回転 3 次元の入力ができることで、RT シリーズやその他のデータ収集で行われるような、ロボットの手先の並進回転速度の制御がマウス一つで可能となります。追加でボタンが二つ付いているため、データ収集の開始と終了、グリッパの開閉などを同時に行うことも可能です。これに

第 5 章　ロボットデータ

図 5.19 | データ収集に使われる 3 D マウスや VR デバイス。左から 3Dconnexion SpaceMouse と Meta Quest。

よりロボットを操縦し、その動作軌道と観測をデータとして収集していきます。VR デバイスも簡単にデータ収集に使えるデバイスの一つで、代表的なものに HTC Vive、Meta Quest、Apple Vision Pro があります。VR デバイスの使い方は主に、付属のコントローラを使う場合と使わない場合があります。VR デバイスに付属するコントローラを使う場合は、コントローラの並進 3 次元と回転 3 次元の位置を取得することができるため、これを直接ロボットの手先の位置・姿勢と対応させます。VR コントローラはボタンやその他入力が非常に豊富であり、現在活発にデータ収集用途に利用されています。また、ロボットが観測した画像を VR ゴーグル内に投影できるため、遠隔で操作する際には最適でしょう。ただ、人間が直接ロボットや環境を見ながら操作した方がデータ収集しやすいため、RT-1 や RT-2 でも VR ゴーグルは使われていません。VR デバイスに付属するコントローラを用いない場合は、VR デバイスの機能で手の位置や指の角度などを抽出してロボットを操作します。もちろん VR コントローラに比べて精度が落ちるのと、豊富なボタンを利用できなくなってしまいますが、各指の関節角度まである程度計算することができるため、2 指の平行グリッパだけでなく、5 本の指を持つような人間らしいロボットハンドも制御できるようになります。また、デバイスを常に持つ必要がないため、操作時の負担を大きく減らすことができます。なお、これらの機能は現在一般的な RGBD カメラとオープンソースのソフトウェア群でも簡単に実装することができ、人間の腕の関節角度や指の角度を測定したいだけであれば、VR デバイスを使うまでもありません。この他にも、2 次元平面上の動きであれば一般的なゲーミングコントローラや画面上の仮想ジョイスティックなどを使うこともできます。

　なお、これらのデバイスを使ううえでの注意点があります。手先の位置や速度を指定しても、その通りにロボットが動くとはかぎりません。ロボットの駆動系は手先ではなく関節角度であるため、手先を操作するにはロボットの関節角度に変換してあげる必要があります。これを逆運動学と呼びますが、これは常に解があるわけではない

ため、思ったようにロボットが動かない場合があります。また、人間の動きから観測された関節角度をロボットに反映させて操作する場合にも、人間とロボットの関節配置やリンク長は大きく異なるため、これを考慮する必要があります。これはリターゲティングと呼ばれ、現在も盛んに研究が行われています。

■小型のロボットを用いたユニラテラルなオンライン遠隔教示　小型のロボットを用いる例として ALOHA[298] と GELLO[299] を紹介します。ALOHA は "A Low-cost Open-source Hardware System for Bimanual Teleoperation" の略であり、**図 5.20** に示すようなオープンソースかつ低コストで構成可能な双腕用の遠隔教示セットアップです。人間が操作するリーダとなるロボット、実際に作業をするフォロワとなるロボットまで含めたシステムになります。リーダ側は 6 自由度の WidowX 250（Trossen Robotics）、フォロワ側は同様に 6 自由度の ViperX 300（Trossen Robotics）という一般的なロボットですが、グリッパとその操縦側については別途設計されています。このリーダとフォロワのロボットは関節の配置がまったく同じであり、モータの種類やリンクの長さが多少違う程度です。このシステムの良さは、前述の注意点に関係しています。前述のデバイスでは、手先位置をロボットの関節角度に変換する際の問題、人間とロボットという異なる身体性におけるリターゲティングという問題がありました。一方で、ALOHA のように、作業するロボットと同じ構造を持ったロボットを操縦デバイスとして利用すれば、このような問題は一切なくなります。人間が操作した際のデバイスの関節角度を直接ロボットに送れば直感的にロボットを動かすことができます。そのため、驚くほど何でもできる、ということに感動すると思います*12。これによりロボットを操縦し、その動作軌道と観測をデータとして収集していきます。もちろんこのようなリーダとフォロワで同じようなロボットを使って遠隔教示する例はこれまでもありましたが、そのクオリティと、オープンソースかつ比較的安価*13 という点で、現在最も注目を浴びている遠隔教示用のセットアップと言ってもよいでしょう。

　そして、この ALOHA には、**図 5.21** に示す Mobile ALOHA[289] という派生系もあります。これまで主にマニピュレーションの話をしてきましたが、Mobile ALOHA はさらに台車がつき、自由に移動することもできるようになっています。そのため、移動とマニピュレーションをともなうキッチンでの作業や片付けまで可能になってきています。

　GELLO はフォロワとなる多様なマニピュレータに対して構築可能で、**図 5.22** に示すような、低コストかつオープンソースなリーダ側遠隔教示デバイスです。ALOHA がリーダとフォロワをほとんど同じロボットに限定していたのに対して、GELLO ではその制限がありません。フォロワとなるロボットの関節配置に合わせてリーダ側のデ

---

*12　ぜひ ALOHA の動画（`https://www.youtube.com/watch?v=mnLVbwxSdNM`）をご確認ください。

*13　2024 年 11 月時点、リーダとフォロフの両者を含めて約 30,000 ドル。

図 5.20 ｜ユニラテラルな遠隔教示を可能にする ALOHA のセットアップ。Zhao らの論文[298] より引用。

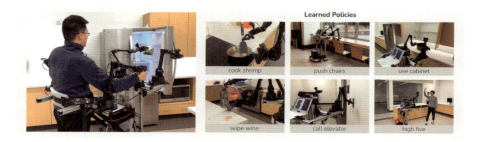

図 5.21 ｜マニピュレータだけでなく台車の動きも教示可能な Mobile ALOHA のセットアップ。Fu らの論文[289] より引用。

バイスの関節配置を変更することで直感的な操縦を可能にします。リンク長に関してはフォロワ側のロボットのリンク長を相似な形でスケールし、リーダ側デバイスのリンク長を決定します。これまで紹介した 3 D マウスや VR デバイスを使ったときのタスク達成時間と、GELLO を使ったときのタスク達成時間を図 5.23 で比較しています。リーダ側の関節角度をフォロワ側に直接反映できるため、そうでないデバイスを使った場合に比べてタスク達成時間を大幅に削減することができています。

5.4.2　バイラテラルなオンライン遠隔教示

　バイラテラル制御では、ロボット側にかかる力を人間が感じることができるため、より直感的にロボットを操作することができます。環境に体を接触させながら行うようなマニピュレーション、例えば拭き動作などには必須の技術と言えます。これまで同様、操縦時の動作軌道と観測をデータとして収集していきます。

　バイラテラルなオンライン遠隔教示デバイスは、ユニラテラルなものと比べるとそこまで多くありません。どうしてもデバイスが高くなってしまったり、制御が煩雑になってしまったりするため、簡単には手を出せない研究者も多いと思います。ここで

図 5.22 | フォロワとなるロボットの関節配置やリンク長にしたがってリーダ側のデバイス構成を変更可能な遠隔教示デバイス GELLO。Wu らの論文[299] より引用。

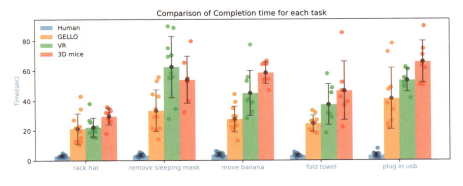

図 5.23 | 3D マウス、VR デバイス、GELLO におけるタスク達成タイムの比較。GELLO を使った場合に 3D マウスや VR デバイスに比べてタスク達成タイムを削減することが可能なことが分かる。Wu らの論文[299] より引用。

は、バイラテラル制御に使われる市販のハプティックデバイスと、フォロワと似たロボットをリーダとして使ったバイラテラル制御について説明します。

■**市販のハプティックデバイスを用いたバイラテラルなオンライン遠隔教示** 市販のハプティックデバイスをいくつか**図 5.24**に示します。安価なハプティックデバイスとして 3D Systems Touch が挙げられます。これはペン型のデバイスで、並進と回転の 6 自由度を動かすことができるだけでなく、位置の 3 自由度に対して力覚フィードバックを行うことが可能です。これと Panda（Franka Emika）を接続して簡易的なバイラテラル制御を行う取り組みもあります[300]。次に Force Dimension Omega6 が挙げられます。3D Systems Touch よりも高額ですが、位置 3 自由度だけでなく回転 3

図 5.24 | バイラテラル制御に用いられるデバイス群。左から 3D Systems Touch と Force Dimension Omega6。

自由度に対しても力覚フィードバックを行うことが可能です。この他にも、手術用ロボットでは Saroa（リバーフィールド）がバイラテラル制御で初めて一連の手術に成功するなど、医療関係ではバイラテラル制御が特に盛んに取り込まれています。

■ **フォロワと類似するロボットをリーダとして用いたバイラテラル制御**　フォロワと類似するロボットをリーダとして用いたバイラテラル制御について紹介します。図 5.25 には筑波大学境野らの研究を示しています[301]。ここでは先ほどの 3D Systems Touch を二つ用意し、片方をリーダ、片方をフォロワのロボットとして用います。バイラテラル制御にもさまざまな種類があり、その中でもリーダとフォロワの両者に位置制御と力制御を施した 4 ch バイラテラル制御を実行しています。人間がリーダを操作してデモンストレーションを収集し、その際のリーダ側の指令値を出力するような模倣学習を行うことで、高い精度でロボットがタスクを実行できるようになります。この他にも、CRANE-X7（RT）を 2 台用意した例[302] や UR シリーズ（Universal Robots）を 2 台用意した例[303]、先ほどの ALOHA をバイラテラル制御しようという例もあります[304]。

　また、上記のようなマニピュレータだけでなく、脚まで含めたヒューマノイドをバイラテラル制御によって操作し、データを収集する例もあります[305]。図 5.26 では、JAXON と呼ばれる 2 脚 2 腕のヒューマノイドを、TABLIS と呼ばれる 2 脚 2 腕の操縦デバイスによって操作します。腕だけでなく脚にもバイラテラル制御を施すことで、脚で床に触れた感覚から地面の固さ・柔らかさを認識したり、反力を感じながら脚で物体を踏みつぶしたりと、腕だけではできないさまざまなタスクが可能になります。

　まだロボット基盤モデルに向けてバイラテラル制御を取り込んだ試みは少ないですが、今後も注目の分野と言えるでしょう。

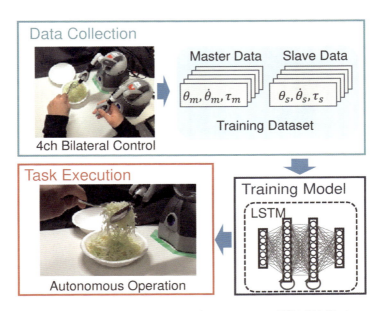

図 5.25 | フォロワと似たロボットをリーダとして用意しバイラテラル制御を行う例。Sasagawa らの論文[301] より引用。

5.4.3 オフライン教示

　オフライン教示とは、人間が最初に見本となる動作を行い、それをロボットが真似するという 2 段階の教示方法になります。ロボットを直接リアルタイムに操作するわけではないため、人間がそのタスクに成功したからといって、ロボットも同じように成功するとはかぎりません。人間とロボットの構造の違いから、前述したリターゲティングの問題が生じます。オンライン教示では構造が多少違っても、それを人間が目で補うことができますが、オフライン教示ではそうもいきません。これを解決する方法として、Dobb・E[306] と Universal Manipulation Interface（UMI）[307] を紹介します。

　Dobb・E は、**図 5.27** に示すように、オフライン教示時に人間がロボットとまったく同じグリッパを持って作業を教示する仕組みです。グリッパには iPhone が取り付けられており、手先でのグリッパと環境のインタラクションを動画として保存することができます。この際、iPhone は手先しか映さないため、ロボットにも同じように iPhone を取り付ければ、人間の操作時とロボットの動作時でまったく同じ画像が得られる点で、模倣学習のデータ収集として適しています。また、iPhone に搭載されている IMU（Inertial Measurement Unit）や RGBD のセンサによって、手先の 6 次元の位置と回転を常に取得することができます。なお、この方法ではグリッパの開閉を取

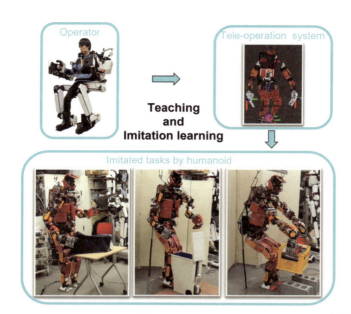

図 5.26 | ヒューマノイドのバイラテラル制御を行うシステムの例。Matsuura らの論文[305] より引用。

図 5.27 | Dobb・E の概要。(A) のグリッパを持って (B) のように人間が作業を行い、動作を学習、それをロボットに搭載したまったく同じ形状の (C) のグリッパによって (D) のように作業を実行。Shafiullah らの論文[306] より引用。

得できないため、画像をもとにグリッパの開閉を予測するモデルをあらかじめ学習しています。これによって人間の動作から画像と手先の位置・姿勢、グリッパの開閉が得られ、これらを用いて模倣学習を行うことができます。画像からグリッパの位置・姿勢の変化の指令値を出力し、ロボットの手先座標がそれに追従するように逆運動学を解きます。このように、まったく同じグリッパを人間とロボットが持てば、人間の

動作が適切にロボットで実行できることが担保されるという仕組みです。ただ、これまでのデバイス同様、逆運動学が解けなくなる問題は解決していません。なお、ロボットは Stretch（Hello Robot）を使用しています。

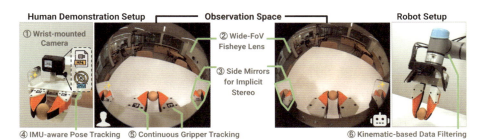

図 5.28 ｜ 双腕動作のオフライン教示を可能にするデバイス Universal Manipulation Interface (UMI)。Chi らの論文[307] より引用。

　Universal Manipulation Interface（UMI）は、図 5.28 に示すように、人間とロボットでまったく同じ形状のグリッパを持って操作する Dobb・E と同様の仕組みです。主な違いは単腕から双腕になったことですが、UMI にはさまざまな工夫が施されています。グリッパには GoPro が取り付けられており、グリッパの開閉については AR（Augmented Reality）マーカを利用して開き具合をトラッキングすることができます。GoPro から取得したカメラ画像と IMU から Visual SLAM[*14]によってグリッパの位置・姿勢をトラッキングします。また、GoPro から得られるのは RGB 画像だけですが、グリッパの両端には鏡が取り付けられており、異なる視点からの画像を得ることで、暗黙的なステレオ視[*15]を可能にしています。このグリッパを人間が操作してデータを集め、模倣学習を行い、同じ形のグリッパをロボットに取り付け、タスクを実行します。なお、ロボットは UR5 (Universal Robots) を使用しています。

5.5　データセット

　これまで、多様なロボットにおける多様なデータ収集の方法について説明してきました。本節では、既存のデータセットと、RT-X に含まれる代表的なデータセットを説明します。主に、どのようなロボットが、どのような環境で、どのようなタスクを、どの程度の制御周期[*16]で行っているか、そして、そのデータはどのようにして収集

[*14]　Visual SLAM（Simultaneous Localization and Mapping）とは、画像センサを用いて自己位置の推定と周囲環境の地図作成を同時に行う技術のことを言います。
[*15]　異なる視点から得られる複数枚の画像を用いて環境の 3 次元位置を復元する技術のことを言います。
[*16]　何秒に 1 回ロボットの制御入力が更新されるかを表します。

されたのかに焦点を当てます。なお、すでに説明した RT-1 のデータセットやシミュレーションのみのデータセットについては割愛します。また、データセットとは関係のない実際の学習部分については多少触れるのみとします。

図 5.29 | QT-Opt において 7 台の LBR iiwa（KUKA）が自律的にデータを収集する様子。Kalashnikov らの論文[308] より引用。

5.5.1　QT-Opt

QT-Opt[308] は、ロボット基盤モデルが世に出る前の 2018 年に発表されました。図 5.29 に示すように、大量の実機データを集めて学習させることで、ロボットに高い汎用的なマニピュレーション能力を獲得させようという非常に先駆的な試みです。QT-Opt は前述した言語指示を含んだ模倣学習とは異なり、実機を用いた強化学習により実現されていますが、そのデータは RT-X にも用いられています。タスクは、LBR iiwa（KUKA）が 1 台の RGB カメラから得られた画像を見ながら箱の中にある物体を一つ把持して持ち上げるというもので、7 台のロボットで 4 か月かけて集められた約 580,000 回の把持試行がデータセットに含まれています。把持に用いた物体数は約 1,000 個で、ロボットは一度に 4–10 個の物体を同時に扱い、平日は 4 時間ごとに物体を入れ替え、自律的に強化学習のポリシーをアップデートしながらデータ収集を行っています。そのため、各試行には把持の成功または失敗のフラグがついています。なお、制御周期は 10 Hz で、言語アノテーションは含まれていません。QT-Opt のあとに、把持だけでなくさまざまなタスクを行う MT-Opt[309] というデータセットも発表されています。

5.5.2　RoboNet

RoboNet[310] は、図 5.30 に示すように、多様なロボットで多様なタスクのデータを収集した公開データセットです。RT-X 以前に多様なロボットにおけるデータセッ

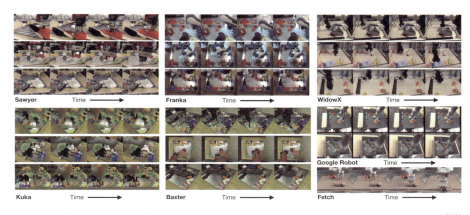

図 5.30 | 多様なロボットかつ多様な環境でデータを収集したデータセット RoboNet。Dasari らの論文[310]より引用。

トを整備したのは RoboNet だけでした。Sawyer（Rethink Robotics）、Baxter（Rethink Robotics）、WidowX 250（Trossen Robotics）、LBR iiwa（KUKA）、Panda（Franka Emika）、Fetch（Fetch Robotics）、R3（Google）という七つのロボットが、押す、または把持して置くという動作によって物体の位置を移動させるタスクを行います。データセットは合計で 162,000 回の試行からなり、四つの研究室がさまざまな環境かつさまざまなカメラ位置で、100 以上の物体を扱ったデータを収集しています。動作はあらかじめ決められた動きにガウシアンノイズ（Gaussian Noise）[*17]を加え再生することでデータを集めるため、最適な動作が収集されるわけではありません。そのため、この研究自体では画像の予測モデルの学習と、それを用いたモデル予測制御を行っています。なお、制御周期は 1 Hz で言語アノテーションはありません。

5.5.3　BridgeData V2

BridgeData V2[311] は、前身の Bridge Dataset[312] を拡張したデータセットで、WidowX 250 (Trossen Robotics) を使った、図 5.31 に示すようなさまざまな環境におけるさまざまなスキルのデモンストレーションを含んでいます。データセットは 60,096 の試行を含み、そのうち 50,365 回は VR デバイスを用いた人間の遠隔教示、9,731 回はランダムなパラメータにより実行されたピックアンドプレイスの動作です。実行したスキルは pick-and-place、pushing、wiping、sweeping、stacking、folding clothes、opening/closing drawers/doors/boxes、twisting knobs、flipping switches、zipping/unzipping、turning levers の 13 種類、スキルを実行した環境は物体やカメラの位置、ワークスペースの配置を変更したキッチンやシンク、テーブルトップなどの

＊17　正規分布と等しい確率密度関数を持つ統計的な雑音のことを言います。

図 5.31 | 多様な環境において多様な物体を扱う、多様なスキルのデモンストレーションと言語アノテーションを含むデータセット BridgeData V2。Kalashnikov らの論文[308] より引用。

さまざまな環境、扱った物体は 100 以上の食器や布、食材やブロックなどです。なお、制御周期は 5 Hz で、本データセットは言語指示を含んでおり、これはクラウドソーシングにより収集されています。

5.5.4　BC-Z

BC-Z[278] は、図 5.32 に示すように言語と人間のデモンストレーション動画の両者を指示として模倣学習を行う枠組みです。そのため、データセットには 25,877 のロボットのデモンストレーションと、18,726 の人間のデモンストレーションビデオが含まれています。12 台の EDR（Google）において、7 人のオペレータが、九つの異なるスキルが必要な 100 のマニピュレーションタスクを、物体の組み合わせや背景を変えながらデータ収集しています。データ収集は VR デバイスによる遠隔教示を通して行われますが、データ収集の方法が他の研究と少し異なります。最初に 11,108 のデータを直接人間の遠隔教示から収集し、ポリシーを学習させます。その後、そのポリシーを実行しながら、タスクが失敗しそうなときに人間がそれを VR コントローラから修正する共有自律（Shared Autonomy）により動作を行います。これによって、新しいデータを低いコストで手に入れることが可能であり、ポリシーのアップデートを繰り返すことで、追加で 14,769 のデータを収集しています。なお、制御周期は 10 Hz で、言語指示をデータセットに含んでいます。

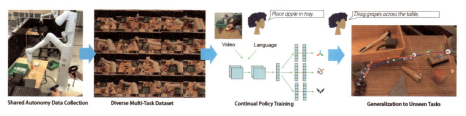

図 5.32 | 人間によるデモンストレーション動画または言語によってタスクを指示可能な BC-Z。Jang らの論文[278] より引用。

5.5.5 Interactive Language

Interactive Language[313] は言語指示に基づきブロックを操作するためのデータセットや環境、ベンチマークや学習されたポリシーを提供しています。円柱型の手先を取り付けた xArm（UFactory）が、テーブルの上の四つの色と六つの形を含む八つのブロックを言語指示に基づき操作するタスクを行います。データセットは Language-Table と呼ばれており、言語によりラベリングされた約 600,000 のロボットの動作軌跡が含まれています。データ収集方法は少し特殊で、図 5.33 に示すように、まずは目的のない長期的な動作を人間が遠隔教示で収集します。その後、クラウドソーシングで、アノテータが自由にその長期動作から始点と終点を選び、その間の動作に対して言語によるラベリングを行います。言語指示からデモンストレーションを行いデータを収集するのではなく、動作の結果に対してアノテーションを行う形になります。これにより、正確かつ多様なラベリングが可能になり、学習後の精度も向上します。なお、制御周期は BC-Z と同様に 10 Hz です。

5.5.6 DROID

DROID[314] は、RT-X が発表された当時は含まれていませんでしたが、2024 年 11 月現在、RT-X が v1.1 となり、この DROID を含めたいくつかのデータセットが追加されています。図 5.34 に示すように、13 の機関が 12 か月をかけて、564 のシーン、52 の建物で 86 のスキルに関する 76,000 のエピソードを収集したデータセットです。Robotiq 2F-85 Gripper を取り付けた Panda（Franka Emika）と VR デバイスである Oculus Quest 2、ポータブルな作業机、手首に固定されたカメラと位置を変更可能な二つのカメラを取り付けた共通のセットアップを 13 の機関が用意し、同じプラットフォームでデータ収集を行っています。他の研究と違う点として、タスクを行う前にカメラの位置を調整し、そのカメラの内部・外部パラメータを同定するフェーズがあります。そのため、データセットには三つのカメラ画像と深度画像、カメラのキャリブレーション情報、動作軌道、言語アノテーションが含まれています。すべてのデー

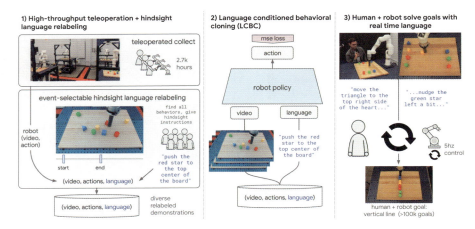

図 5.33 ｜ 人間が後から動画の始点と終点を選び言語アノテーションを行う Interactive Language。Jang らの論文[278] より引用。

タは人間による VR デバイスを用いた遠隔教示で、論文のタイトルに "In-The-Wild" とあるように、浴室、ダイニングテーブル、キッチン、クローゼットなど、より現実の環境に近いデータセットを多く含んでいます。なお、制御周期は 15 Hz です。

図 5.34 ｜ より現実的な実環境でデータセットを構築した DROID。Khazatsky らの論文[314] より引用。

5.5.7 その他

これらの他にも、さまざまなデータセットが存在しています。RoboVQA[315] はロボットの行動に焦点を当てたものではないものの、ロボットの行動の長期推論に向けて収集されたビデオとテキストのデータセットです。Dobb・E[306] は **5.4.3 項**で説明

した、Stretch（Hello Robot）において、その手先と同じ形のスティックを人間が直接
持って操作し収集したデータセットを公開しています。RoboSet[316] は Panda（Franka
Emika）により収集されたデータセットで、遠隔教示や自動収集を含むいくつかの方
法でデータ収集が行われています。RECON[317] は台車型ロボット Jackal（Clearpth）
において収集されたナビゲーションに関するデータセットで、2D LiDAR や GPS、IMU
など、これまでに説明したマニピュレーション用のデータセットとは大きく異なるモ
ダリティを多数含んでいます。RoboTurk[318] や VIMA[319] のような、シミュレーショ
ンのみのデータセットも存在しています。

5.6　データ拡張

　現実世界のデータで学習するだけではすべての状況に汎用的に対応できるように
はなりません。そのために、得られたデータを拡張する、データ拡張が頻繁に行われ
ます。一番簡単なデータ拡張は各センサ値にガウシアンノイズを加えることですが、
データにバリエーションを加えるためにさまざまな手法が提案されてきています。例
えば **2.3 節**のように、画像データは回転や並進、反転、拡大縮小など、非常に簡単に
多様なデータ拡張が可能です。一方でロボットはどうでしょうか。実は、画像データ
において一般的に用いられるデータ拡張は適用できません。なぜなら、ロボットは多
様なセンサの集合体であり、カメラの位置やマニピュレータの位置、音センサの位置
など、すべてのセンサが相互に関係しあっているからです。画像を並進移動すれば、
それはマニピュレータに対してカメラを取り付けた位置を移動させたことと等価にな
り、ロボットの構成が変わってしまうのです。ゆえに、ロボットにおけるデータ拡張
は単一モダリティのものとは大きく異なります。本節では、RT シリーズの入力に利
用されるモダリティである画像と言語に関する主なデータ拡張方法について紹介し
ます。

5.6.1　画像データ拡張

　画像データ拡張の手法として、代表的な GenAug[320] と ROSIE[321] を説明します。
　GenAug は拡散モデルに代表される生成モデルをロボットの学習においてどのよう
に利用できるかを議論した研究です。ここでは、RT-1 の登場以前に提案された、言語
指示と画像をもとに物体を置く位置を出力する CLIPort[322] の学習を例として、画像
データ拡張を行います。**図 5.35** に示すように、得られた画像を大量に拡張し学習に用
いることで、新しいタスクにゼロショットで適応できるポリシーの構築を行います。
　ここでは、**図 5.36** に示すように、(1) 把持する物体またはそれを置く容器、(2) 妨害
物体（タスクとは関係のない物体、distractor と呼ばれる）、(3) 背景やテーブル、の三
つの外見を変更するようなデータ拡張を行います。これにより、学習されるポリシー

図 5.35 | 画像データ拡張によりゼロショットで新しいシーンに対応可能なポリシーを学習可能な GenAug の概要。Chen らの論文[320] より引用。

図 5.36 | GenAug により拡張された画像データの例。Chen らの論文[320] より引用。

は (1) さまざまな物体に適応できるように、(2) 周囲のさまざまな物体に惑わされないように、(3) さまざまな周囲の環境変化に適応できるようになります。まず (1) では、最初に指示物体と指示容器がマスクされた画像をアノテーションしておきます。深度画像を条件付けた事前学習済みの Stable Diffusion[323] に、指示物体または指示容器の画像とマスク、その物体または容器に関する色（赤、緑、黄など）や素材（ガラス、木、金属など）の外観の変化を言語で入力し、多様な画像生成を行います。これだけでは物体の外観しか変化させておらず、新しい物体に対応できないため、まったく違う物体も配置します。事前に用意した物体のメッシュの中からランダムに選んだ物体を拡大縮小しながら配置し、元の深度画像と類似な 3 次元物体配置を取得、生成モデ

ルによって外観を生成します。次に (2) では、妨害物体を加えるために、事前に用意している物体のメッシュの中からランダムに新しいメッシュを選び、それを配置してレンダリングし、同様に生成モデルで外観を生成します。この際、ランダムに配置した物体が指示物体や指示容器に衝突しないよう、衝突判定を行っています。最後に (3) では、指示物体や指示容器、妨害物体を除き、背景のみ同様に生成モデルを用いて外観を変化させ、データを拡張します。単に画像を回転・並進・拡大縮小するのではなく、このように対象となる物体や背景、指示とは関係のない物体を生成モデルの力で拡張することで、多様な環境に適応したポリシーを構築できます。

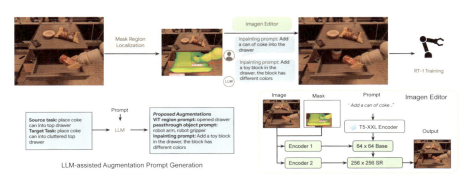

図 5.37 | LLM と生成モデルを用いて自動的に画像データを拡張可能な ROSIE。Yu らの論文[321] より引用。

ROSIE は GenAug が必要とする深度画像を使用せず、手動によるマスク生成を完全に自動化した画像データの拡張方法です。ここでは、RT-1 と同じモデルを使用しています。データ拡張の手順を図 5.37 に示します。元々のタスクの言語指示に対して、新しいタスクの言語指示を作り出し、その言語指示に適切な画像を自動的に生成していきます。まず、LLM を用いて元のタスクの言語指示（例えば "place coke can into top drawer"）と、今後対応できるようにしたい新しいタスクの言語指示（例えば "place coke can into cluttered top drawer"）から、画像中のどの領域を変更するか（例えば "opened drawer"）、どの領域は変更しないか（例えば "robot arm"）、どう変更すべきか（例えば "Add a toy block in the drawer"）を抽出します。次に、オープンボキャブラリー*18 な視覚 – 言語モデルを用いて、画像中の変更すべき領域のマスクを獲得します。最後に、このマスクとどう変更すべきかの指示を、生成モデルである Imagen Editor[324] に入力し、新しい画像を生成します。このように、GenAug と同じように外観や妨害物体、背景を生成し、より適応性の高いポリシーの学習に成功しています。

---

*18 オープンボキャブラリー（Open Vocabulary）とは、任意の自然言語テキスト入力を受け付けることが可能な、という意味です。

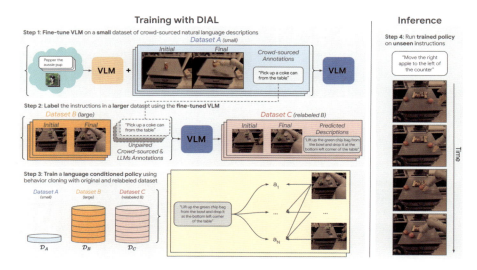

図 5.38 | ファインチューニングされた CLIP を用いて動作軌道に対応する適切な言語指示を自動でアノテーションする DIAL。Xiao らの論文[325] より引用。

5.6.2 言語データ拡張

　言語指示を拡張する代表的な例として DIAL[325] を紹介します。学習時の言語指示にバリエーションを持たせることで、多様な言語指示に対応可能なポリシーを構築することができます。なお、DIAL は ROSIE と同様に RT-1 を学習するモデルに使用します。データ拡張の手順を図 5.38 に示します。まず、大量のロボット軌道データから一部の少数データに対して、その軌道を表す言語指示をクラウドソーシングを利用してアノテーションし、これをデータセット A とします。次に、データセット A におけるロボットの軌道、特に軌道の最初と最後の画像と、言語指示の間の類似度を計算可能なモデルを構築します。ここでは一般的な Vision-Language モデル、特に CLIP をファインチューニングします。次に、まだアノテーションされていない大量のロボット軌道データ B に対して言語指示を付与していきます。先ほどのデータセット A でアノテーションされた言語指示を、GPT-3 によって拡張し大量の言語指示 L を得ておきます。大量のロボット軌道 B について、ファインチューニングされた CLIP を用いて L の中から適切な言語指示を見つけ、それをペアにしたデータセット C を生成します。このとき、ペアとなるべき言語指示は一つである必要はなく、例えば類似度の高い言語指示を上から五つ取り出してペアにするなども可能です。たくさんの言語指示をペアとして得ることで多様な言語指示に対応できるようになる一方、間違った言語指示が付与される可能性も増えるため、ここにはトレードオフがあります。最後に、この

データセット A、B、C を用いて RT-1 を学習させることで、より多様な言語指示に対応できるようなポリシーが学習されます。

5.7 おわりに

本章では RT-1、RT-2、RT-X という研究を中心に、モデルアーキテクチャ、データ収集の方法、既存のデータセット、データ拡張などについて網羅的に見てきました。多様なセンサの集合体であり、環境に働きかけるエージェントであるロボットにおけるデータ収集とその学習は、画像や言語などの単一モダリティやそれらを組み合わせたマルチモダリティよりもさらに難しく、非常に複雑な分野になります。そのため、まだまだ技術面で未熟な部分が多く、データ収集の方法やモデルアーキテクチャ、用いるロボットについても、これと言える定まったデファクトスタンダードがないのが現状です。逆に言えば、非常に多くの研究の余地が残されており、今後大きな発展が見込める分野であることは間違いないでしょう。現在コンピュータビジョンや自然言語処理の研究者もロボット分野に進出しつつあり、大きな異分野融合の波が押し寄せています。皆で手を取り合って、ロボットが社会をより良く変えていく未来を作ることができたら幸いです。

参考文献

[1] Vaswani Ashish et al. "Attention is all you need". In: Advances in neural information processing systems 30 (2017).

[36] Kaiming He et al. "Deep residual learning for image recognition". In: CVPR. 2016, pp. 770–778.

[37] Mingxing Tan and Quoc Le. "Efficientnet: Rethinking model scaling for convolutional neural networks". In: ICML. PMLR. 2019, pp. 6105–6114.

[40] Alexey Dosovitskiy et al. "An image is worth 16x16 words: Transformers for image recognition at scale". In: arXiv preprint arXiv:2010.11929 (2020).

[150] Colin Raffel et al. "Exploring the limits of transfer learning with a unified text-to-text transformer". In: JMLR 21.1 (2020), pp. 5485–5551.

[270] Alex Krizhevsky, Ilya Sutskever, and Geoffrey E Hinton. "Imagenet classification with deep convolutional neural networks". In: Advances in Neural Information Processing Systems 25 (2012).

[271] Anthony Brohan et al. "Rt-1: Robotics transformer for real-world control at scale". In: Robotics: Science and Systems. 2023.

[272] Anthony Brohan et al. "RT-2: Vision-Language-Action Models Transfer Web Knowledge to Robotic Control". In: Conference on Robot Learning. 2023, pp. 2165–2183.

[273] Open X-Embodiment Collaboration et al. "Open X-Embodiment: Robotic Learning Datasets and RT-X Models". In: arXiv preprint arXiv:2310.08864 (2023).

[274] Daniel Cer et al. "Universal sentence encoder". In: arXiv preprint arXiv:1803.11175 (2018).

[275] Ethan Perez et al. "Film: Visual reasoning with a general conditioning layer". In: AAAI Conference on Artificial Intelligence. Vol. 32. 1. 2018.

[276] Michael Ryoo et al. "Tokenlearner: Adaptive space-time tokenization for videos". In: Advances in neural information processing systems 34 (2021), pp. 12786–12797.

[277] Scott Reed et al. "A generalist agent". In: arXiv preprint arXiv:2205.06175 (2022).

[278] Eric Jang et al. "Bc-z: Zero-shot task generalization with robotic imitation learning". In: Conference on Robot Learning. PMLR. 2022, pp. 991–1002.

[279] Xi Chen et al. "Pali-x: On scaling up a multilingual vision and language model". In: arXiv preprint arXiv:2305.18565 (2023).

[280] Danny Driess et al. "Palm-e: An embodied multimodal language model". In: arXiv preprint arXiv:2303.03378 (2023).

[281] Suraj Nair et al. "R3m: A universal visual representation for robot manipulation". In: arXiv preprint arXiv:2203.12601 (2022).

[282] Arjun Majumdar et al. "Where are we in the search for an artificial visual cortex for embodied intelligence?" In: Advances in Neural Information Processing Systems 36 (2024).

[283] Austin Stone et al. "Open-world object manipulation using pre-trained vision-language models". In: arXiv preprint arXiv:2303.00905 (2023).

[284] Jiayuan Gu et al. "Rt-trajectory: Robotic task generalization via hindsight trajectory sketches". In: arXiv preprint arXiv:2311.01977 (2023).

[285] Priya Sundaresan et al. "RT-Sketch: Goal-Conditioned Imitation Learning from Hand-Drawn Sketches". In: arXiv preprint arXiv:2403.02709 (2024).

[286] Octo Model Team et al. "Octo: An open-source generalist robot policy". In: arXiv preprint arXiv:2405.12213 (2023).

[287] Ian Goodfellow et al. "Generative adversarial nets". In: Advances in neural information processing systems 27 (2014).

[288] Cheng Chi et al. "Diffusion policy: Visuomotor policy learning via action diffusion". In: arXiv preprint arXiv:2303.04137 (2023).

[289] Zipeng Fu, Tony Z Zhao, and Chelsea Finn. "Mobile aloha: Learning bimanual mobile manipulation with low-cost whole-body teleoperation". In: arXiv preprint arXiv:2401.02117 (2024).

[290] K. Kaneko et al. "Humanoid robot HRP-2". In: IEEE International Conference on Robotics and Automation. 2004, pp. 1083–1090.

[291] Navvab Kashiri et al. "Centauro: A hybrid locomotion and high power resilient manipulation platform". In: IEEE Robotics and Automation Letters 4.2 (2019), pp. 1595–1602.

[292] Gregory Kahn et al. "Self-supervised deep reinforcement learning with generalized computation graphs for robot navigation". In: IEEE International Conference on Robotics and Automation. IEEE. 2018, pp. 5129–5136.

[293] Kento Kawaharazuka et al. "Component modularized design of musculoskeletal humanoid platform musashi to investigate learning control systems". In: IEEE/RSJ International Conference on Intelligent Robots and Systems. IEEE. 2019, pp. 7300–7307.

[294] Yuki Asano et al. "Human mimetic musculoskeletal humanoid Kengoro toward real world physically interactive actions". In: IEEE-RAS International Conference on Humanoid Robots. IEEE. 2016, pp. 876–883.

[295] Katsushi Ikeuchi and Takashi Suehiro. "Toward an assembly plan from observation. I. Task recognition with polyhedral objects". In: IEEE Transactions on Robotics and Automation 10.3 (1994), pp. 368–385.

[296] Yasuo Kuniyoshi, Masayuki Inaba, and Hirochika Inoue. "Learning by watching: Extracting reusable task knowledge from visual observation of human performance". In: IEEE Transactions on Robotics and Automation 10.6 (1994), pp. 799–822.

[297] Stéphane Ross, Geoffrey Gordon, and Drew Bagnell. "A reduction of imitation learning and structured prediction to no-regret online learning". In: International Conference on Artificial Intelligence and Statistics. JMLR Workshop and Conference Proceedings. 2011, pp. 627–635.

[298] Tony Z Zhao et al. "Learning fine-grained bimanual manipulation with low-cost hardware". In: arXiv preprint arXiv:2304.13705 (2023).

[299] Philipp Wu et al. "Gello: A general, low-cost, and intuitive teleoperation framework for robot manipulators". In: arXiv preprint arXiv:2309.13037 (2023).

[300] Kento Kawaharazuka, Kei Okada, and Masayuki Inaba. "Robotic Constrained Imitation Learning for the Peg Transfer Task in Fundamentals of Laparoscopic Surgery". In: IEEE International Conference on Robotics and Automation. 2024, pp. 606–612.

[301] Ayumu Sasagawa et al. "Imitation learning based on bilateral control for human–robot cooperation". In: arXiv preprint arXiv:1909.13018 (2019).

[302] Koki Yamane et al. "Soft and rigid object grasping with cross-structure hand using bilateral control-based imitation learning". In: IEEE Robotics and Automation Letters (2023).

[303] Hitoe Ochi et al. "Deep learning scooping motion using bilateral teleoperations". In: International Conference on Advanced Robotics and Mechatronics. IEEE. 2018, pp. 118–123.

[304] Thanpimon Buamanee et al. "Bi-ACT: Bilateral Control-Based Imitation Learning via Action Chunking with Transformer". In: arXiv preprint arXiv:2401.17698 (2024).

[305] Yutaro Matsuura et al. "Development of a Whole-Body Work Imitation Learning System by a Biped and Bi-Armed Humanoid". In: arXiv preprint arXiv:2309.15756 (2023).

[306] Nur Muhammad Mahi Shafiullah et al. "On bringing robots home". In: arXiv preprint arXiv:2311.16098 (2023).

[307] Cheng Chi et al. "Universal Manipulation Interface: In-The-Wild Robot Teaching Without In-The-Wild Robots". In: arXiv preprint arXiv:2402.10329 (2024).

[308] Dmitry Kalashnikov et al. "Scalable deep reinforcement learning for vision-based robotic manipulation". In: Conference on Robot Learning. PMLR. 2018, pp. 651–673.

[309] Dmitry Kalashnikov et al. "Mt-opt: Continuous multi-task robotic reinforcement learning at scale". In: arXiv preprint arXiv:2104.08212 (2021).

[310] Sudeep Dasari et al. "Robonet: Large-scale multi-robot learning". In: arXiv preprint arXiv:1910.11215 (2019).

[311] Homer Rich Walke et al. "Bridgedata v2: A dataset for robot learning at scale". In: Conference on Robot Learning. PMLR. 2023, pp. 1723–1736.

[312] Frederik Ebert et al. "Bridge data: Boosting generalization of robotic skills with cross-domain datasets". In: arXiv preprint arXiv:2109.13396 (2021).

[313] Corey Lynch et al. "Interactive language: Talking to robots in real time". In: IEEE Robotics and Automation Letters (2023).

[314] Alexander Khazatsky et al. "DROID: A Large-Scale In-The-Wild Robot Manipulation Dataset". In: arXiv preprint arXiv:2403.12945 (2024).

[315] Pierre Sermanet et al. "RoboVQA: Multimodal Long-Horizon Reasoning for Robotics". In: arXiv preprint arXiv:2311.00899 (2023).

[316] Homanga Bharadhwaj et al. "Roboagent: Generalization and efficiency in robot manipulation via semantic augmentations and action chunking". In: arXiv preprint arXiv:2309.01918 (2023).

[317] Dhruv Shah et al. "Rapid exploration for open-world navigation with latent goal models". In: arXiv preprint arXiv:2104.05859 (2021).

[318] Ajay Mandlekar et al. "Roboturk: A crowdsourcing platform for robotic skill learning through imitation". In: Conference on Robot Learning. PMLR. 2018, pp. 879–893.

[319] Yunfan Jiang et al. "Vima: Robot manipulation with multimodal prompts". In: arXiv preprint arXiv:2210.03094 (2022).

[320] Zoey Chen et al. "Genaug: Retargeting behaviors to unseen situations via generative augmentation". In: arXiv preprint arXiv:2302.06671 (2023).

[321] Tianhe Yu et al. "Scaling robot learning with semantically imagined experience". In: arXiv preprint arXiv:2302.11550 (2023).

[322] Mohit Shridhar, Lucas Manuelli, and Dieter Fox. "Cliport: What and where pathways for robotic manipulation". In: Conference on Robot Learning. PMLR. 2022, pp. 894–906.

[323] Robin Rombach et al. "High-resolution image synthesis with latent diffusion models". In: IEEE/CVF Conference on Computer Vision and Pattern Recognition. 2022, pp. 10684–10695.

[324]   Su Wang et al. "Imagen editor and editbench: Advancing and evaluating text-guided image inpainting". In: IEEE/CVF Conference on Computer Vision and Pattern Recognition. 2023, pp. 18359–18369.

[325]   Ted Xiao et al. "Robotic skill acquisition via instruction augmentation with vision-language models". In: arXiv preprint arXiv:2211.11736 (2022).

第6章 Data-centric AIの実践例

本章では、企業における AI 開発において、Data-centric なアプローチがどのように用いられ、メリットを生み出しているかを紹介します。海外からは、筆者が製品開発において世界的に最も高いレベルで Data-centric AI（DCAI）を実践している企業の一つであると考えるテスラの事例を、また AI の実用化はもちろんのこと、世界の AI 研究全体を牽引するメタの研究から DCAI の典型と言える事例を紹介します。国内からは、AI 開発におけるデータにまつわる代表的な課題として、大規模なデータセットをいかに効率的に利用するか、時々刻々と集まってくるデータの品質をいかに保証するか、稀にしか発生しない事象のデータをいかに収集するか、という三つを取り上げ、それぞれ Turing、LINEヤフー、GO におけるアプローチを紹介します。企業全体としての大きな取り組みの概要から、特定の研究や製品開発の中で用いられた手法の詳細まで、紹介する内容の粒度は企業ごとにさまざまですが、DCAI の実践という観点で学びが多い事例を集めています。さらに、DCAI に関連したコンペティションやベンチマーク、商用のサービスについても紹介します。

6.1 テスラ

垂直統合企業の強みを活かし、データにまつわるすべてのプロセスで効率とスケーラビリティを徹底的に追求

Tesla, Inc.（以下、テスラ）は、シェアや販売台数で世界トップクラスの電気自動車メーカーであり、同社の車両に搭載されている Full Self-Driving（FSD）と呼ばれるカメラベースの運転支援機能の開発のために、Data-centric な AI 開発プロセスを構築、運用しています。その中でも特に興味深いのが、データエンジンと呼ばれる、車両からのデータ収集、アノテーション、モデルの学習、モデルの車両へのデプロイというサイクルを効率的に回す仕組みです（**図 6.1**）。以下ではまず、このデータエンジンについて説明したあと、集められたデータに対するアノテーションをどう効率化しているか、レアケースなど大量のデータ収集が困難な場合にどう対処しているか、につい

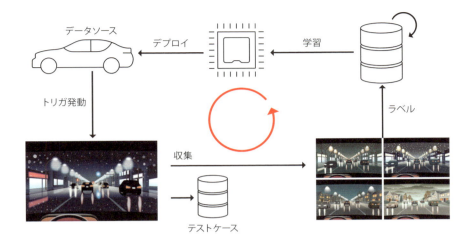

図 6.1 | テスラにおけるデータエンジン。必要なデータを取捨選択するためのトリガが各車両に設定され、その発動によって車両からアップロードされたデータにラベルが付与され、データセットに追加される。拡充されたデータセットで再学習することにより性能が改善したモデルは再び車両にデプロイされる。同じプロセスが繰り返されることでモデルとデータセットの双方が成長する。

て述べていきます。本節の内容は、テスラ主催のイベント[1][2][3]や開発者による講演[4][5]で発表された情報に基づきます。

■個々の車両からのデータ収集 テスラの電気自動車は世界中で年間 100 万台以上販売されています。車両が取得したセンサ情報がテスラのサーバにアップロードされる仕組みにより、世界中を走る 1 台 1 台のテスラ車両がデータ収集源となりえます。しかし、すべての車両のすべてのデータを集めていては、データ量が膨大となり通信や保存のために莫大なコストがかかるだけでなく、大量の同じようなデータの中からモデルの学習に有用なデータを探すことにも多大なコストがかかるため非現実的です。そこでテスラでは、必要なデータが生じる多様な状況を捉えるためのトリガを定義し、各車両においてトリガが発動したときのみデータがアップロードされる仕組みを作っています。

カメラを使った道路標識の検出を例に説明します。一般に道路標識のデザインや大きさは規格化されており、設置の際にも車両（運転手）からの見えやすさが配慮され

---

[1] https://www.youtube.com/live/Ucp0TTmvqOE?si=LJLIg3H4NrCwLWtm
[2] https://www.youtube.com/live/j0z4FweCy4M?si=RVaK-s1QFCCrRDwP
[3] https://www.youtube.com/live/ODSJsviD_SU?si=PteUNGAadOCXASLc
[4] https://youtu.be/hx7BXih7zx8?si=_Cy349weW1mTt1XF
[5] https://youtu.be/g6bOwQdCJrc?si=P9VB_I0GENsqihjH

ていますが、設置条件や撮影条件が多種多様であるため、実際にカメラに写る道路標識のパターンの分布はロングテールとなります。ロングテールのテールの例としては、街路樹によって遮蔽された道路標識や、特殊な補助標識によって規制内容に条件付けが行われた道路標識などが挙げられます。こうした道路標識は、ランダムなデータ収集により構築されたデータセットにはほとんど含まれていないため、そのようなデータセットで学習された物体検出モデルには検出されにくいという課題があります。しかし、高度な運転支援のためには、対象の出現頻度によらず高精度な検出が求められます。

　こうした課題の解決のためにテスラがとったアプローチの一つは、まずこれまでに構築した既存のデータセットの中からテールに相当する道路標識、つまり街路樹で遮蔽された道路標識や特定の補助標識とともに設置された道路標識を探し出し、それらだけを検出する物体検出モデルを作成して車両にデプロイするというものです。この物体検出モデルは、実際に運転支援を行う FSD とは切り離されて動作し、もちろん車両の動作には影響を与えず、ユーザーが気付くこともありませんが、車載カメラからの情報を常に処理し続けます。そして、この限られた対象の検出に特化したモデルが何かを検出したことをデータ（画像）送信のためのトリガとすれば、テールに相当する道路標識が写った画像を効率よく集めることができます。トリガ生成のための物体検出モデルは、初期段階では学習データ量が少ないために検出精度は低いはずですが、膨大な台数の車両からの収集が可能であるため、データ収集の観点では十分な働きをすると思われます。

　上述の例は、ロングテールな道路標識の分布の中でテールに相当するデータ量が少なく、検出精度が低いという既知の課題への対処に関するものでしたが、未知の課題へ対処する例について説明します。テスラの車両は、以前は周囲のセンシングのためにレーダーとカメラの両方を用いていましたが、2021 年にレーダーを廃止してカメラに一本化しています。この際、レーダーの役割をカメラで置き換えるために、レーダーの出力を教師データとして使い、カメラの入力からレーダーと同等の出力が得られるようにモデルの学習が行われました。このモデルの開発過程で、車両からモデルの学習に有用なデータを集めるために設定されたトリガの総数は 221 種類にのぼります。トリガの例としては、レーダーの出力結果とカメラによる推論結果の不一致、推論結果と運転手の行動の不一致、複数のカメラ間での推論結果の不整合などがあり、モデルの推論結果が誤っている可能性が高い状況で発動するように設計されています。このように、設定するトリガに工夫を凝らすことで、原因は不明だが、モデルの性能が十分でないと思われる状況のデータを自動的に収集することができ、それを活用することで未知の課題への対処も可能となります。

　テスラのデータエンジンは、このようにしてモデルの学習に有用なデータを各車両から効率的に収集し、アノテーションを行ったうえで学習データに追加します。そし

表 6.1 | テスラにおけるレーンアノテーションの自動化の流れ

	画像 （2018 年頃）	単一走行 （2019 年頃）	複数走行 （2021 年頃〜）
３Ｄラベル	未知	手動	再構成
再投影誤差	1 画素未満	3 画素未満	3 画素未満
範囲	局所的	走行軌跡に依存	再構成の限界まで
クリップあたりの 手動アノテーション時間	533 時間	0.1 時間未満	0.1 時間未満
クリップあたりの計算時間	なし	2 時間	0.5 時間
スケーラビリティ	低い	高い	非常に高い
開発工数	低い	高い	非常に高い

て、改善された学習データセットで学習されたモデルは、再び世界中の車両にデプロイされます。このサイクルを回し続ければ、理想的にはモデルの性能が向上し続け、モデルにとって課題となる状況は減っていき FSD が対応可能なシーンが広がります。また、トリガの発動によって収集されたデータ、つまりモデルの動作に問題がある可能性が高い状況のデータの一部は、学習データではなくテストケースに追加されます。モデルを再学習した際、このテストケースで評価することによって、以前のモデルの欠点を新たなモデルがねらい通りに克服できているかを確認することができます。つまり、データエンジンのサイクルを回すことで、学習データだけでなく評価データもより充実したものになっていきます。

■**アノテーションの効率化**　テスラでは自社ですべてのアノテーションを行っており、アノテーションのためのツールなども自社で開発しています。2021 年時点での公開情報によれば、アノテーションのためのチームの規模は約 1,000 人とのことですが、単に人手に頼ってアノテーションするだけでなく、大部分を自動化することで効率化が図られています。所定の車載システム上での厳密なリアルタイム処理が求められる FSD とは異なり、アノテーションはオフライン処理であり計算資源や処理時間への制約が小さいため、車両へのデプロイが困難な大規模で高性能なモデルや複数のモデルのアンサンブルなどによって自動アノテーションが行われています。また、リアルタイム処理では知り得ないオフライン処理ならではの hindsight（後知恵）が活用されています。映像において同一物体を追跡しながらラベルを付与していくようなアノテーションがその典型例であり、オフライン処理であればアノテーション対象のフレームから見て過去だけでなく未来のフレームも利用することができます。これにより、例えば対象物体が他の物体に一時的に遮蔽されて再び現れるような状況であって

も、同じ物体として追跡を継続しつつ遮蔽されたフレームにおける対象物体の位置形状を補間することで、遮蔽に対応した高品質なラベルが得られます。

表 6.1 は、車載カメラの映像に対するレーンのアノテーションを例に、テスラにおけるアノテーションの自動化がどのように進められてきたかをまとめたものです。初期の段階（2018 年頃）では、カメラから得られた映像の各フレームに対して手動でレーンのアノテーション（レーン境界などをポリゴンで指定する）を行っており、一つのクリップ（45 秒から 1 分程度の映像）のアノテーションに 533 時間を要していました。なお、テスラの車両には 8 台のカメラが搭載されているため、この時点ではそれらすべてに対して独立にアノテーションを行う必要がありました。

次の段階（2019 年頃）として、さまざまな視点で撮影した画像から 3 次元再構成を行う SfM（Structure from Motion）などを活用し、1 台の車両から得られた複数の映像を使って再構成した 3 次元走行空間内でアノテーションするアプローチがとられました。3 次元空間内の任意の点は車載カメラの映像を構成する任意のフレームに投影できるため、3 次元空間内で一度アノテーションを実施すれば、その結果を投影することで 8 台のカメラの映像の全フレームに対するラベルが得られることになります。このアプローチは、3 次元再構成などの計算処理に 2 時間を要しますが、これは自動で行われるため人間は関与しません。その後の手動でのアノテーションに要する時間は 0.1 時間未満であり、両者を合わせても初期段階と比較して数百倍の高速化が達成されています。また、3 次元空間内でアノテーションしているため、2 次元のフレームへのアノテーションでは難しかった 3 次元のラベルが手に入ります。つまり、単純な平面ではなく、道路の傾斜などに応じて高さの情報を持ったレーンのラベルが得られます。

さらに 2021 年頃からは、1 台の車両だけでなく複数の車両から得られたデータを統合して活用しており、よりテスラの強みを活かした形へと発展しています。同一のエリアを走行する複数の車両からセンサデータや画像認識結果を集め、それらの位置合わせや整合性を保つための最適化などによりラベル付きの 3 次元マップを自動的に構築します。最終的にこのマップは人間によりチェックされ、手直しされます。一度マップを構築したあとは、それ以降に同じエリアを走行した車両については、マップ内の位置を特定しマップに付与されたラベルをカメラ映像のフレームに投影することで、自動アノテーションが実現できます。これらの処理はテスラが保有する計算機クラスタによって高度に並列化されており、10,000 個のクリップに対し 12 時間でアノテーションを行うことができます。こうしたシステムを作り上げるには大きな開発工数が必要となりますが、その恩恵として、同様に 10,000 個のクリップに約 500 万時間を要する手動アノテーションに比べ、40 万倍以上の高速化を達成しています。また、時間帯や天候、他の車両による遮蔽などの影響でその車両のカメラからはレーンを明瞭に視認できない状況であっても、マップからの投影であれば正確にラベルを付

与できるという利点もあります。このように、状況によらず一貫性が高い高品質なラベルを持つ学習データは、モデルの高性能化やロバスト化にも寄与すると考えられます。

■**シミュレーションによる合成データの活用**　データエンジンとアノテーションの効率化による車両からの実データの収集に加え、テスラではシミュレーションによる合成データも大いに活用しています。シミュレーションであれば、どれだけ多くの車両を利用しても十分なデータ量が確保できないような極めて稀な状況のデータも容易に得ることができ、また、例えばカメラに大規模な群衆が写っているようなシーンでその一人一人にラベルを付与する必要があるなどアノテーションが非常に困難な状況であっても、完全なラベルが自動的に得られます。

　テスラのシミュレータは、3DCGソフトウェアの一つであるHoudini[*6]がベースとなっていますが、デザイナーがゼロからモデリングしていたのでは時間がかかりすぎるという課題があります。そこでテスラでは、先述した自動アノテーションのために構築したマップをHoudiniに取り込むことでモデリングの工数を大幅に短縮しています。マップには道路の境界や、車両が走行可能なレーンの情報を示すレーングラフが含まれているため、Houdini内で道路平面を構築したうえでレーングラフに基づいて道路上に直進や右左折などを示す路面標示を合成します。交差点などについてもマップに基づいて信号機や道路標識を配置します。マップに含まれない建物や植生、また車両や歩行者などはランダムに合成することで、視覚的な違いや多様な交通状況を生み出すことができます。重要なのはここまでのプロセスが完全に自動で行われていることであり、デザイナーの介入を必要とせずに数分で完了します。

　また、現実の世界を計算機上にマップとして再現するだけでなく、シミュレーションであればそのマップをさらに自由に変更できます。例えば上述のプロセスにおいてレーングラフを変更すれば、それに合わせて車両の動きや路面標示の内容が変化し、現実とは異なる新たなシーンを生み出すことができます。テスラでは、まず自動的なプロセスによって現実の世界をシミュレータ上に再現し、次にそれを編集することで異なる状況を作り出すというアプローチにより、車両から集められる実際のデータを補う多種多様な合成データを効率的に作り出しています。2021年の段階で、シミュレーションにより合成されモデルの学習に使われた画像の枚数は3億枚、それらに付随するラベルの総数は5億個にのぼります。

　こうした合成データによる学習が効果を発揮するための鍵の一つは、合成データの特性を車両から得られる実際のデータの特性に可能な限り近づけることです。画像であれば、実際の車両に搭載されたカメラのセンサノイズやブレ・ボケ、レンズ歪みな

＊6　https://www.sidefx.com/ja/products/houdini/

どを忠実に再現する必要があります。テスラは、すべてを自社で開発、生産するという垂直統合の強みを活かし、車両に搭載されたセンサの正確なシミュレーションを実現しています。また、もちろん視覚的なリアリティを高めることも重要であるため、ここでは詳述しませんがレイトレーシングやニューラルレンダリングなどの CG 技術も活用しています。

■まなび　世界中を走るテスラの車両は極めて多様な状況に遭遇します。FSD がその 99％に対応できるだけでは不十分であり、本当に危険な状況での支援を実現するには 99.999...％と際限なく続くロングテールにいかに対応できるかが鍵となります。そのためには、テールに相当する稀なデータであってもモデルの学習に足る量を集めなければなりません。テスラでは、垂直統合企業の強みを活かし、車両を構成するさまざまな要素を活用してデータ収集やアノテーションを効率化するとともに、世界中を走る何百万台もの車両から集まるデータを自社で保有する巨大な計算機クラスタで処理することで圧倒的なスケールを実現しています。この効率とスケーラビリティの追求がテスラの AI 開発における大きな強みの一つと言えるでしょう。その根幹にあるのは、データセットとモデルを同じループの中で同時並行的に成長させていくデータエンジンという仕組みです。データセットは一度作ったら終わりではなく、モデルとともに常に成長させていくべきものであることを意識し、それが日々の開発の中で労なくできるように仕組み化することが重要です。

6.2　メタ

アノテーションにおいて人間とモデルを適切にバランスさせることで大規模なデータセットを効率的に構築

　ソーシャルネットワーキングサービスの Facebook などを運営する Meta Platforms, Inc.（以下、メタ）の AI 研究部門である FAIR（Fundamental AI Research）は、深層学習の世界的権威である Yann Lecun 氏によって 2013 年に立ち上げられて以降、世界で最も有名な AI 研究機関の一つとして AI 分野全体を牽引し続けています。ここでは、FAIR での研究における Data-centric なアプローチの一例として、2023 年に発表された Segment Anything[326] と呼ばれる研究を取り上げます。Segment Anything は、画像中のあらゆる領域のセグメンテーションを実現する技術であり、Segment Anything Model（以降、SAM）と呼ばれるモデルに、画像とセグメンテーションの対象となる領域（対象領域内部の点や対象領域を囲むバウンディングボックスなど）をプロンプト

図 6.2 | SA-1B における画像（左）とマスク（右）の例。Kirillov らの論文[326] より引用。

として与えると、対象領域がセグメンテーションされます[*7]。以降では、本研究において SAM の学習のために新たに構築された SA-1B というデータセットについて、その構築プロセスを紹介します。

■ **SA-1B**　メタでは、SAM の学習のために新たなデータセット SA-1B を構築し、用途を研究に限定して一般公開しています[*8]。SA-1B には 1,100 万枚の画像が含まれており、各画像には、図 6.2 に示すように画像中のそれぞれの物体の領域を表すラベル（マスク）が付与されています。マスクの総数は 11 億個にのぼりますが、これだけの量のマスクを完全に手動で付与することは非現実的です。そこでメタでは、データセットを構築する段階から SAM を活用し、人間と SAM を協調させつつ、SAM の性能が上がるにつれて徐々に人間が作業する割合を減らしていくというアプローチをとりました。このデータセット構築プロセスは、アシスト付き手動ステージ、半自動ステージ、完全自動ステージの三つのステージに分かれます。それぞれについて以下で説明します。

■ **アシスト付き手動ステージ**　最初のステージでは、SAM によるアシストを受けながら人間のアノテータが手動でアノテーション（マスクの作成）を行います。このステージで用いられる初期の SAM は、SA-1B とは異なる既存のセグメンテーション向けデータセットで学習されており、まず SAM が SA-1B の画像に対して推論を行いマスクを生成します。当然ながらこのマスクには誤りが含まれるため、それをアノテータが「ブラシ」あるいは「消しゴム」ツールを使って修正します。このとき、アノテータは、画像中のすべての物体に対するマスクを修正するわけではなく、目立つ物体か

---

*7　正確には、入力プロンプトにおける曖昧性に対応するため、候補となる三つのセグメンテーション結果（マスク）が出力されます。
*8　https://segment-anything.com/dataset/index.html

ら順に修正していき、一つのマスクの修正に 30 秒以上かかるようになったら次の画像の修正へ進みます。

SA-1B に含まれるある程度の画像に対するアノテーションが完了した段階で、それらを使って SAM の再学習が行われます。本ステージにおいて、アノテーションと SAM の再学習は 6 回繰り返され、アノテーションされた画像が増えるにつれて SAM の内部で使われるモデルをより大きなサイズのものに変更してパラメータ数を増やしています。複数回の学習とモデルサイズの増加により、本ステージ内で SAM の性能が徐々に向上していき、SAM が生成するマスクの品質が上がっていきます。これにより、アノテータが一つのマスクの修正に要する時間は、初期段階で平均 34 秒だったものが最終的に 14 秒にまで短縮されています。これは、MS COCO[327] におけるマスクのアノテーションの 6.5 倍高速であり、マスクよりも大幅に単純なバウンディングボックスのアノテーションと比べても 2 倍遅い程度です。また、SAM の性能が上がるにつれて、1 枚の画像あたりのマスクの個数も平均 22 個から 44 個に増えています。最終的に本ステージでアノテーションされた画像の枚数は 12 万枚、それらに付与されたマスクは 430 万個です。

■**半自動ステージ** 先のステージでは、画像中の目立つ物体に優先的にアノテーションが行われたため、この段階で得られている SAM は、やはり主に目立つ物体だけをセグメンテーションする能力しか持っていません。そこでこのステージでは、その他の目立たない物体もセグメンテーションできるようにマスクを増やしていきます。そのために、まず SAM によってセグメンテーションを実施したあと、画像と生成されたマスクをアノテータに提示して、SAM がセグメンテーションできなかった物体についてアノテータがマスクを付与します。

本ステージではアノテーションと SAM の学習は 5 回繰り返され、18 万枚の画像に対して新たに 590 万個のマスクが付与されました。先のステージと合わせたマスクの総数は 1,020 万個となります。先のステージに比べ、あまり目立たない小さな物体、つまり、よりアノテーションが難しい物体に対してアノテータがラベルを付与しているため、一つの物体のマスクを作成するのにかかる時間は平均 34 秒となっていますが、1 枚の画像あたりのマスクの個数は平均 44 個から 72 個まで増えています。

■**完全自動ステージ** このステージでは、アノテータは関与せず、ここまでのステージで段階的に学習されてきた SAM によって自動的にラベルが生成されます。ただし、単純に SAM でそれぞれの画像を一度だけ推論するのではなく、複数のステップを経ることでラベルの品質を高めています。

最初のステップでは、細部におけるマスクの精度を向上させるため、画像全体での推論に加え、画像を 2 × 2 および 4 × 4 に分割したそれぞれの領域においても推論を

行います。SAM に入力される画像のサイズは一定であるため、画像を分割してから SAM に入力することで、画像全体を入力する場合に比べて分割領域を拡大して推論することになります。ここでは、1 枚の画像に対し、合計 21 回（$= 1 + 2 \times 2 + 4 \times 4$）の推論が必要となります。そして、最終的に得られた多数のマスクに対して NMS[*9]を適用することで重複を削除します。このように、推論時に 1 枚の入力画像に変換を施して複数の入力を作り出し、それぞれに対するモデル出力を統合することで 1 回だけの推論に比べて性能の改善を図ることを TTA（Test Time Augmentation）と呼びます。

次のステップでは、得られたマスクに複数のフィルタを適用し、高品質なマスクだけを取り出します。SAM は、入力画像中のそれぞれの物体について、各画素がその物体領域に属するか否かの確率値を出力します。この確率値に対して閾値処理を施すことで、物体領域を表す 2 値マスクが得られます。加えて、SAM は、物体ごとに自身の推論がどの程度信頼できるかのスコアを出力します。まず、このスコアをフィルタリングすることで信頼度が低い出力結果を除去します。次に、2 値マスクの形状が確率値に対する閾値に大きく左右されるものを安定性が低いマスクとして削除します。具体的には、$0.5 - \delta$ と $0.5 + \delta$ の二つの閾値でそれぞれ 2 値マスクを作り、両者の IoU[*10]が 0.95 を下回るものを削除します。物体領域に属するか否かどちらとも言えないような確率 0.5 付近で揺らいでいるマスクを削除するイメージです。最後に、画像全体を囲むような無意味なマスクをマスクの面積に対する閾値処理で削除します。

最後のステップでは、小さすぎるマスクや、マスクに空いた小さな穴を削除します。SAM が生成したマスクから、面積が閾値（100 画素）に満たないものを取り出すことで小さすぎるマスクを削除します。穴についても同様に、面積閾値に満たない穴を削除、つまり埋めることでマスクの品質を高めます。

本ステージでは、SA-1B に含まれる 1,100 万枚の画像すべてが処理され、11 億個のマスクが SAM によって自動的に付与されました。これは、ここまでの三つのステージを通して付与されたすべてのマスクの 99.1 ％に達します。つまり、アシスト付き手動ステージおよび半自動ステージにおいて、人間のアノテータが関与したマスクは SA-1B 全体の 1 ％未満にすぎないことになります。このように、SA-1B ではほぼすべてのマスクが SAM によって自動生成されたため、当然ながら、その品質は十分なのかという疑問が湧いてきます。次項では、自動生成されたマスクの品質評価について詳しく説明します。

■自動生成されたマスクの品質評価　SAM により自動生成されたマスクの品質評価の

＊9　NMS（Non-Maximum Suppression）は、モデルの出力に対する後処理であり、重複する複数の候補領域のうち、最も信頼性の高い領域だけを残して他の領域を除去します。

＊10　IoU（Intersection of Union）は、二つの領域の重なり具合を定量的に評価するための指標であり、二つの領域の積集合の面積を和集合の面積で割ったものです。

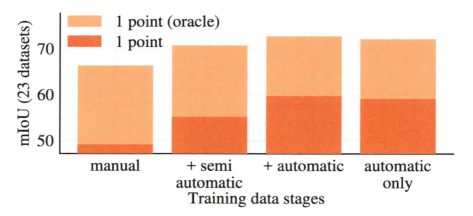

図 6.3 | SA-1B の構築における各プロセスでの SAM の性能の比較。縦軸は複数のデータセットにおける評価結果の平均値である mean IoU（mIoU）。図中の 1 point とは、真値マスクの中心点をプロンプトとして与え、SAM が出力する三つの候補マスクのうち最も信頼度が高いものを選んだ場合を指し、1 point（oracle）とは、候補マスクから真値との IoU が最も高いものを選んだ場合を指す。Lin らの論文[327] より引用。

ため、SA-1B からランダムに 500 枚の画像を選び、それらに付与されている自動生成されたマスク約 5 万個をアノテータが修正する作業が行われました。これにより、自動生成されたマスクと、それを手動で修正したマスクのペアが得られます。このペア間で IoU を求めたところ、IoU が 0.9 を超えるペアが全体の 94％、IoU が 0.75 を超えるペアが全体の 97％となりました。ちなみに、他の研究で行われた調査では、人間のアノテータの場合、異なるアノテータ間での差異は IoU で 0.85 〜 0.91 程度になることが報告されています。つまり、SAM により自動生成されたマスクと人間によるマスクの差異は、人間同士の差異と同程度であり、自動生成されたものであっても人間が手動で作ったものに近い品質を持っていることが分かります。

また、SA-1B とは異なる複数のセグメンテーション向けデータセットに対して SAM でセグメンテーションを行い、生成されたマスクの品質を人間が主観的に評価することも行われました。結果として、SAM が自動生成したマスクの品質はいずれのデータセットでも 10 段階中 7 〜 9 程度のスコアとなり、これは、評価対象のマスクの境界と実際の物体の境界の間にはわずかな差異しかないことを意味します。比較のために、評価に使われたデータセットが提供する真値マスクを同様に評価した場合、スコアは 8 〜 9 程度と若干高くなりますが、ほとんどのデータセットで両者の差は 1 ポイント未満となっています。

最後に、SA-1B の構築における三つのステージのそれぞれで SAM を学習した場合にどのように性能が変化するかを **図 6.3** に示します。アシスト付き手動ステージ、半自動ステージ、完全自動ステージと進むにつれて SAM の性能が改善していることが

分かります[*11]。一方、自動生成されたマスクのみで学習した SAM の性能を同図の一番右に示します。これを見ると、学習データセットにアノテータが関与したマスクを含む場合との差はわずかであり、自動生成されたマスクのみでも高い性能を実現できていることが分かります。

　ここまでに述べた複数の実験などから、メタは、SA-1B の構築において SAM が自動生成したマスクは人間によるマスクと比較して十分に高い品質を持っていると判断し、SA-1B の一般公開においては、SAM が自動生成したマスクのみを公開しています。つまり、アシスト付き手動ステージおよび半自動ステージにおいてアノテータが関与して作成されたマスクは、完全自動ステージで SAM が生成したマスクにすべて置き換えられています。

■**まなび**　データセットへのアノテーションをすべて人間が手動で行うのではなく、一部にモデルによる推論を取り入れて省力化を図る model-in-the-loop という考え方は新しいものではありません。しかし、本節で紹介したメタによるアプローチの特筆すべき点は、複数のステージを経るごとにモデルの性能が上がって人間の役割が減り、最終的に 99 ％以上のラベルをモデルが自動生成していることです。ここで、ナイーブにモデルの推論結果をラベルとして使ってむやみにデータセットのサイズを大きくしても、モデル性能の顕著な改善につながる有効なデータセットにはならないでしょう。しかし、SA-1B の場合は、1,100 万枚の画像と 11 億個のラベルという圧倒的なスケールと、推論時の前処理と後処理によってモデル単体の性能を超える高品質なラベルを作り出していることがポイントです。定量的にも、**図 6.3** に示したとおり、自動生成されたマスクのみで学習した SAM の性能（図の右から 1 番目）は、人間が関与したマスクのみで学習した場合の性能（図の左から 1 番目と 2 番目）を上回っています。一般に、データセット構築はオフライン処理であり、処理時間や計算資源への制約は小さいことが多いはずです。model-in-the-loop においては、この特性を活かし、例えば TTA に代表されるような入力データへの前処理や推論結果への後処理、学習対象のモデルよりも高負荷だが高性能なモデルあるいは複数モデルのアンサンブルの利用などによって、自動生成ラベルの品質を高めることができます。また、本節でも詳しく紹介したように、人間が手動で作成したラベルとの比較などにより、モデルが自動生成したラベルであっても十分に高い品質を持っていることをしっかりと評価することも大切です。

[*11]　完全自動ステージにおいては、99 ％以上が自動生成されたマスクであるため、学習時にバランスを調整するためにアシスト付き手動ステージおよび半自動ステージで得られたマスク、つまりアノテータが関与したマスクのサンプリング確率を 10 倍にしています。

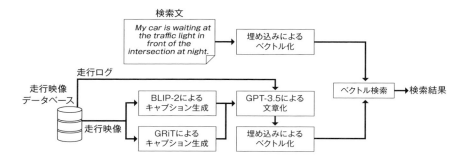

図6.4 | チューリングにおける走行映像データベース検索システム

6.3 チューリング

LLMやVLMを活用して非構造化データを文章で説明し、自然言語によるデータセットの検索を実現

　Turing株式会社（以下、チューリング）は、2021年に設立された完全自動運転の開発に取り組む日本のスタートアップです。自動運転技術の開発においては、人間と同様に視覚による運転を実現するためカメラベースのアプローチをとっており、また、やはり人間と同様に世界を認知・理解することを目指し大規模基盤モデルの開発を進めています。こうしたモデルを開発するためには、車載カメラによる走行映像を大量に収集する必要があることはもちろんですが、その中から所望の条件に合致した映像を効率的に探すことも重要です。しかし、映像のような非構造化データは、一般に検索条件の指定やその条件への合致度の算出が困難という課題があります。こうした課題に対し、チューリングでは、複数の大規模言語モデル（Large Language Model; LLM）やVision-Language Model（VLM）を活用することで、自然言語によって走行映像データベースを検索できるシステムを構築しています。本システムにおける処理の流れを**図6.4**に示します。以下では、それぞれの処理の詳細について説明します。本節の内容は、チューリングの技術ブログ[*12][*13]や開発者による講演[*14]で発表された情報に基づきます。

■**映像のキャプション生成**　本システムは、ユーザーが検索したい走行映像の内容を

[*12] https://zenn.dev/turing_motors/articles/ai-movie-searcher
[*13] https://zenn.dev/turing_motors/articles/traffic-light
[*14] https://speakerdeck.com/koheiiwamasa/da-gui-mo-zou-xing-detawo-xiao-lu-de-ni huo-yong-surujian-suo-sisutemunokai-fa-di-3hui-data-centric-aimian-qiang-hui

 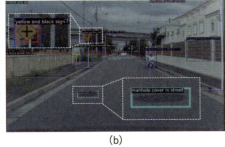

図 6.5 | 走行映像に対するキャプションの例：(a) BLIP-2 による結果、(b) GRiT による結果。チューリングの技術ブログ[*12]の図をもとに筆者が作成。

文章で指定する形となっているため、検索対象となるデータベース中の走行映像も文章で表現しておく必要があります。そのためにまず、画像からそのキャプション（説明文）を生成するキャプショニングと呼ばれる技術を利用します。図 6.4 に示すように、キャプショニングには BLIP-2[328] および GRiT[329] を用いています。なお、本項の主旨からずれるため、BLIP-2 と GRiT の技術的詳細の説明は割愛します[*15]。

BLIP-2 は、学習済みの画像エンコーダと LLM を利用してキャプショニングや VQA（Visual Question Answering）、検索といったマルチモーダルなタスクを実現する手法です。本システムではまず、BLIP-2 を使って映像からキャプションを生成しますが、多数のフレームの集合である映像をそのまま BLIP-2 には入力できないため、代表として映像の最初のフレームを取り出して入力します。BLIP-2 による走行映像へのキャプション生成の例を図 6.5 (a) に示します。同図から分かるように、BLIP-2 は、画像全体を大まかに説明するようなキャプションを生成することは得意ですが、画像中の個々の物体について、それぞれを詳しく説明するような局所的なキャプションの生成は不得意であるという特徴があります。

そこで、画像中の個々の物体に着目した密なキャプショニングが可能な手法として GRiT も併せて利用します。GRiT は、物体検出とキャプショニングを組み合わせた手法で、通常の物体検出のように画像中の物体を認識してバウンディングボックスで囲むだけでなく、それぞれの物体についてキャプションを生成します。また、検出対象とする物体のクラスをあらかじめ定義する必要がなく、多様な種類の物体を検出できます。BLIP-2 と同様、映像の最初のフレームを取り出して GRiT に入力することで、映像の局所的なキャプションを生成します。GRiT による生成例を図 6.5 (b) に示します。

■ **GPT-3.5 による文章化** ここまでで映像の内容を文章で説明するキャプションが得

[*15] BLIP-2 の元となった BLIP については **2 章**を参照ください。

入力映像（最初のフレーム）　　　　　　　　　　　出力文章（翻訳）

車のドライブレコーダーが撮影した動画のサムネイル。車は亀のようにゆっくりと進んでいる。小さなカーブを曲がりながら左折している。画像は太陽が高い位置にある正午頃に撮影された。

道路には、車を誘導する白い線が見える。**黒と黄色の標識が2つ近くに立っており、少し離れた場所にも同じような標識がある。**これらの標識はドライバーに情報を与えている。金属製のポールに取り付けられた大きな看板もある。遠くの広い畑の近くに道路があり、車が通れるようになっている。**道路の近くには赤と白の標識があり、ドライバーに重要なことを警告している。**他にも、黄色に黒文字の看板や、値段の書かれた看板など、文字や絵の書かれた看板がある。

周囲を見回すと、**ドライバーの安全を守るための標識や表示が道路上にたくさんある**ことに気づく。注意標識、はしごのような構造物、ポールの上の赤いライト、色や形の違う標識などだ。オレンジと白のコーンも見えるが、これは通常、**特別な理由で設置される**ものだ。全体として、**ドライバーはゆっくり運転しながら道路標識に注意を払い、曲がっているように見える**。

図 6.6 | GPT-3.5 による走行映像の文章化の例。チューリングの技術ブログ[*12]の図をもとに筆者が作成。

られますが、すでに述べたように映像の最初のフレームだけを BLIP-2 および GRiT への入力としているため、時系列情報が失われています。また、実際の走行データには映像以外の有用な情報も含まれています。そこで本システムでは、走行データから平均速度、ステアリング角、撮影時間を抽出し、映像から生成したキャプションとこれらを併せたものをプロンプトとして、OpenAI が提供する LLM である GPT-3.5 に入力します。そして、GPT-3.5 が出力する文章をその映像の最終的な説明文とします。なお、平均速度などの走行データは、あらかじめ決められたルールに沿って文章化したうえでプロンプトに加えます。

ある走行映像に対して、本システムで最終的に生成される文章の例を**図 6.6** に示します。映像から得られた視覚的な情報に加えて、自車両がどのように走行しているかという動きの情報も含まれていることが分かります。また、工事現場の設置物に対して「特別な理由で設置される」といった説明を加えるなど、LLM ならではの知識が付与されている点も興味深いです。

■**文章のベクトル化と検索**　最後に、すべての走行映像のそれぞれから生成された文章をデータベース化したものに対し、ユーザーが所望の状況を記述した文章を入力して検索できるようにします。このためには、文章間の類似度を定義する必要があります。本システムでは、OpenAI が提供する埋め込みモデルを利用して文章をベクトルに変換し、ベクトル間のコサイン類似度を測ることで文章間の類似度を求めています。本システムにおける検索結果の例を**図 6.7** に示します。同図では、検索文として「There is a motorcycle ahead.」を入力した際の検索結果の上位 6 件を示しています。検索文で指定したとおり、前方にバイクが写っている映像が選ばれていることが分かります。

■**信号機認識のためのデータセット作成への適用**　本システムが実際にチューリング

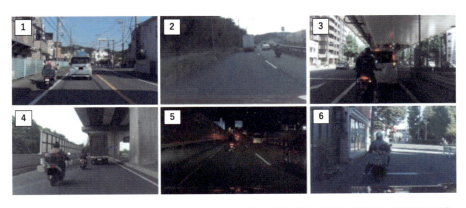

図 6.7 | 検索文「There is a motorcycle ahead.」に対する検索結果。図中の数字は検索文との類似度の順位。開発者による講演のスライド[*14]の図をもとに筆者が作成。

において活用された例として、信号機認識のためのデータセット作成を紹介します。自動運転において、信号機の位置や点灯状態を車載カメラから認識することは必須機能の一つであり、これを実現するモデルを開発するためには、当然ながら信号機が写った画像を大量に用意してラベルを付与する必要があります。しかし、信号機は交差点などに集中して設置されているため、走行データからランダムにサンプリングしてアノテーションを行ったのでは効率が悪く、十分なデータを集めるまでに時間がかかってしまうという課題があります。そこでチューリングでは、本システムを使い、「信号機あり」などのキーワードを含む文章で走行映像データベースを検索することで、信号機が写った映像の収集を効率化しました。実際に収集した映像のフレームに信号機が写っている割合は、ランダムに収集した映像の場合は約 20 %であったのに対し、本システムを活用した場合は 40 %を超え、収集効率が 2 倍以上に改善しています。また、例えば検索文に「昼」や「夜」などのキーワードを含めることで、単に信号機が写っているだけでなく、多様なバリエーションの映像をバランスよく集めるなどの工夫も行われています。

■**まなび**　チューリングが目指す完全自動運転の実現のためには、膨大な走行データセットの構築が不可欠です。そして、実際にそのデータを使う際には、どのようなシーンがどの程度含まれているかを解析したり、現状のモデルにとって課題となるシーンだけを取り出したりといった作業が頻繁に行われます。したがって、データセットの中から所望のデータをいかに効率的に検索できるかが、開発工数全体に大きな影響を与えます。検索のためのアプローチとしては、データに機械的にタグを付けるようなことが考えられますが、検索結果がタグ付けアルゴリズムの性能に大きく左右されるうえ、そもそも将来的な要件変更まで見越した汎用的なタグ体系とデータベースを設

228　第 6 章　Data-centric AI の実践例

計することは容易ではありません。これに対し、近年飛躍的な進歩を見せている LLM
や VLM によってデータを文章で説明させるというチューリングのアプローチは、モ
デルの特性によって文章に多少の変化があったとしても大きな問題にはならず、今後
さらに高性能なモデルが登場した際には文章化を再実行するだけでその恩恵を容易に
取り入れられるという利点があります。関連して、LLM と同様に大きな盛り上がりを
見せている画像生成モデルについても、セグメンテーションなどの他タスクに有用な
情報を学習済みモデルから抽出できることが分かっています[330]。このように、学習
済みの LLM や画像生成モデルを AI 開発サイクルの中に取り入れ、データ整備やアノ
テーションなどに活用するという流れは、これらのモデルの高性能化、オープン化に
つれて今後ますます大きくなると考えられます。

6.4　LINEヤフー

**データ品質をコードで記述することで曖昧さや属人性をなくし、データ品質の管理プ
ロセスを体系化**

　コミュニケーションアプリの LINE や検索ポータルの Yahoo! JAPAN などを運営す
る日本のインターネット企業である LINEヤフー株式会社（以下 LINEヤフー）では、簡
単に AI を開発できる環境である AI プラットフォームを構築し、同社のサービス開発
エンジニアやデータサイエンティストに提供しています*16。AI プラットフォームの
基盤となるのは、ACP（AI Cloud Platform）と呼ばれる AI に特化した Kubernetes 環
境*17であり、AI プラットフォームの多くのプロダクトやアプリケーションが ACP 上
で動作します。LINEヤフーでは、この AI プラットフォームにおいて、ACP Data Quality
と呼ばれるデータ品質管理システムを提供しています。以下では、ACP Data Quality
と、その中核機能であるデータ品質モデル言語 DQML（Data Quality Model Language）
について紹介します。本節の内容は、LINEヤフーの技術ブログ*18や開発者による講
演*19*20で発表された情報に基づきます。

■データの品質管理とその AI 開発における課題　LINEヤフーでは、データの品質の

---

*16　https://techblog.yahoo.co.jp/entry/2021083130180585/

*17　https://kubernetes.io/ja/

*18　https://techblog.lycorp.co.jp/ja/20231225a

*19　https://speakerdeck.com/lycorptech_jp/20240328-data-centric-ai-acp-data-
quality

*20　https://speakerdeck.com/lycorptech_jp/20240423-mlops-community-ly-data-
quality-as-code

国際標準である SQuaRE（ISO/IEC 25012）[*21]に基づき、「データが目的にどのくらい適しているかの度合い」をデータの品質と捉えています。SQuaRE 自体は AI 開発だけでなくソフトウェア開発全般を対象としたものですが、本書でも大きなテーマとしているように、データの品質を管理し、常に高品質なデータを提供することは DCAI における必要不可欠な要素の一つです。しかし、実際の AI 開発現場においては、しばしば以下のような課題が見られます。

(a) データ品質の管理に誰が責任を持つのか明確でない
(b) データ品質の定義が難しい
(c) AI 開発者とシステム運用者との間のコミュニケーションが不十分
(d) データ品質を測定するシステムの開発、運用コストが高い

　(a) 先述したように、目的にどの程度合致しているかがデータの品質ですから、その管理はデータを提供する側ではなく使う側、つまりモデルを開発するデータサイエンティストや彼らが開発したモデルを運用する側が行うべきです。(b) 当然ながら、データの品質を管理するためにはデータの品質を定義し、定量的に計測できるようにする必要がありますが、これは、モデルの運用側には困難であることが多いです。なぜなら、開発したモデルの特性や挙動に関する深い知識が要求され、モデルを完全にブラックボックスとした状態ではそこに入力するデータの品質を必要十分な形で定義することが難しいためです。(c) したがって、データサイエンティストなどがデータの品質を定義し、それを運用側に伝達することで品質基準に満たないデータが運用段階でモデルに入力されることを防ぐこととなります。しかし、場合によっては、対象となるデータの特定や品質の計測に専門的な知識が要求されるなど、口頭や文章によるコミュニケーションだけでは不十分であることがあります。(d) また、データの品質の定義や計測ができたとしても、それが基準を満たしているかをチェックするデータバリデーションを各プロジェクトで独自に実装しようとすると、現在のシステムとうまく連携させるための開発や、プロジェクト間の違いを吸収するための運用に大きなコストがかかることもあります。

■ **ACP Data Quality と DQML**　こうした課題を背景として、LINEヤフーでは、ACP Data Quality と呼ばれるシステムを開発し、社内向けに提供しています。ACP Data Quality は、データ品質管理プロセスを包括的に構築し、継続的に実施するためのさまざまな機能を提供しています。その中でも中核を担う機能が、データ品質モデル言語（Data Quality Model Language; DQML）です。DQML は、ある目的に対するデータの品質要件の集合であるデータ品質モデルを定義することに特化したドメイン固有言

[*21] https://www.iso.org/standard/35736.html

語です。ドメイン固有言語とは、データベース操作に特化した SQL のように、特定の
ドメインに特化したプログラミング言語であり、そのドメインに関連する概念や操作
を直接表現できるように設計されています。

　例えば、あるモデルの学習に使うデータセットに 1,000 より多くのデータ数が必要
である場合、品質要件は以下のようになります。

測定関数　データセットに含まれるデータ数
測定基準　1,000 より多くなければならない

この品質要件は、次のように DQML でシンプルに記述できます。

```
Count must be > 1000
```

　より複雑な品質要件の例を見てみます。あるサービスを利用するユーザーに関する
データのうち、日本出身のユーザーについて 20 歳以上 80 歳未満の割合が 80 ％以上
でなければならないとします。この品質要件は以下のようになります。

測定関数　日本出身のユーザーにおける、20 歳以上 80 歳未満の割合
測定基準　0.8 以上でなければならない

この DQML による記述は以下のようになります。

```
Proportion of .age is >=20 & <80
where .from is "Japan" must be >=0.8
```

　また、事前に定義したパラメータの値を評価時に取得することも可能です。前日の
クリック数と当日のクリック数の変化率が 0.1 未満でなければならないという品質要
件は以下のようになります。

測定関数　前日のクリック数と当日のクリック数の変化率
測定基準　0.1 未満でなければならない

前日のクリック数と当日のクリック数は評価を行うタイミングに依存するため、これ
らをパラメータを使って評価時に取得する DQML の記述は以下のようになります。

```
let A = Sum of .click where .data is $yesterday,
let B = Sum of .click where .data is $today,
(B - A) / A must be <0.1
```

　DQML により定義されたデータ品質要件は、以下のように YAML や CUE[22]により
管理されます。

＊22　CUE 言語（Cuelang）は、JSON のスーパーセットとして設計されたオープンソースのデータ定義言
語で、設定管理やスキーマ定義、データ検証を効率的に行うためのツールです。

```
apiVersion: data-quality.yahoo.co.jp/v1alpha1
kind: DataQualityModel
metadata:
    name: example-1
spec:
    requirements:
        - code: Count must be >1000
```

上述の DataQualityModel は、ACP で利用可能な Kubernetes のカスタムリソースです。DataQualityModel は、CI/CD[*23] で ACP にデプロイされ、それ以降、定期的にデータ品質の評価が行われます。評価結果は自動的に記録され、Web UI から履歴を確認できるほか、品質要件を満たさないデータが見つかった場合に例えば Slack にアラートを通知することで、データ品質の問題発生にすぐに気付ける仕組みを構築することもできます。

■ **DQML の利点**　冒頭で述べた課題 (a) ～ (d) に対する DQML の利点について考えてみます。まず、(a) データの品質管理の責任の所在が不明確、(b) データ品質の定義が難しい、といった課題に対しては、実際にモデルを開発したデータサイエンティストが DQML を記述することで、必要な品質要件をコードで明確に定義することができます。このとき、データサイエンティストは、品質を測定するための関数を自ら書く必要はなく、どのようなデータソースや処理エンジンが使われているのかを意識する必要もありません。DQML により、データサイエンティストは、あくまでも品質要件の定義という本質的な業務のみに集中することができます。また、データ品質がコードで定義されることにより、GitHub などによるバージョン管理や複数人でのレビューも可能となります。

　また、(c) 開発側と運用側のコミュニケーションロスや、(d) システムの開発、運用コストに関する課題も DQML を使うことで解決できます。データ品質要件をコードで記述することで、文章などの場合に比べて認識齟齬や伝達ミスが大幅に少なくなります。加えて、異なる組織や異なるプロジェクトのデータサイエンティストやエンジニア間でも理解がしやすく、ここでもコミュニケーションロスの回避に役立つほか、DQML が動作する ACP Data Quality という統一的なシステムを利用することにより、開発、運用コストの削減が可能です。

[*23]　CI/CD（Continuous Integration/Continuous Deployment）は、ソフトウェア開発プロセスを自動化し、効率化する手法です。前者は、開発者がコードを頻繁に統合し、自動でビルドとテストを行うことで、早期にエラーを検出し修正することを目的としています。後者は、統合されたコードを自動で本番環境にデプロイし、迅速なリリースを可能にします。

232　第 6 章　Data-centric AI の実践例

■ LINEヤフーにおける活用例　LINEヤフーにおいて、実際に DQML および ACP Data Quality が活用されることでデータ品質の問題発見、解決につながった例を紹介します。あるサービスにおいて、本来は提供されるデータの中に含まれるはずであったログが欠損するという事態が起きました。このとき、ACP Data Quality では、DQML によってデータの変化率が品質要件として定義されており、ログ欠損がデータの変化率の異常を引き起こしたために品質要件への不適合が発生しました。これは ACP Data Quality からのアラートとして開発者に即時通知され、どのデータにどのような問題があるかがすぐに特定できたため、TTD（Time To Detect, 問題の検出にかかる時間）と TTM（Time To Mitigate, 問題の軽減にかかる時間）の削減に大きな効果を発揮しました。

　上述の例では、ログ欠損がデータの変化率の異常につながったため、あらかじめ定義していたデータの品質要件で問題を見つけることができましたが、実際にはより直接的にログ欠損を検知できるような品質要件の方が望ましいはずです。そこで LINEヤフーでは、問題を発見、解決して終わりにするのではなく、そこから得た学びをもとに見直しを図ることでデータの品質要件をより良いものにしていくというサイクルを回しています。このとき、データの品質要件が DQML で簡潔に記述されていることにより、コードのわずかな修正や追加のみで品質要件の見直しが実現できます。このように、データ品質のコード化は、本節の冒頭で述べたような既存の課題の解決にとどまらず、データの品質要件の改善サイクルを高速に回すことができるという大きなメリットをもたらします。

■まなび　IT インフラの構成や設定をコードで管理・自動化する手法は Infrastructure as Code と呼ばれ、従来手動で行われていたインフラ構築における構成ミスや環境による差異などの課題を解決するアプローチとして注目を集めています。さらに、より一般化された概念として、さまざまなものをコードで管理する、X as Code がシステム開発における大きな流れとなりつつあります。LINEヤフーにおける ACP Data Quality、また DQML は、X as Code の考え方をデータ品質に適用したものであり、Data Quality as Code と呼べるでしょう。**1 章**でも述べたように、DCAI では、データ品質の評価や改善を個々の開発者のスキルや暗黙知に依存させるのではなく、再現性のある形で整理し、体系化していくことを目指します。LINEヤフーにおける取り組みは、まさにこの考え方を体現するものであり、かつ X as Code という新たな潮流を捉えた先進的な事例と言えます。データ品質をコード化することにより、バージョン管理やレビューなどといった一般的なソフトウェア開発のプラクティスがデータ品質にも適用できるようになり、個人を超えてチームでデータ品質を管理、改善していく仕組みを作ることができます。データセットそのものと同様に、データの品質要件も最初から完璧なものを用意することは困難です。データセットに加えてその品質要件についても、常

に運用からのフィードバックを受けながら改善のサイクルを回し続け、より良いものへと磨き込んでいくことが重要です。

6.5　GO

能動学習や外部データの活用により、発生頻度が低い事象についても効率的なデータ収集とアノテーションを実現

　GO 株式会社（以下、GO）は、「移動で人を幸せに。」をミッションに、タクシーアプリをはじめとした日本のモビリティ産業をアップデートするさまざまな IT サービスを提供しています。その中の一つである、交通事故削減を支援する AI ドラレコサービス DRIVE CHART は、ドライブレコーダーに搭載された AI が運転を解析し、事故の要因となりうる、脇見運転や一時不停止などの各種リスク運転行動を自動的に検知して映像を残します。本サービスの契約車両台数は、2024 年 12 月時点で 9 万台を突破[24]しており、GO では、これらの車両から収集される膨大なデータのさらなる活用も検討されています。その一つとして、地図の作成や販売などを行う株式会社ゼンリン（以下、ゼンリン）と共同で、ドライブレコーダーから得られた情報を使って地図のメンテナンスが必要な箇所を特定する技術の開発を進めています。以下では、DRIVE CHART と、そのデータを活用した地図に関するプロジェクトのそれぞれについて、GO での AI 開発における Data-centric なアプローチを紹介します。本節の内容は、GO 主催のイベント[25][26]で発表された情報に基づきます。

■脇見検知における能動学習の活用　DRIVE CHART で使われるドライブレコーダーには、車両前方を撮影するカメラと、車両内部を撮影するカメラの二つが搭載されています。このうち、車両内部を撮影するカメラにより検知されるリスク運転行動の一つが運転手の脇見です。脇見検知のためのモデルは、カメラから得られる映像の各フレームを入力として受け取り、CNN で特徴量を抽出したあと、それらを RNN[27]に入

---

[24]　https://goinc.jp/news/pr/2024/12/09/s28aecw0svmhfbspniqqy/

[25]　https://speakerdeck.com/mot_techtalk/mot-techtalk-number-11-torarekodong-hua-woshi-tutadi-tu-mentenansufalsexiao-lu-hua

[26]　https://speakerdeck.com/mot_techtalk/wei-xian-yun-zhuan-jian-zhi-nodata-centric-ainaqu-rizu-mi

[27]　RNN（Recurrent Neural Network）は、時系列データを処理するためのニューラルネットワークであり、過去の情報を記憶し次の計算に利用します。各タイムステップの出力が次のタイムステップの入力としても使われ、時間的な依存関係をモデルに取り入れることができます。主に自然言語処理や時系列予測に応用されます。

力して時間方向の関係性を考慮したうえで、脇見をしているかどうかの確率をフレームごとに推定します。

この脇見検知モデルを学習するためのデータセット構築においては、大きく二つの課題がありました。一つ目は、運転手の脇見が写っている映像の収集効率が悪いことです。多数の車両から収集したドライブレコーダーの映像をランダムにサンプリングしたとしても、サンプリングされた映像の中で運転手が実際に脇見をしていることは稀なためです。二つ目は、アノテーションに時間がかかることです。脇見検知のためのアノテーションでは、ドライブレコーダーの映像全体をアノテータが目視し、脇見をしている瞬間にラベルを付与するという作業が必要です。この作業には、対象となる映像の長さの約5倍の時間を要します。一つ目の課題をナイーブに解決するならば、脇見が写った映像が十分に集まるまでデータ収集を続けることが考えられますが、二つ目の課題がネックとなってアノテーションに膨大なコストがかかります。

そこでGOでは、まずスタートポイントとなるデータセットを構築してモデルを学習したあと、そのモデルを活用してモデルの学習への寄与が大きいと思われるデータをラベルなしデータセットの中から探索する能動学習を利用しました。能動学習では、現在のモデルが不得意とするデータだけをサンプリングしてアノテータがラベルを付与することで、アノテーションコストを最小化しつつ、得られるラベルありデータによる学習の効果を最大化することを目指します。この取り組みでは、能動学習における最も基本的なサンプリング戦略の一つである不確実性サンプリングが利用されました。これは、ラベルなしデータのそれぞれについて現在のモデルで推論を行い、モデルが出力する確率分布を評価することで、モデルによる推論結果が最も不確実な（信頼できない）データをアノテーション対象としてサンプリングする戦略です。例えば2クラス分類であれば、確率の最大値が0.5に近い（どちらのクラスなのかはっきりしない）データが優先的に選ばれることになります。

能動学習の効果を調べるため、能動学習を導入する前に構築していたデータセットで学習したモデルと、そのデータセットに能動学習でサンプリングされたデータを加えて学習したモデルの性能比較が行われました。評価指標は、Precision-Recall曲線の下側の面積であるPR-AUCです。結果は、能動学習導入前のモデルの性能を100とすると、導入後は100.92となりました。両者の差はわずかであり、この結果だけを見ると能動学習にあまり効果がないように思われます。しかし、さらなる調査の結果、能動学習そのものではなく、性能評価のために使われていたデータセットに問題があることが判明しました。この評価データセットは、能動学習導入前に構築していたデータセットを学習用と評価用に分離することで作られていました。ここで、元となったデータセットは、図6.8に示すように、まず母集団として収集された大量のドライブレコーダー映像に対し、あるフィルタ処理を適用して絞り込みを行ったうえでランダムサンプリングすることで作られたものでした。一方で、能動学習は母集団に対して

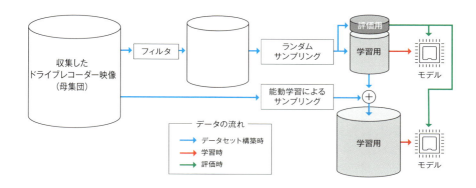

図 6.8 ｜ 能動学習導入前後でのデータセット構築とモデルの学習・評価の流れ

直接適用されていたため、能動学習によって得られたデータを含むデータセットの分布は、元の評価データセットの分布とは異なっており、能動学習の効果を調べるための評価データセットとしては不適切なものとなっていました。

そこで、より正確な評価のため、新たに母集団からのランダムサンプリングで構築した評価データセットを使った性能比較が行われました。この評価では、モデルが出力する脇見の確率が閾値を超え、脇見ありと判定された映像を人間が目視することで適合率を求めています。なお、脇見の確率に対する閾値は、能動学習導入前後のモデルでそれぞれ検知される脇見の数が同程度となるように調整されています。結果として、最初の評価と同様の相対比較で、能動学習導入後のモデルの性能は 136.61 となりました。最初の評価時の 100.92 と比べて大きく改善しており、脇見検知モデルの学習のためのデータセット構築において、能動学習が高い効果を持つことが確認されました。また、やはり評価データセットにバイアスが存在する状態では、能動学習の効果を正しく評価できていなかったことも分かります。

■**道路標識検出における地図の活用**　GO における地図に関するプロジェクトでは、DRIVE CHART で使われるドライブレコーダーに搭載されている二つのカメラのうち、車両前方を撮影するカメラによる映像を利用します。この映像を物体検出やセマンティックセグメンテーション、3 次元再構成などの技術を使って解析したあと、ドライブレコーダーから得られる GPS 情報などと組み合わせることで、解析結果を地図と重ね合わせて比較します。比較の結果、もし映像の解析結果と地図との間に差異が見つかれば、その箇所については地図の情報が古く、更新が必要であると判断できます。これらの処理はすべて自動的に行われるため、手作業に頼るところが大きい現在の地図更新プロセスに比べて、大幅なコストの削減と更新期間の短縮が期待できます。

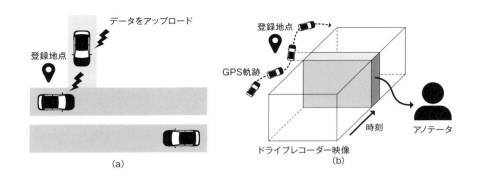

図 6.9 | GO における地図を活用した (a) データ収集と (b) アノテーションの効率化

映像解析の中で行われるタスクの代表例としては、物体検出を使った道路標識の位置特定があります。この物体検出モデルを学習するためのデータセットの構築には、先述した脇見検知と同様、データの収集効率とアノテーション効率の双方に課題があります。日本の道路標識は、特定の交通方法の禁止や制限を行う規制標識だけでも70種類近くあり、最高速度や一時停止などのありふれたものから通行止めなどの非常に稀なものまで、その設置数には大きな幅があります。そのため、ランダムにドライブレコーダーの映像を収集しても、設置数が少ない道路標識はほとんど写りません。また、たとえ映像中のどこかに対象となる道路標識が写っていたとしても、アノテーション時には映像全体を目視し、その道路標識が写っているフレームを特定してバウンディングボックスを付与するという作業が必要になります。逆に言えば、対象標識が写っていないフレームを単にスキップするだけという作業が多く発生します。

これらの課題を解決するため、GO では、開発パートナーであるゼンリンの地図を活用しています。ゼンリンの地図が管理している情報には、道路標識の位置や種類などが含まれているため、収集対象の道路標識がどこにあるかを特定できます。これに基づき、あらかじめデータ収集を行う地点を登録しておき、**図 6.9** (a) に示すように、DRIVE CHART を搭載した車両が登録地点付近を走行すると、その車両からデータがアップロードされる仕組みを構築しています。この仕組みにより、収集したドライブレコーダーの映像に、対象となる道路標識が写っている確率を大幅に高めることができます。もちろん、地図で管理されている道路標識がすでに撤去されていることもありますし、付近を走行したという条件だけでは必ずしもその道路標識が映像に写っているとは限りませんが、ランダムに収集する場合に比べて収集効率を大きく改善できます。

なお、アップロードされるドライブレコーダーの映像は、車両が登録地点を通過した瞬間の前後を含むある程度の長さを持っているため、ここからさらに対象標識が

写っていると思われるフレームの絞り込みを行います。ドライブレコーダーに搭載されている GPS の情報から、車両の走行軌跡が分かるため、これに基づいて登録地点に最も近づいたと思われる時刻を特定し、**図 6.9** (b) に示すようにその時刻付近のフレームをサンプリングしてアノテーションを行います。これにより、アノテーション時に、対象標識が写っていないフレームをスキップする作業が大幅に削減されます。

　GO では、実際に上述したアプローチでデータを収集した場合と、ランダムに収集した場合との比較を行い、特に設置数が少ない道路標識について約 10 倍の効率改善が得られることを確認しています。これはつまり、データセット構築に要する工数が10 分の 1 に短縮されるということです。このような工数短縮によるコスト削減はもちろんですが、データセットの構築を開始する前に工数の見通しが立てやすくなることも大きな利点の一つです。ランダムにデータを収集する場合、道路標識の設置数に応じてデータの集まりやすさに大きな差が出るため、データ収集を開始してから必要な量のデータが揃うまでにかかる時間をあらかじめ予測することが困難です。一方で、上述したアプローチでは、データの集まりやすさが平準化されるため、データセット構築の工数が予測しやすくなります。

■**まなび**　発生頻度が低い事象を対象としたデータセットの構築においては、特にデータ収集やアノテーション方法の工夫が大幅な効率化につながります。GO における脇見検知のためのアノテーションで用いられた能動学習は、その長い研究の歴史の中で数多くの手法が提案されており、実応用においてはどの手法をどのように使うかに気をとられがちです。しかし、GO における事例では、能動学習の手法ではなく評価の部分に思わぬ落とし穴がありました。能動学習の本来の性能を正しく評価できていない状態では、そもそも能動学習が自分たちにとって有効か、また多数の手法の中でどれを選ぶべきか、といった判断を正しく下すことができません。したがって、最初の段階から性能評価のためのデータセットと実験条件を適切に整備しておくことはもちろんですが、開発過程で想定と異なる結果が出た場合には、能動学習そのものだけでなく周辺にも目を向けることが重要です。また、能動学習は、収集したデータの中から価値が高いものを選び出すための技術ですが、データ収集の段階から適切にフィルタリングができれば、アノテーションだけでなくデータの収集や保存にかかるコストも削減され大きなメリットがあります。効果的なフィルタリング方法はユースケースやシステム構成に大きく依存し、例えば **6.1 節**では、車載システムで得られたセンサデータの処理結果をトリガとしてデータを収集するテスラの事例を紹介しました。一方、GO で使われた地図のように、外部のデータを活用することも大いに考えられます。システムの内外で使える情報がないかを検討することはもちろん、例えば車両であればデータ収集の期間だけ特殊なセンサーを取り付けることで使える情報を増やすなど、既存構成の枠を超えてさまざまな可能性を検討する必要があるでしょう。

6.6　コンペティションとベンチマーク

どのような技術分野においても、その発展の過程で統一的なプロトコルでさまざまな手法の性能評価や比較を行い、優劣を競うといったことが行われてきました。AI の研究開発においては、データセットが与えられ、各々が開発したモデルを同一の学習データセットで学習し、同一の検証データセットと評価指標でそれらの性能を評価、比較するという Model-centric なアプローチが古くからの主流です。一方、Data-centric なアプローチについても、まだ萌芽的な段階ではあるものの、近年になっていくつかのコンペティションが開催されたり、ベンチマークが提案されたりしてきています。また、従来からある機械学習やデータサイエンスのコンペティションにおいても、Data-centric なアプローチが効果を発揮することも少なくありません。本節では、まず DCAI に特化したコンペティションやベンチーマークについて述べたあと、従来の一般的なコンペティションで使われた Data-centric なアプローチの具体例を紹介します。

6.6.1　Data-centric AI Competition

Data-centric AI Competition[28]は、DCAI の提唱者である Andrew Ng 氏により 2021 年 6 月から 9 月まで開催された、データセットを改善することで画像分類モデルの性能を高めるというテーマのコンペティションです。主なルールは以下の通りです。

- 与えられるデータセットは、手書きのローマ数字画像 2,880 枚（ラベルは 1 から 10 の 10 種類）
- 分類モデル（ResNet-50）や学習スクリプトは固定であり、参加者はデータセットのみを変更して提出する
- 提出できるデータセットのサイズは 10,000 枚まで
- 提出するデータセットには、学習データセットのほか、検証データセットも含める
- データセットを提出すると、学習データセットでモデルが学習され、検証データセットでの精度が最大となるチェックポイントを使って、テストデータでの評価が行われる（テストデータは参加者に非開示）

コンペティションの性質上、与えられたデータセットには誤ったラベルを持つデータや外れ値となるようなデータが多く含まれており、そうした低品質なデータをいかに特定して削除あるいは改善するかが重要となります。参加者は、提出したデータセットで学習したモデルのテストデータにおける精度によって順位付けられたほか、

---

*28　https://https-deeplearning-ai.github.io/data-centric-comp/

使用した手法の斬新さでも評価されました。それぞれの観点で高い評価を得た手法を紹介していきます。

■モデルの精度での評価　本コンペティションで与えられたデータセットをそのまま学習に使った場合のモデルの分類精度は 64.42 ％であるのに対し、最も高い精度を達成した Roy らの手法[29]では、85.83 ％と 20 ポイント以上の改善が得られていました。本手法は、主にデータ拡張とデータクレンジングに分けられます。データ拡張では、画像を文字領域（前景）とそれ以外の領域（背景）に分離し、異なる画像から得られた前景と背景を組み合わせて新たな画像を合成することでデータセットの多様性を高めています。データクレンジングでは、各サンプルを目視することで、ラベルの誤りの修正や、類似サンプル・重複サンプルの削除などを行っています。

　また、他の上位参加者が用いていた手法には以下のようなものがあります。

- 特徴量をクラスタリングし、データ数が少ないクラスタを重点的にデータ拡張する[30]
- 検証データセットからスコアの不確実性が高いデータを選び、学習データセットに加える[30]
- 複数モデルを用意してそれらの投票によって低品質なデータを特定する[31]

■手法の斬新さでの評価　モデルの精度はトップではなかったものの、その斬新さが高く評価された Motamedi らの手法[32]では、まず一部のデータを取り出して目視によりクレンジングを行い、高品質なデータだけで学習データセットを構築します。そして、このデータセットを使って学習したモデルで残りのデータを推論します。このとき、モデル出力の信頼度が高いデータは品質も高いと判断してそのまま学習データセットに追加し、逆に信頼度が低いデータは目視によるクレンジングを行ってから学習データセットに追加します。このプロセスをすべてのデータが学習データセットに追加されるまで繰り返すことで、学習データセット全体の品質を高めています。

　同様に、反復的にデータセットを改善していく Kuan らの手法[33]では、まず与えられたデータセットに対するデータ拡張によって 100 万枚の候補データセットを構築します。次に、現在のモデルが検証データセットにおいて分類を誤ったデータと特徴空間で最も近いデータを候補データセットから探して学習データセットに加えます。そ

＊29　https://www.deeplearning.ai/blog/data-centric-ai-competition-divakar-roy/
＊30　https://www.deeplearning.ai/blog/data-centric-ai-competition-innotescus/
＊31　https://www.deeplearning.ai/blog/data-centric-ai-competition-synaptic-ann/
＊32　https://www.deeplearning.ai/blog/data-centric-ai-competition-mohammad-
　　　motamedi/
＊33　https://www.deeplearning.ai/blog/data-centric-ai-competition-johnson-kuan/

して、モデルを再学習し、データセットのサイズがルール上限の $10{,}000$ 枚に達するまで同様の処理を繰り返します。

そのほか、Bertens らの手法[*34]は、学習データセットと検証データセットの分布の不一致に着目しています。特徴量の分布を学習データセットと検証データセットのそれぞれで UMAP[331] により可視化し、これらを目視することで学習データセットのうち検証データセットに含まれない領域を特定します。そして、特定した領域に属する学習データの一部を検証データセットに移動することで、両データセットの分布の不一致の解消を図っています。

6.6.2 DataComp

DataComp[*35]は、画像 – テキストのペアで構成されるデータセットの質に関するベンチマークであり、LAION-5B[332] を公開したことで知られる非営利団体 LAION により提案されました。DataComp にはフィルタリングトラックと BYOD（bring your own data）トラックの 2 種類が用意されており、ICCV 2023 では併催 Workshop にてコンペティション[*36]が開催されました。

フィルタリングトラックでは、参加者は DataComp が提供する CommonPool と呼ばれるデータセットから有益なデータをフィルタリングする技術を開発します。CommonPool は、インターネットから収集された約 128 億の画像 – テキストペアを含む超大規模なデータセットで、Web サイトをクロールしてアーカイブするプロジェクトである Common Crawl[*37]をもとにして作られています。CommonPool は非常に大規模かつノイジーであるため、その中からモデルの学習に有益なデータだけを取り出すことで、より小さく、効果の大きいデータセットを得ることがフィルタリングトラックの目的です。一方、BYOD トラックでは、参加者が独自のデータセットを構築して提出します。

参加者が決められたサイズのデータセット（CommonPool からのフィルタリング結果、または独自のデータセット）を主催者側に提出すると、それを使って所定のアーキテクチャの CLIP モデルが学習されます。そして、得られたモデルにより 38 種類（分類タスク 35 種類＋検索タスク 3 種類）の下流タスクを解くことで評価が行われるという仕組みになっています。最終的な評価値は、38 種類のタスクそれぞれの精度の平均です。なお、下流タスクそれぞれに対して個別の学習が行われることはなく、すべてのタスクがゼロショットで行われます。このように、DataComp では従来の Model-centric なベンチマークのように参加者がモデル設計やハイパーパラメータ

[*34] https://www.deeplearning.ai/blog/data-centric-ai-competition-godatadriven/
[*35] https://www.datacomp.ai/
[*36] https://www.datacomp.ai/dcclip/workshop.html#first
[*37] https://commoncrawl.org/

調整を行うことはなく、学習データセットをどのように作るかのみに焦点を当てた Data-centric なベンチマークとなっています。

なお、大規模な画像 – テキストペアのデータセットを使った学習には多くの計算資源が必要になりますが、DataComp ではそれぞれの参加者が用意できる計算資源の大きさの違いに配慮し、必要となる計算量が異なる Small、Medium、Large、Xlarge の四つのスケールが定義されています。スケールが変わると CLIP の画像エンコーダとして使われる ViT のサイズが変わるほか、フィルタリングトラックでは CommonPool のサイズが変わるようになっています。CommonPool は Xlarge の場合に全データが使われ、それ以外のスケールではサブセットが使われることになります。

フィルタリングトラックでは、あらかじめ主催者らによってベースラインとなる複数のフィルタリング手法の比較結果が公開されています。ベースライン手法の例としては、画像とテキストの双方から CLIP を使って抽出した特徴量のコサイン類似度（CLIP スコア）が上位（ベースラインでは 30 ％）のデータだけを抽出する CLIP スコアフィルタリングや、特徴量に基づいて画像を 10 万個にクラスタリングし、それらの中から ImageNet に含まれる画像に近いクラスタだけを抽出する画像ベースフィルタリングなどがあります。なお、この CLIP スコアフィルタリングと画像ベースフィルタリングの結果の積集合をとった約 14 億ペアのデータセットは DataComp-1B と呼ばれ、これを使って学習した CLIP の ImageNet-1K におけるゼロショット分類の精度は 79.2 ％であり、約 23 億ペアの LAION-2B を使った場合の 75.5 ％を上回っています。これは、データセットの量よりも質がモデルの性能に大きく寄与していることを意味し、DataComp のようなベンチマークが整備されることの重要性を示唆しています。

6.6.3 DataPerf

DataPerf[333] は、さまざまなドメインに対するデータセットの構築手法を競い合うベンチマークプラットフォームです。機械学習システムの性能を測るベンチマークとして有名な MLPerf[334] などを提供する業界団体である MLCommons*38 が運営しています。DataPerf は以下の五つのタスクで構成されています。

- Selection for Vision
- Selection for Speech
- Debugging for Vision
- Data Acquisition
- Adversarial Nibbler

---

*38 https://mlcommons.org/

242　第 6 章　Data-centric AI の実践例

　これらのタスクに対する第 1 回のコンペティションが 2023 年に行われました[*39]。以下では各タスクについて説明します。

■ **Selection for Vision**　このタスクでは、ラベルのない画像データセットが与えられ、ここから対象の物体が含まれるかどうかの 2 値分類モデルを学習するのに効果的なサブセットを選択するアルゴリズムを開発します。開発したアルゴリズムで選択したサブセットを提出すると、それを使って 2 値分類モデルが学習され、得られたモデルの評価データセットに対する F1 スコアで評価が行われます。対象物体は 3 種類（カップケーキ、鷹、寿司）であり、それぞれの F1 スコアの平均が最終的なスコアとなります。提出できるサブセットの最大サイズは 1,000 枚です。参加者には、ラベルなしの画像のほか、対象物体を含むことが分かっている画像 20 枚と、すべての画像に対する特徴量を持つ Embedding も提供されます。画像は Open Images Dataset V6[335] のものが使用されています。

■ **Selection for Speech**　先に述べた Selection for Vision とテーマは同じですが、対象が音声における単語の分類となります。参加者は与えられた音声データセットから単語分類モデルの学習に適切なサブセットを選択して提出します。提出されたサブセットで学習されたモデルの評価データに対する精度がスコアとなります。サブセットのサイズは 25 サンプルと 60 サンプルの 2 種類、言語は英語、ポルトガル語、インドネシア語の 3 種類であり、それらの組み合わせで合計 6 種類のスコアが算出されます。

■ **Debugging for Vision**　このタスクでは、意図的にノイズが付与された画像分類データセットが与えられ、モデルの学習に対する悪影響の大きさでデータを順位付けするアルゴリズムを開発します。開発したアルゴリズムで作成した順位を提出すると、上位の一定割合がノイズ付与前のクリーンなデータに修正され、それを使って学習されたモデルの精度が計算されます。修正するデータの割合を徐々に増やしながらこれを繰り返し、モデルの精度が基準値に到達したときの修正割合がこのタスクにおける評価指標となります。基準値はノイズ付与前のクリーンなデータセットで学習したモデルの精度の 95 ％です。つまり、本来のモデル性能に近づけるために必要なクリーニングの作業量を最小化できるような順位付けアルゴリズムが高評価となります。

■ **Data Acquisition**　このタスクでは、複数の販売業者が存在するデータセットの

[*39] https://www.dataperf.org/

マーケットプレイスから、決められた予算内でできるだけモデルの学習に有効なデータセットを購入するための戦略を考えます。各販売業者からは、少数のサンプルデータ、データセットの統計値、価格が開示されています。参加者がどの業者からどれだけのデータを購入するかという戦略を提出すると、その通りにデータセットが構築され、それを使ってモデルが学習されます。データセットは自然言語の分類のためのもので、モデルはシンプルなロジスティック回帰です。タスクの評価指標は、モデルの分類精度と余った予算の重み付き和です。

■ **Adversarial Nibbler**　このタスクでは、入力プロンプトに対応した画像を生成するシステムを対象とし、一見すると無害のように思えるプロンプトで有害な画像を生成できてしまう事例を見つけます。一般的な画像生成サービスでは、暴力や性的表現などを含む有害な画像の生成を防ぐため、プロンプトに対してフィルタが設けられていますが、これをすり抜けて有害な画像を生成するという攻撃があります。本タスクでは、こうした敵対的なプロンプトをなるべく多く見つけることが目的となります。性能評価は、人間がプロンプトと生成画像を確認することで行い、攻撃に成功したプロンプトの数だけではなく、生成できる画像の多様性といった観点も評価されます。

6.6.4　Kaggle

Kaggle[*40]は、世界最大規模の機械学習コンペティションプラットフォームです。ここで開催されるコンペティションのほとんどは、データセットが与えられ、参加者がそれを使って開発したモデルを提出して精度を競うというものです。データセットは与えられるのに対し、モデルは参加者が自由に開発できるため基本的には Model-centric であると言えますが、ルールの範囲内でデータセットに手を加えることも可能であり、場合によってはそれが上位スコアを得るための鍵となることもあります。そういったアプローチを知ることは DCAI の理解や実践に役立つと考えられるため、本項では、過去に Kaggle で開催されたコンペティションにおいて Data-centric なアプローチが効果を発揮した事例を紹介します。

■ **Feedback Prize - English Language Learning**　Feedback Prize - English Language Learning[*41]（以下 FB3）は、2023 年 8 月から 11 月まで開催された、英語で書かれた小論文の品質スコアを AI で予測するというコンペティションです。このコンペティ

[*40] https://www.kaggle.com/

[*41] https://www.kaggle.com/competitions/feedback-prize-english-language-learning/

ションで 4 位を獲得した合田周平氏は、Data-centric なアプローチとして、学習データの量と質の両方を改善する工夫を行っています[*42]。

FB3 で与えられた学習データセットのサイズは 3,911 件と小規模であったため、合田氏は、コンペティションのルールで利用が認められていた過去の類似コンペティション Feedback Prize - Evaluating Student Writing[*43]（以下 FB1）のデータから、FB3 との重複を除いた 15,142 件を追加することで学習データセットの量を大幅に増やしています。

ここで、FB1 のデータセットには FB3 の学習に必要なラベルが付与されていないため、まず FB3 のデータのみを使って学習したモデルで FB1 のデータを推論することで疑似ラベルを付与し、これを学習データセットに加えてモデルを再学習するというのが基本的な方針となります。しかし、FB1 のデータの中には、FB3 とは異なる傾向を持つデータが存在する可能性があり、これがモデル性能に悪影響を及ぼすおそれがあります。そこで合田氏は、与えられたデータが FB1 と FB3 のどちらに属するデータなのかを分類するモデルを学習し、このモデルで FB1 のデータを推論することで得られる信頼度に基づいて「FB3 らしさ」が大きいデータだけを利用することで、FB3 と傾向の異なるデータが学習データセットに含まれることを防いでいます。

また、機械的に付与される疑似ラベルには誤りがつきものであるため、モデルの学習と疑似ラベル付与を繰り返し行うことで疑似ラベルの品質を高めています。まず、FB3 のデータだけで学習したモデルで FB1 のデータを推論することで疑似ラベルを付与し、次に FB3 のデータと疑似ラベルを付与した FB1 のデータを合わせてモデルを学習します。さらに、このモデルを使って FB1 の疑似ラベルを付け直し、再びモデルを学習します。つまり、合計で 3 回の学習を行っています。モデルの学習と疑似ラベル付与を何回繰り返すのがベストなのかはケースバイケースですが、合田氏の経験では 2 ～ 3 回が多いようです。

最初に得られるデータセットのサイズが十分でない場合、公開されているデータセットの中から似通ったものを探して追加することにより、少ない手間でデータセットサイズを大幅に大きくすることができます。しかし、公開データセットに必ずしも自分たちの目的に即したラベルが付与されているとは限らず、さらにデータの傾向も自分たちのデータセットと完全に一致することは少ないでしょう。ここで紹介した合田氏による疑似ラベルの利用やその高品質化、機械学習を使ったデータ傾向の分類といったアプローチは、こうした課題に対する汎用的な対策としてさまざまなタスクで効果を発揮すると考えられます。

[*42] https://speakerdeck.com/hakubishin3/feedback-prize-english-language-learning-niokeruni-si-raberunopin-zhi-xiang-shang-noqu-rizu-mi/

[*43] https://www.kaggle.com/competitions/feedback-prize-2021

■ **Benetech - Making Graphs Accessible** Benetech - Making Graphs Accessible[*44]
は、2023年3月から6月まで開催された、論文に記載されたグラフの画像からその
種類（水平・垂直棒グラフや折れ線グラフなど）や内容（横軸と縦軸の値）をAIで読
み取るというコンペティションです。このコンペティションで1位を獲得したゆめね
こ氏は、上述した合田氏と同様、やはり学習データの量と質に着目した工夫を行って
います[*45]。

　本コンペティションで与えられたグラフ画像の学習データセットは約60,000枚で
あり、実際の論文から抽出された（手動で作成された）グラフの画像（以下、実画像）
が約1,000枚、それ以外に機械的に合成されたグラフの画像（以下、合成画像）が約
59,000枚という内訳でした。なお、最終的な順位決定のための評価データ（参加者に
は非公開）はすべて実画像です。したがって、与えられた学習データセットにおいて
2％に満たない実画像に対し、いかに高精度な予測を行うモデルを開発できるかが重
要となります。

　ゆめねこ氏は、コンペティション参加期間の前半でモデルの改善を行ったあと、後
半でデータの改善を行っています。開発したモデルでうまく予測できないデータを確
認すると、例えばエラーバーが付与された棒グラフなど、細かな特徴を持つ複雑なグ
ラフの認識がうまくできていないことが分かりました。ゆめねこ氏は、学習データ
セットの大半を占める合成画像が実画像に比べて単純すぎることがこの原因であると
考え、より実画像に近いグラフ画像を新たに学習データセットに加えることで、スコ
アを0.73から0.78に改善することに成功しました[*46]。

　新たなデータの追加においては、実画像に近い複雑なグラフ画像を自ら合成したほ
か、合田氏と同様にコンペティションのルールで利用が認められていた外部のデータ
セットを利用しました。やはり外部のデータセットには必要なラベルが存在しないた
め、ゆめねこ氏も疑似ラベルを利用しています。しかし、モデルが苦手とするデータ
の追加が目的であるにもかかわらず、そのようなデータに対してモデルが予測した結
果をそのままラベルとすると、誤ったラベルを持つデータが多く追加されるおそれが
あります。そこでゆめねこ氏は、開発したモデルのエラー解析により、グラフ中でモ
デルが高精度に予測可能な箇所とそうでない箇所を分離しました。そして、前者につ
いてはモデルの予測結果をそのままラベルとし、後者については目視によりラベルを
付与することで、高品質なデータを効率的に増やすというアプローチをとりました。

[*44] https://www.kaggle.com/competitions/benetech-making-graphs-accessible/
[*45] https://speakerdeck.com/yumeneko/di-4hui-data-centric-aimian-qiang-hui-
benetechkonpe-erafen-xi-niyorudetazhui-jia-toanotesiyonnogong-fu-nituite/
[*46] スコアの計算方法についての説明は割愛しますが、0.73から0.78にスコアが改善すると順位が25
位ほど上昇する大きな改善です。

246　第 6 章　Data-centric AI の実践例

　DCAI では、モデルの性能改善のためにむやみにデータセットのサイズを大きくするのではなく、データの品質やモデルの性能に与える効果に十分に注意を払いながらデータを追加していくことが重要です。ここで紹介したゆめねこ氏の事例では、開発したモデルの得意不得意を入念に調査し、特にモデルが不得意とするデータを重点的に追加することでモデルの性能を大きく改善しています。また、データの追加に際して必要となるアノテーションでは、逆にモデルが得意な部分を活用して人間とうまく協調させることで、品質と効率の両立を実現しています。まずは現状のモデルを十分に理解し、得意を生かし苦手を克服するという王道的な考え方が最終的な成果につながることを示す好例です。

■ **LLM Science Exam**　LLM Science Exam[*47]は、2023 年 7 月から 10 月まで開催された、科学に関する選択問題を AI で解くというコンペティションです。出題される問題文とその回答となる選択肢は、Wikipedia の記事をもとにして GPT-3.5 によって作成されています。つまり、AI が作成した問題を解くための AI を開発するという形式です。

　本コンペティションの初期段階では、使われるデータセットの作成方法にならってWikipedia から GPT-3.5 で新たに問題文と選択肢を生成したうえで、LLM を含むさまざまな言語モデルを学習し試行錯誤するという Model-centric なアプローチが主流でしたが、これだけではスコアが伸び悩む状況となりました。本コンペティションで 7位となった someya 氏によると、モデルではなくモデルに入力するデータを工夫するData-centric なアプローチがこの状況を打破するために重要でした[*48]。本コンペティションの中盤以降では、出題内容に近い記事を Wikipedia から検索し、それをコンテキストとして追加することで、LLM への入力データに回答の助けとなる情報を付加する方法が多く用いられるようになりました。こうした手法は RAG（Retrieval-Augmented Generation）[336] と呼ばれ、LLM の応答を改善する技術の一つとして広く知られています。

　また、本コンペティションで上位となったチームは、徹底したエラー分析を行い、そこから得た気付きをデータセットの改善に活かしていました。例えば、Wikipediaの文章をパースする際、一般的に用いられているパーサーでは特に数値表現や数式が正しくパースできず、不適切な形となってモデルに入力されていました。そこで、独自の前処理によってこの問題を解決することで、データの品質を上げるという戦略をとっていました。そのほか、Wikipedia からの記事検索においては、Wikipedia 全体を検索対象とするのではなく、あらかじめクラスタリングを行い、本コンペティション

---

*47　https://www.kaggle.com/competitions/kaggle-llm-science-exam/
*48　https://speakerdeck.com/takashisomeya/llm-science-examniokerudetazhan-lue-matome/

の対象である科学に関係するクラスタの記事だけを検索するという工夫も行われていました。これにより、無関係な記事の検索により検索精度や速度が下がることを回避できます。

LLM の構築には膨大なデータが必要となりますが、**3 章**、**4 章**で詳しく述べた通り、量だけでなく一つ一つのデータの品質を改善していくことが最終的な性能に大きく影響します。本コンペティションでも行われていたように、データのどこをどのように改善すべきかを適切に判断するには、地道なエラー分析が欠かせません。また、モデル構築後の運用段階でも、入力データの工夫という形で Data-centric なアプローチを使うことが考えられます。プロンプトエンジニアリングや、本コンペティションで使われた RAG などはその代表例でしょう。これらは、モデル自体に手を加えずとも、入力データを変更するだけでモデルの応答を大きく改善できるため、広く一般的なアプローチとなりつつあります。しかし、まだ歴史が浅く原理的に不透明な部分も多いため、手法が属人化したり、モデルが変わると再現性がなくなるなど、DCAI の観点からは気をつけるべきポイントが多いのも実情です。LLMOps という言葉も生まれているように、LLM 自体の研究開発に加えて、今後は LLM をいかに効果的、効率的に運用していくかに大きな注目が集まっていくと思われます。

6.7 Data-centric AI 実践のためのサービス

本章で述べてきたように、Data-centric なアプローチはさまざまな AI 開発の場面で効果を発揮しており、その重要性が広く認識されつつあります。こうした流れの中で、DCAI の実践をサポートするためのツールをサービスとして提供する企業も現れ始めました。本節では、そうしたサービスの概要をケーススタディとともに紹介します。

6.7.1 Snorkel AI

Snorkel AI*[49]は、スタンフォード大学における AI 研究からスピンアウトして 2019 年に設立された米国のスタートアップであり、Data-centric な AI 開発のためのプラットフォームである Snorkel Flow を主力サービスとして提供しています。Snorkel Flow は、AI 開発におけるアノテーションからモデル開発、デプロイまでをエンドツーエンドに行うことができる開発プラットフォームであり、大きな特徴として Data Programming と呼ばれる技術をコア技術として活用している点が挙げられます。

Data Programming[337] は、Snorkel AI の共同創業者兼 CEO である Alexander Ratner 氏らによって 2016 年に提案された技術であり、アノテーションにおいて、一つ一つのデータにラベルを付与するのではなく、ラベルを付与するためのルールを関数として

---

*49 https://snorkel.ai/

248   第 6 章   Data-centric AI の実践例

表 6.2 | 電子メールのスパム判定におけるラベリング関数の例

種類	ルール
パターンマッチング	If a phrase like **"send money"** is in an email
ブーリアン検索	If **unknown_sender** AND **foreign_source**
データベース参照	If sender is in our **Blacklist.db**
ヒューリスティック	If **SpellChecker** finds 3+ spelling errors
レガシーシステム	If **LegacySystem** votes spam
サードパーティモデル	If **TweetSpamDetector** votes spam
クラウドソーシング	If **Worker #23** votes spam

記述する（これをラベリング関数と呼びます）という点が従来と大きく異なっています。つまり、アノテータは、ラベルを付与する際に利用する自分のドメイン知識を関数として記述します。例えば、電子メールのスパム判定であれば、"send money" が本文中に存在すればスパムとする、といったルールを関数として記述します。もしこれだけで完全なアノテーションができるのであれば、そもそも機械学習は不要でルールベース処理だけで十分であることになりますが、もちろん実際にはそうではなく、一つのラベリング関数はデータセット全体の一部にしかラベルを付与できないかもしれませんし、そのラベルも誤っているかもしれません。また、複数のラベリング関数を利用するとしても、それぞれの関数の結果が一貫しているとは限らず、同じデータに対してそれぞれが異なったラベルを付与する可能性もあります。Data Programming は、これらのラベリング関数によるラベルを弱い教師情報として扱うことで、一貫性のない、ノイジーなラベルからでもモデルを学習できるようにする技術です。

Data Programming をコア技術とする Snorkel Flow を使うことで、AI 開発において最も費用と時間がかかるプロセスの一つであるアノテーションを大幅に効率化することができます。これまで一つ一つのデータに手動でラベルを付与していたのに対し、最初にいくつかのラベリング関数を記述してしまえば、あとはそれらの関数が自動的にラベルを付与してくれるためです。なお、ラベリング関数は、必ずしも人間のドメイン知識をルールとして記述したものとは限りません。例えば何らかの外部データを参照してラベルを付与することや、オープンな基盤モデルなど開発対象のモデルとは異なるモデルを使ってラベルを付与することも考えられます。電子メールのスパム判定におけるさまざまなラベリング関数の例を**表 6.2** に示します。

Snorkel AI の技術は、すでに多くのフォーチュン 500 企業や連邦政府機関などに採用されています。Snorkel AI からケーススタディとして公開されている事例を以下で紹介します。

■ Apple Apple は、自社開発の機械学習プラットフォームである Overton において、

Snorkel AI の技術を利用しています[338]。Overton は、AI システムの構築からモニタリング、改善といったライフサイクルを適切に抽象化することで、エンジニアが瑣末なタスクにとられる時間を減らし、より高度で本質的なタスクに注力できるようにすることを目的としています。Overton では、エンジニアがモデルを開発する際に例えば TensorFlow などを使ってコードを書く必要はなく、スキーマを定義するだけでモデルの学習からデプロイまでが自動的に行われます。このとき、当然ながらモデルの学習にはラベルが必要となりますが、実サービスにおいては不完全あるいは矛盾したラベルしか得られないことがあります。Overton は、Snorkel AI の技術によってラベルの正確性を予測し、その結果を学習時のロスに反映させることで、こうした「弱い」ラベルからでも適切にモデルを学習することができます。実際に、弱いラベルが全体の 96 ％を占めたプロジェクトにおいて、Overton の導入前後でモデルのエラーが 82 ％削減されたと報告されています。

■ **Google**　Google では、Snorkel AI の技術を活用した Snorkel DryBell というシステムを構築し、社内に蓄積されているさまざまなリソースを弱いラベルとして利用することでモデル開発を効率化しています[339]。Google のエンジニアは、時には数百個ものモデルを担当し、それらをビジネス要件や製品の変更に迅速に追従させる必要がありますが、都度手動でアノテーションしていたのでは時間がかかりすぎるという課題があります。Snorkel DryBell は、Google がこれまでに蓄積してきたドメイン知識に基づくルールや知識グラフ、対象のタスクに直接は使えない既存のモデルなどといった多様なリソースを弱いラベルとして組み合わせてモデルを学習することで、人間によるアノテーションをなくし、迅速なモデル開発を実現します。例えば、コンテンツのトピック分類において、Snorkel DryBell によって約 68 万個のデータに弱いラベルを付与して学習したモデルは、手動でラベルを付与した 8 万個のデータで学習したモデルと同等の性能となっています。弱いラベルを使う場合、手動で付与された従来のラベルを使う場合に比べてより多くのデータが必要となりますが、SnorkelDryBell では、データ数が 600 万以上であっても 30 分以下でラベルを付与することが可能です。

■ **Intel**　Snorkel AI が提供するサービスの利用において最も重要なのはラベリング関数の作成であり、当然ながらその作成者は、対象ドメインの知識を豊富に有する専門家（ドメインエキスパート）であることが望ましいでしょう。しかし、そうしたドメインエキスパートが必ずしもプログラミングスキルを有するとは限らないため、ラベリング関数を作成するために一定の訓練が必要となることがあります。こうした課題に対し、Intel では、Snorkel AI のフレームワークを拡張した Osprey と呼ばれるシステムを利用しています[340]。Osprey は、スプレッドシートに似たインターフェースを持ち、そこから必要事項が入力されると、自動的にラベリング関数を作成します。こ

のように、ラベリング関数への設定と、それに基づくプログラミングを分離することで、ドメインエキスパートがノーコードでラベリング関数を作成することを可能にしています。実際に Osprey を利用することで、Intel における三つのビジネスシナリオのうち、二つでレガシーシステムの性能が改善され、残る一つでも同等の性能が得られたと報告されています。

6.7.2 Cleanlab

Cleanlab[*50]も前述の Snorkel AI と同様、大学（マサチューセッツ工科大学）での研究に端を発し 2021 年に創業された米国のスタートアップです。主力サービスは Cleanlab Studio と呼ばれるプラットフォームであり、これは、ユーザーが AI 開発に利用しているデータセットにおける問題点を自動的に検出、修正することでデータセットの品質改善をサポートします。テーブルデータ、画像、テキスト、音声などさまざまな形式のデータに対応しています。また、機能は限定されますがフリーで利用できる Python 用のライブラリも公開されています[*51]。Cleanlab の製品は、共同創業者兼 CEO である Curtis Northcutt 氏らが 2019 年に提案した Confident Learning[341]と呼ばれる技術がベースとなっています。

Confident Learning は、データセットにおける問題点の中でも特にラベルの誤りに着目した技術であり、与えられたラベルありデータセットに対し、アノテーションで付与された（誤っている可能性がある）ラベルと、真のラベルとの同時確率分布を推定します。つまり、例えば動物の種類をラベルとして付与した画像データセットであれば、キツネが写っている画像に対して、アノテーション時のミスなどにより誤って犬というラベルが付与されている確率が 10 分の 1 である、というような推定をすべてのラベルの組み合わせに対して行います。このとき、実際には真のラベル（上述の例ではキツネ）は未知であるため、元のデータセットで学習したモデルの推論結果を真のラベルとして使います。そして、真のラベルはキツネだが、付与されているラベルは犬であるデータは 100 個存在する、といったように真のラベルと付与されているラベルのすべての組み合わせについて当てはまるデータの個数をカウントします。ただし、モデルが出力する確率（信頼度）が低いデータはカウントから除外します。つまり、信頼度が高いデータだけを使って混同行列を作ります。同時確率分布は、カウントで得られた行列を正規化することで求めます。この同時確率分布に対し、データセット内で特定のラベルを付与されたデータの個数を掛け合わせることで、その中で誤ったラベルを持つデータの個数を見積もることができます。これに基づき、例えば推論時の信頼度でデータセットをソートし、見積もった個数の分だけ信頼度が低

---

*50 https://cleanlab.ai/
*51 https://github.com/cleanlab/cleanlab

い順にデータを取り出すことで、ラベルが誤っている可能性が高いデータを特定することができます。実際に ImageNet などのさまざまな公開データセットにおいて、Confident learning によって見つけられたラベルの誤りを[*52]で閲覧することができます。

Cleanlab は、Google や Amazon といった大手 IT 企業のほか、金融やヘルスケアなどさまざまな業界の企業にサービスを提供しています。例えば、スペインで 2 番目に大きい銀行であるビルバオビスカヤアルヘンタリア銀行（以下、BBVA）における事例では、口座の取引内容を説明するテキストデータセットの改善に利用されています[*53]。BBVA が提供するスマートフォンアプリには、口座の支出入の種類を自動的に分類して記録する機能があります。これにより、アプリ利用者は、自分の口座にはどこからどれだけの収入があり、レジャーやファッション、食事など、どのようなことにどれだけ支出しているかを簡単に把握できるようになります。それぞれの取引には、その内容を説明するテキストが含まれているため、BBVA ではこのテキストを分類することによって支出入のクラス分類を実現しています。支出入の分類モデルを開発するにあたり、BBVA では取引内容を説明するテキストへのアノテーションを行いましたが、似たような取引であっても、アノテータの解釈次第で異なるクラスが付与されてしまうという課題がありました。そこで BBVA では、Cleanlab のサービスを利用して問題のあるデータを効率的に発見し、クリーニングを行うことで、分類精度を 28 ％改善することに成功しています。

6.8　おわりに

1 章で述べた通り、DCAI では、データの設計や開発、改善を体系的に行うことを目指しますが、実際の開発現場において使われるアプローチは多種多様であり、対象プロジェクトと密に結びついたアドホックなものも多いのが実情です。今後それらをまとめ、整理していくことが求められていますが、まずは既存の実例に学ぶことが DCAI の理解や実践に大いに役立つと考えられます。そこで本章では、企業における DCAI の実践例に始まり、DCAI に関連したコンペティションやベンチマーク、またすでにいくつかローンチされ始めている DCAI に特化した商用のサービスについて紹介しました。紹介できたものはいずれも氷山の一角に過ぎないですが、今後は、本書を通じて DCAI への理解を深めた読者の方々が自ら DCAI を実践し、発信していくことでさらに実例が集まり、体系化が進んでいくことを願っています。DCAI に関連した情報を広く

[*52] https://labelerrors.com/

[*53] https://www.bbvaaifactory.com/money-talks-how-ai-helps-us-classify-our-expenses-and-income/

共有することを目的として、筆者らは 2023 年に Data-Centric AI Community*54を立ち上げ、定期的な勉強会を開催しています。ぜひこちらも情報収集や発信の場としてご活用いただけると幸いです。

参考文献

[326]　Alexander Kirillov et al. "Segment anything". In: arXiv preprint arXiv:2304.02643 (2023).

[327]　Tsung-Yi Lin et al. "Microsoft COCO: Common objects in context". In: ECCV. 2014.

[328]　Junnan Li et al. "BLIP-2: Bootstrapping language-image pre-training with frozen image encoders and large language models". In: ICML. 2023.

[329]　Jialian Wu et al. "GRiT: A generative region-to-text transformer for object understanding". In: arXiv preprint arXiv:2212.00280 (2022).

[330]　Jiarui Xu et al. "Open-vocabulary panoptic segmentation with text-to-image diffusion models". In: CVPR. 2023.

[331]　McInnes Leland et al. "UMAP: Uniform manifold approximation and projection". In: Journal of Open Source Software 3.29 (2018), p. 861.

[332]　Schuhmann Christoph et al. "LAION-5B: An open large-scale dataset for training next generation image-text models". In: NeurIPS. 2022.

[333]　Mark Mazumder et al. "DataPerf: Benchmarks for data-centric AI development". In: NeurIPS. 2023.

[334]　Mattson Peter et al. "MLPerf: An industry standard benchmark suite for machine learning performance". In: IEEE Micro 40.2 (2020), pp. 8–16.

[335]　Alina Kuznetsova et al. "The open images dataset V4". In: International Journal of Computer Vision 128.7 (2020), pp. 1956–1981.

[336]　Lewis Patrick et al. "Retrieval-augmented generation for knowledge-intensive NLP tasks". In: NeurIPS. 2020.

[337]　Alexander J Ratner et al. "Data programming: Creating large training sets, quickly". In: NeurIPS. 2016.

[338]　Rè Christopher et al. "Overton: A data system for monitoring and improving machine-learned products". In: arXiv preprint arXiv:1909.05372 (2019).

[339]　Stephen H. Bach et al. "Snorkel DryBell: A case study in deploying weak supervision at industrial scale". In: SIGMOD. 2019.

[340]　Bringer Eran et al. "Osprey: Weak supervision of imbalanced extraction problems without code". In: DEEM. 2019.

[341]　Curtisa Northcutt, Jiang Lu, and Chuang Isaac. "Confident learning: Estimating uncertainty in dataset labels". In: Journal of Artificial Intelligence Research 70 (2021).

---

*54 https://dcai-jp.connpass.com/

索引

数字

3D human pose estimation　52
3D LiDAR　183
3D マウス　189
3 次元人物姿勢推定　52
4ch バイラテラル制御　194

A

ACP Data Quality　228, 229
Active Learning　83
Adversarial Nibbler　243
AI Cloud Platform; ACP　228
ALBLEF　78
Aleatoric uncertainty　86
ALOHA　191
AlpacaEval　137
Attention, 注意機構　36
Augmix　48
AutoAugment　46
automatic programming　188, 189
Aya Dataset　159

B

BADGE　88
BALD　85
Bayesian Active Learning　85
BC-Z　173, 200
beautifulsoup　104
Benetech　245
BERT　60, 132
BLIP　78
BLIP-2　225
BLOOM　139
BridgeData V2　199
Brightness　43

C

C4　108
CALM-2　123
CARLA　51
Chain-of-Thought; CoT　138
Chatbot Arena　157
CI/CD　231
Cityscape　51
CLD3　74
Cleanlab　250
CLIP　71, 72
Cluster-Margin　89
Common Crawl　75, 102, 112, 240
CommonPool　81, 240
Confident Learning　250
Contrast　43
Contrastive Learning　57, 71
Contrastive Loss　58
ConvNeXt　33
Convolutional Neural Network; CNN　32, 39
CopyPaste　55
Core-set　86
Crop　42, 46
Cross-attention　36
Curation　63, 64
CutMix　45, 46
Cutout　43
CutPaste　54

D

DAgger　189
Data Acquisition　242
Data Augmentation　41
databricks-dolly-15k　141
Data-centric AI; DCAI　1, 8
Data-centric AI Competition　238
DATACOMP　80
DataComp-1B　241
DataMAP　240

DataPerf 241
Data Programming 247
data pruning 20
Data Quality Model Language; DQML 229
datasketch 121
DataTrove 112
Data Uncertainty 86
Debugging for Vision 242
Defocus Blur 43
Denoising AutoEncoder 60
Detoxify 82
DIAL 206
Diffusion Policy 181
Direct Preference Optimization; DPO 134
Dobb・E 195, 202
Domain Randomization 53
DRIVE CHART 233
DROID 201
Dropout 44

E

EDR 170
EfficientNet 33
EfficientNet-B3 172
ELYZA Tasks 100 160
Epistemic Uncertainty 86
Evol-Instruct 144

F

fastText 112
Feature-wise Linear Modulation; FiLM 173
Feedback Prize 243
Few-shot Evaluation 38
FixMatch 67
Flan 2021 138
Flan Collection 138
Full Self-Driving; FSD 212

G

Gato 173
Gaussian Density Estimator; GDE 55
Gaussian Noise 43
GELLO 191

GenAug 203
Generative Adversarial Network; GAN 180
GLM 123
GPT 99
GPT-2 99
GPT-3 99
GPT-3.5 226
GradCAM 55
GRiT 225
GTA5 51

H

hh-rlhf 151
hindsight 215
HojiChar 109, 111
Horizontal Flip 42
Houdini 217
HTML 形式 103
HumanEval 155

I

ichikara-instruction 159
Identity Preference Optimization; IPO 134
Image Captioning 29
Image Classification 29
Imagen Editor 205
ImageNet 22, 39, 62, 66
ImageNet1k 31, 40
ImageNet Large-Scale Visual Recognition
    Challenge; ILSVRC 31
ImageNet V2 40
In-Breadth Evolving 145
In-Context Learning 132, 157
In-Depth Evolving 144
inductive learning 188
Infrastructure as Code 232
InsTag 137
Instance Segmentation 29
Instruction BackTranslation 145
Instruction Data 133–135
Instruction Mining 136
Instruction Tuning 133, 134
Interactive Language 201
Intersection of Union; IoU 221

J

Jaccard 係数　118
Japanese MT-Bench　161
Japanese Vicuna QA　161
JCommonsenseQA　160
JFT-300M　23
JSICK　160
jusText　104

K

k-means++　88
Kaggle　243
KITTI　51

L

LAION　74, 82
LAION-AI　141
LangID　112
Language-Table　201
Large Language Model; LLM　96
Linear Evaluation　38
Linear Probe　38
Llama 2　101, 149
Llama 3　101
LLM-as-a-judge　155
llm-jp/databricks-dolly-15k-ja　159
llm-jp-eval　160
llm-jp/oasst1-21k-ja　159
LLM Science Exam　246
Long-Tailed Object Detection　56

M

Masked AutoEncoder; MAE　60
Masked Language Modeling　60
Massive Multitask Language Understanding; MMLU
　155
mC4　112
MeCab　109
MinHash　118
Mix-Up　44, 46
MLOps　6
Mobile ALOHA　191

Model Calibration　66
Model-centric AI; MCAI　2
model-in-the-loop　223
Model Uncertainty　86
MOO　175
Motion Blur　43
mT5　123
MT-Bench　156, 161
MT-Opt　198
Multi-Head Attention; MLP　37
Multi-Layer Perceptron; MLP 層　33
Multilingual C4, mC4　102

N

NeMo-Curator　112, 121
neural scaling law　9
N-gram　109
N-gram 言語モデル　112
Non-Maximum Suppression; NMS　221
not safe for work, NSFW）　81

O

Object Detection　29
Octo　180
off-line simulation-based programming　188, 189
one-hot ラベル　49
OpenAssistant Conversations Dataset　141
Open Images　23
Open Images Dataset V6　242
Open Vocabulary　205
OSCAR　103
Osprey　249
Overton　249

P

P3　138, 139
Pad　42
PaLI-X　174
Parameter-Efficient Fine Tuning; PEFT　131
Perceptual duplicate　77
Perplexity; PPL　101
Pile　103
PLaMo　123

索引

Preference Tuning　147
Preference Data　147, 149

Q

QT-Opt　198

R

R3M　175
RandAugment　47
RECON　203
Recurrent Neural Network; RNN　233
RedPajama　103
RedPajama v2　99, 121
RefinedWeb　99, 104
Reinforcement Learning from Human Feedback;
　RLHF　134
Residual Learning　33
Resizing　42
ResNet　33
Retrieval-Augmented Generation; RAG　246
RoBERTa　132
RoboNet　198
RoboSet　203
Robotics Transformer-1; RT-1　169
RoboTurk　203
RoboVQA　202
ROOTS　111, 139
ROSIE　205
RT-1-X　176
RT-2　174
RT-2-PaLI-X　174
RT-2-PaLM-E　174
RT-2-X　176
RT-Sketch　179
RT-Trajectory　179
RT-X　176

S

SA-1B　219
Segment Anything　218
Segment Anything Model; SAM　218
Selection for Speech　242
Self-attention　36, 39

Self-Augmentation　145
Self-Curation　146
Self-Instruct　143
Self-supervised Learning　56
Semantically redundant data　77
Semantic duplicate　77
Semantic Segmentation　29
Shared Autonomy　200
ShareGPT　143
Sharpness　43
Short-Cut Learning　44, 59
Shot Noise　43
SHP-2　153
Signature　119
SimCLR　58
SlimPajama　108
Snorkel AI　247
Snorkel DryBell　249
Snorkel Flow　247
softmax　36
Stable Diffusion　204
Structure from Motion; SfM　216
Superficial Alignment Hypothesis　136
Super-Natural Instructions　138
SURREAL　52
Swallow　104
Swin Transformer　39
SYNTHIA　51

T

T5　181
teaching by guiding　188
teaching by showing　188
teleoperation　188
Test Time Augmentation; TTA　221
text programming　188, 189
textual programming　189
Tiny Images　22
TokenLearner　173
Trafilatura　104
Transformer　35

U

UltraCM　153

UltraFeedback 152
UltraRM 153
UMAP 240
Universal Manipulation Interface; UMI 197
Universal Sentence Encoder 172
UT1 blocklist 108

V

validation loss 62
VC-1 175
VIMA 203
Vision-Language-Action Model; VLA 174
Vision-Language Model; VLM 70
Vision Transformer; ViT 34, 39
Visual Question Answering 30
Visual SLAM 197
VR デバイス 190

W

WARC 102, 105
WAT 102
Web Rephrase Augmented Pretraining; WRAP 124
WET 102, 105
WizardLM 144

X

X as Code 232
xP3 139

Y

YFCC100M 66

Z

Zero-shot Evaluation 38
Zero-shot learning 132
Zero-shot な識別 72
Zero-shot な評価 38

あ

アクチュエータ 171

アノテーション 4, 68, 215, 237
アノテーションポリシー 16
アンサンブルモデル 70
アンダーフィット 11

い

異常検知 54
位置埋め込み 35
意味的領域分割 29
インスタンスセグメンテーションマスク 55
インスタンス領域分割 29

え

エピソード 170
エンコーダ 35

お

オープンボキャブラリー 205
オフライン教示 195
温度パラメータ 59
オンライン遠隔教示 189

か

カーネルサイズ 32
外部品質 17
ガウシアンノイズ 199
顔検出器 82
過学習 11
学習曲線 101
画像識別 29
画像に関する質問応答 30
画像認識 27
画像認識データセット 31
画像認識モデル 28
活性化関数 32
下流タスク 30, 132

き

機械学習品質マネジメントガイドライン 13
疑似ラベル 65
逆運動学 190

脚型単腕ロボット　182
脚型ロボット　186
キャプショニング　225
教師モデル　70
共有自律　200
筋骨格ヒューマノイド　186

く

グッドデータ　8
クリエイティブコモンズライセンス　23
グリッパ　171, 184

け

継続事前学習　123
言語モデル　96, 132

こ

交差注意機構　36
合成データ　217
個人情報　110
コンセプトドリフト　7
コンタミネーション　157

し

自己教師学習　27, 56, 57
自己注意機構　36, 39
指示　134
事前学習　27, 57, 96
事前学習データ　98
次単語予測　97
自動アノテーション　216
自動プログラミング　189
シミュレーションデータ　51
シミュレータ　51
シャード　105
重複文書　114
少数ラベル学習による評価　38

す

数式ドリブンデータ生成　53
スケーリング則　10, 97, 99

ステレオ視　197
ストップワード　110

せ

制御周期　197
説明文生成　29
線形識別器評価　38
セントロイド　88
全方位台車　185
全ラベル学習による評価　38

そ

双腕ロボット　184
ソフトラベル　50
ソフトロボティクス　187

た

大規模言語モデル　96
台車型ロボット　185
対照学習　57
多言語化　122
畳み込み層　32, 39
ダミーテキスト　115
ダンプデータ　102
単腕ロボット　182

ち

注意機構　36
中間特徴量　32
直接教示　188
チンチラ則　100

て

データエンジン　212
データ拡張　41, 203
データカスケード　3
データ収集　213
データセット　5
データセット監査カード　23
データセットのサイズ　10
データ剪定　20

データドリフト　7
データの冗長性　20
データの品質　13
データ品質モデル言語　229
テキスト生成モデル　78
テキストプログラミング　189
敵対的サンプル　44
デコーダ　35

と

トークン　98
トークン化　35, 98
特徴量　28
ドメインギャップの問題　52
ドメインシフト　45
ドメイン適合　53
ドメインランダム化　53

に

ニューラル言語モデル　97, 112
ニューラルネットワークのスケーリング則　9

の

能動学習　27, 83, 234

は

パープレキシティ　101
バイラテラル　189
バイラテラル制御　192
バケット　120
ハッシュ関数　119
ハプティックデバイス　193
ハルシネーション　133
パレート最適　20
半教師付き学習　27, 64

ひ

表層アライメント仮説　136

ふ

ファインチューニング　30, 96, 131, 132
フィルタリング　108, 112
プーリング層　32
不確実性サンプリング　234
物体検出　4, 29
プロンプト　72

へ

ベクトル化　35

め

メトリック学習　58

も

モダリティ　167
模倣学習　169

ゆ

ユニラテラル　189

よ

予測の不確かさ　85

ら

ライセンス条文　115
ラベリング関数　248, 249
ラベル　4
ラベルの誤り　18
ラベルノイズ　69

り

理想的な応答　134
リターゲティング　191
リッカート尺度　150
リトリーバル　76
リンク重量　168
リンク長　168

ろ

ロールピッチ 186
ログ欠損 232
ロバストネス 46
ロボット基盤モデル 169
ロングテール 6

監修者・著者プロフィール

片岡裕雄（かたおかひろかつ）

2014 年 慶應義塾大学大学院 博士（工学）。2024 年現在、産業技術総合研究所 上級主任研究員、オックスフォード大学 Academic Visitor および cvpaper.challenge 主宰。時空間モデルのベースライン 3D ResNet の研究開発，実データ不要の事前学習法 数式ドリブン教師あり学習（Formula-Driven Supervised Learning; FDSL）を提案。2019/2022 年度 AIST Best Paper、2020 年 ACCV 2020 Best Paper Honorable Mention Award、2023 年 BMVC 2023 Best Industry Paper Finalist。研究は MIT Technology Review や日経等メディアにて掲載。本書の監修を担当。

宮澤一之（みやざわかずゆき）

GO 株式会社にてコンピュータビジョン技術の研究開発や実装を担うチームのリーダーを務める。2010 年に東北大学にて博士号を取得後、三菱電機株式会社に入社し、映像解析や自動外観検査などの研究開発に携わる。2019 年より株式会社ディー・エヌ・エーにてモビリティ向けのコンピュータビジョン技術の研究開発およびチームマネジメントに従事し、2020 年に同社が関わり設立された株式会社 Mobility Technologies に転籍。2023 年 4 月に GO 株式会社へ商号変更。プライベートでは、1,200 人以上のメンバーが所属する Data-Centric AI Community を運営し、定期的な勉強会を開催している。本書の 1 章、6 章の執筆を担当。

齋藤邦章（さいとうくにあき）OMRON SINIC X Corporation シニアリサーチャー 2018 年に東京大学情報理工学系研究科創造情報学専攻の修士課程を修了し、アメリカ Boston University の Computer Science 専攻の博士課程に進学。Nvidia, Meta, Google でリサーチインターンを経験。大学およびインターン先では、ドメイン適合、半教師付き学習、画像生成、Vision-Language に関する研究を行い、2023 年に博士号を取得。2023 年より現職。現在は画像と言語両方に関わる研究に従事。本書の 2 章の執筆を担当。

清野 舜（きよのしゅん）SB Intuitions 株式会社 シニアリサーチエンジニア 2022 年に東北大学大学院情報科学研究科博士後期課程を修了し、博士（情報科学）を取得。2019 年より理化学研究所革新知能統合研究センターにて勤務したのち、2022 年に LINE 株式会社 (現: LINE ヤフー株式会社) に入社。2024 年より現職。現在は主に大規模言語モデルの研究開発に従事。本書の 3 章の執筆を担当。

小林滉河（こばやしこうが）SB Intuitions 株式会社 チーフリサーチエンジニア 2021年に筑波大学大学院図書館情報メディア研究科修士課程修了。同年より LINE 株式会社 (現: LINE ヤフー株式会社) に入社。2024 年より現職にて、大規模言語モデルのファインチューニングに関する研究開発およびチームマネジメントに従事。本書の 4 章の執筆を担当。

河原塚健人（かわはらづかけんと）東京大学大学院情報理工学系研究科特任助教 2017年に東京大学工学部機械情報工学科を卒業、2019 年・2022 年に東京大学大学院情報理工学系研究科知能機械情報学専攻の修士課程・博士課程を修了し、博士（情報理工学）を取得。2022 年より現職。筋骨格ヒューマノイドの身体設計と制御, 深層学習に基づく知能ロボットシステムの研究に従事。本書の 5 章の執筆を担当。

鈴木達哉（すずきたつや）

　2020 年に上智大学大学院理工学研究科を修了後、株式会社ディー・エヌ・エーに入社。現在は GO 株式会社へ出向し、コンピュータビジョンに関する研究開発に従事。プライベートでは、Data-Centric AI Community の運営に参加し、定期的な勉強会を開催。本書の 6 章の執筆を担当。

カバーデザイン／本文フォーマット	◆末吉亮（図工ファイブ）
カバー撮影	◆坂田智彦（合同会社 TALBOT.）
図版作成	◆BUCH+
本文イラスト	◆青木健太郎（セメントミルク）
組版協力	◆株式会社ウルス
担　　当	◆高屋卓也

Data-centric AI 入門
データセントリック　エーアイにゅうもん

2025 年 1 月 21 日 初 版 第 1 刷発行

監　修　　片岡裕雄
著　者　　宮澤一之, 齋藤邦章, 清野 舜,
　　　　　小林滉河, 河原塚健人, 鈴木達哉
発行者　　片岡　巌
発行所　　株式会社技術評論社
　　　　　東京都新宿区市谷左内町 21–13
　　　　　電話 03–3513–6150 販売促進部
　　　　　　　 03–3513–6177 第 5 編集部
印刷／製本　株式会社加藤文明社
定価はカバーに表示してあります

本書の一部または全部を著作権法の定める範囲を超え，無断で複写，複製，転載，テープ化，ファイルに落とすことを禁じます。

© 2025　片岡裕雄,宮澤一之,齋藤邦章,清野 舜,小林滉河,
河原塚健人,鈴木達哉

ISBN978-4-297-14663-4 C3055
Printed in Japan

■本書についての電話によるお問い合わせはご遠慮ください。質問等がございましたら，下記までFAXまたは封書でお送りくださいますようお願いいたします。

〒162–0846
東京都新宿区市谷左内町 21–13
株式会社技術評論社第 5 編集部
FAX：03–3513–6173
「Data-centric AI 入門」係

なお，本書の範囲を超える事柄についてのお問い合わせには一切応じられませんので，あらかじめご了承ください。

造本には細心の注意を払っておりますが，万一，乱丁（ページの乱れ）や落丁（ページの抜け）がございましたら，小社販売促進部までお送りください。送料小社負担にてお取り替えいたします。